Microsoft
Office Specialist Master

微软办公软件国际认证经典教材

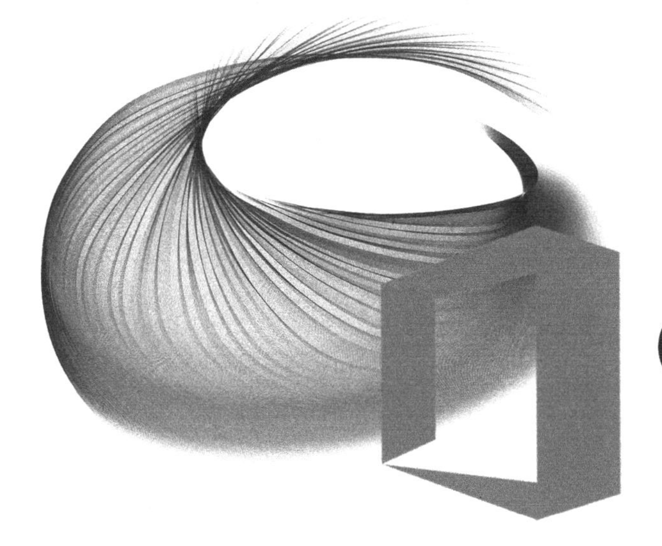

Office 2016 高级应用

MOS大师级实战

赫　亮◎主　编
骆　伟　庞珊娜　王　简◎副主编
陈星汉　李欣颖　盛照宗◎参　编

電子工業出版社
Publishing House of Electronics Industry
北京·BEIJING

内 容 简 介

本书按照微软办公软件国际认证标准编写，分为 Word 文档处理、Excel 数据处理与分析、PowerPoint 演示文稿、Outlook 时间与日程管理 4 篇。本书选用 Office 2016 版本，以综合项目实战演练的形式讲解知识点，并重点讲解考点，帮助读者在真实的应用环境中快速提升 Office 技能，掌握 MOS 考试的流程与应试技巧。

本书配套资源包括全部案例源文件，以及与认证相关的学习资源和微课视频。

本书可作为高等院校、职业院校各专业 Office 高级应用课程的教学或实训用书，也可供想考取 MOS 证书的读者作为备考教材，也可作为职场人士自我提升办公软件技能的参考书。

图书在版编目（CIP）数据

Office 2016 高级应用：MOS 大师级实战 / 赫亮主编. —北京：电子工业出版社，2020.1
ISBN 978-7-121-37474-6

I. ①O… II. ①赫… III. ①办公自动化—应用软件—高等学校—教材 IV. ①TP317.1

中国版本图书馆 CIP 数据核字（2019）第 209166 号

责任编辑：章海涛
文字编辑：张　鑫
印　　刷：涿州市京南印刷厂
装　　订：涿州市京南印刷厂
出版发行：电子工业出版社
　　　　　北京市海淀区万寿路 173 信箱　　邮编：100036
开　　本：787×1092　1/16　印张：15.25　字数：390 千字
版　　次：2020 年 1 月第 1 版
印　　次：2021 年 8 月第 4 次印刷
定　　价：49.00 元

凡所购买电子工业出版社图书有缺损问题，请向购买书店调换。若书店售缺，请与本社发行部联系，联系及邮购电话：(010)88254888，88258888。
质量投诉请发邮件至 zlts@phei.com.cn，盗版侵权举报请发邮件至 dbqq@phei.com.cn。
本书咨询联系方式：192910558（QQ 群）。

前 言

MOS 标准对于 Office 学习的价值

Microsoft Office 系列应用软件是全世界较为普及的商业生产力工具，Word、Excel 和 PowerPoint 都是家喻户晓的软件工具，对这些软件的应用几乎是学习和工作中不可缺少的技能。Office 提供的功能强大且丰富，如何在有限的时间内掌握其中使用频率最高的技能，快速提升自己的实战水平，一直以来被认为是学习者普遍面临的难题。

微软办公软件国际认证（Microsoft Office Specialist，MOS）标准是微软公司邀请计算机专家、教育专家和行业专家共同开发和制定的，是全球最权威的 Office 实用学习和考核标准之一，对于解决学习者在提高 Office 技能的道路上遇到的学什么、怎么学，以及如何证明自身水平等问题，有着不可忽视的指导价值。

MOS 标准已经获得了众多国际学术组织及行业组织的认可，大量知名企业也将 MOS 标准作为录用和培训员工的参考标准。因此获得 MOS 证书的考生，将在求学和求职的过程中具备更强的竞争力。

本书写了什么

本书内容由 Word 2016、Excel 2016、PowerPoint 2016 和 Outlook 2016 共 4 部分组成。

在 Word 2016 部分中，除介绍基本的图文排版知识，重点介绍了长篇文档的处理及高级引用在论文、报告等复杂文档中的使用规范。

在 Excel 2016 部分中，重点介绍如何使用函数、图表进行数据处理与可视化。为了适应大数据的发展趋势，Excel 2016 集成了最新的 Power BI 工具，因此在这部分中为学习者介绍了使用查询进行数据清洗与转换，以及使用数据模型分析数据的典型方法。

在 PowerPoint 2016 部分中，聚焦于如何通过母版来快速创建专业美观的演示文稿，以及如何使用动画和多媒体元素对演示文稿进行美化和生动演示。

Outlook 2016 的难点之一是使用环境的配置，本书对此进行了详细介绍，并在此基础上讲解了使用邮件和日历进行时间与日程管理的主要方法。

本书的特点

本书按照 MOS 标准编写，具有如下特点。

（1）全书由 21 个单元组成，每个单元都模拟了实际工作中的一个典型应用场景，从而帮助学习者快速获得实战技能。

（2）内容安排具有适合学习者掌握的逻辑架构，每个单元的综合项目都详细讲解了 Office 软件在某方面上的应用要点，尽量做到工作流程和知识体系兼顾，从而降低学习者的学习负荷。

（3）每个单元的后面都附有和本单元内容有关的练习题目，在每篇之后还有完全按照 MOS 标准的考核难度编排的综合实战案例，从而方便学习者在不同学习阶段随时练习，举一反三。

（4）为了方便学习者自主学习，本书中的主要案例都录制了微课视频，扫描二维码即可观看，从而使学习过程更方便，学习效率更高。

MOS 介绍

MOS 分为核心级（Core）、专家级（Expert）和大师级（Master）3 个层次。

1. 核心级认证

核心级认证考核的是学习者对于 Office 中较基础且使用频率较高功能的掌握水平，共分为以下 5 个科目。

- Exam 77-725 Word 2016：Core Document Creation，Collaboration and Communication
- Exam 77-727 Excel 2016：Core Data Analysis, Manipulation, and Presentation
- Exam 77-729 PowerPoint 2016：Core Presentation Design and Delivery Skills
- Exam 77-731 Outlook 2016：Core Communication, Collaboration and Email Skills
- Exam 77-730 Access 2016：Core Document Creation, Collaboration and Communication

以上每个科目的考试时间为 50 分钟，满分为 1000 分，通过成绩为 700 分及以上。通过考核后可以获得该科目的国际认证证书。

限于篇幅，本书没有讲解 Access 2016 的内容，购买本书的读者可以加入本书读者群索取相关内容文件。

2. 专家级认证

专家级认证只针对 Office 中最常用的两个软件 Word 和 Excel，主要考核学习者对于这两个软件高级功能的掌握水平，具体科目如下。

- Exam 77-726 Word 2016 Expert：Creating Documents for Effective Communication
- Exam 77-728 Excel 2016 Expert：Interpreting Data for Insights

学习者可以直接报考专家级认证考试，以上每个科目的考试时间为 50 分钟，满分为 1000 分，通过成绩为 700 分及以上。通过考核后可获得该科目的国际认证证书。

3. 大师级认证

MOS 大师级认证与微软公司在信息技术领域的 MCPD 是同级的认证，意味着通过大师级认证的学习者对 Office 的高级功能有全面和深入的理解，能够把 Office 中的各个程序进行整合，完成实际工作。因此大师级认证需要学习者通过多项考试才能获得。MOS 大师级认证的获取条件如下。

通过以下三个科目：

- Exam 77-726 Word 2016 Expert：Creating Documents for Effective Communication
- Exam 77-728 Excel 2016 Expert：Interpreting Data for Insights
- Exam 77-729 PowerPoint 2016：Core Presentation Design and Delivery Skills

并通过以下两个科目中的一个科目（任选其一）：

- Exam 77-731 Outlook 2016：Core Communication, Collaboration and Email Skills
- Exam 77-730 Access 2016：Core Document Creation, Collaboration and Communication

4．考核形式

除了 Outlook 2016，MOS 考试都采用综合项目的形式，每个项目模拟一个在日常工作中的情境，并包含 4～7 个独立的任务，要求考生能够正确高效地运用 Office 技能解决实际问题。Outlook 2016 认证考试由 35 个独立的任务组成。

MOS 考试全部采用上机在线测评，当考生完成了所有任务并结束后，可以立刻看到测试成绩，满分成绩为 1000 分，达到 700 分即可获得国际认证证书。证书除纸质版，还包含电子版，考生可自行下载，以便在未来的求学和求职过程中使用。

国际认证证书样本如下。

5．认证准备

本书覆盖了 MOS 考试的绝大部分考核要点，因此要参加认证考试的学习者可以结合本书及配套微课进行学习。同时，为了使考生能够顺利通过认证考试，本书还提供了华信 SPOC 在线学习平台和读者群，加入的学习者将获得更多的全真模拟练习及微课讲解，并有相应老师进行答疑。

关于 MOS 的介绍及学习资源可关注：

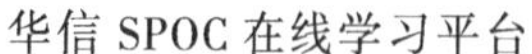

华信 SPOC 在线学习平台

QQ 群：897962939

微信：microMACRO_51ds

本书由赫亮任主编，骆伟、庞珊娜、王简任副主编。陈星汉、李欣颖、盛照宗参与了本书的编写与审稿工作，谭晴心参与了微课视频录制工作，在此一并表示感谢。

由于作者水平有限，加之编写时间仓促，本书难免有不足之处，敬请读者批评指正。

编　者

目 录

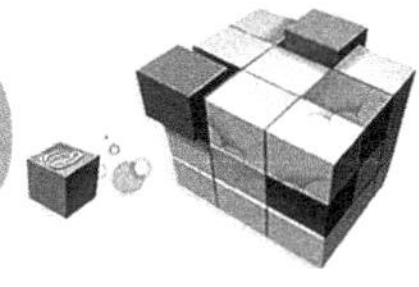

第一篇 Word 文档处理

第二篇　Excel 数据处理与分析

第三篇 PowerPoint 演示文稿

第四篇 Outlook 时间与日程管理

第一篇
Word 文档处理

使用 Word 2016 的基本功能，可以方便进行文本、段落和页面的格式设置，如文字的字体、字号、颜色、字符间距，段落的间距、缩进、对齐方式及页面纸张的大小、页面的方向、页边距等。但在实际工作中，经常会遇到的是长篇文档的处理，这就必须对文档中的每类元素进行处理，如对不同级别的标题和正文进行统一的管理，目录和注释等引用内容能够和引用来源保持关联与同步。Word 2016 通过样式和高级引用提供了丰富而强大的功能。

本篇内容依据微软办公软件国际认证（MOS）标准设计，MOS-Word 2016 的考核标准分为专业级和专家级。其中，专业级的主要内容包含文本与段落的格式化、页面布局的设置、表格和图像的应用等内容；专家级的主要内容包含使用样式处理长篇文档、文档的高级引用、共享和保护文档、使用域和宏等高级功能。

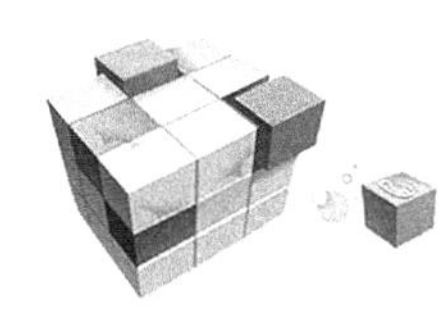

单元 1 创建、保存与打印文档——德国主要城市

任务背景

你是一名大学生，现在要根据一份 Word 格式和一份 RTF 格式的有关“德国主要城市”的素材，制作结课用的课堂汇报，进行编辑和完善并将其打印出来。

任务分析

要完成本任务，首先需要创建新的文档，然后利用素材完善文档内容，再适当设置文档的格式和页面布局，最后对文档的打印和保存有关选项进行设置。

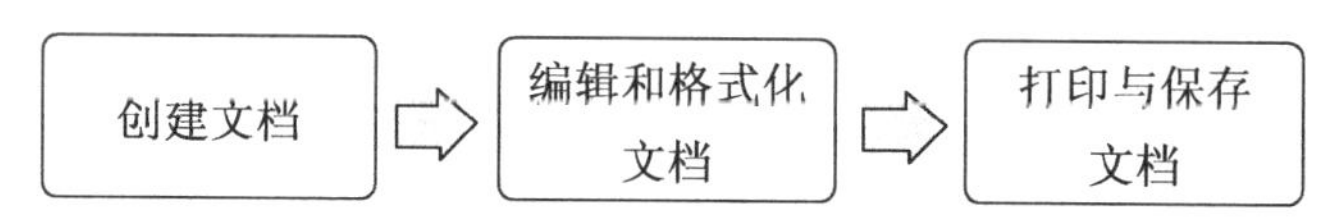

本任务涉及的技能点包括创建文档、设置自定义选项、设置视图、设置页眉和页脚、设置页面布局、设置文档格式及打印和保存文档等。

案例素材

德国主要城市素材.docx；波恩简介.rtf。

实现步骤

1.1 创建文档

在制作 Word 文档的过程中，一般直接开启 Word 程序，并新建一个空白文档；如果所需要的内容已经存在于其他文档中，如 Word、PowerPoint 或 RTF 文档中，用户不再需要逐段进行复制和粘贴，而可以直接将内容导入当前的 Word 文档中。

01 打开“德国主要城市素材.docx”文档，单击“文件”>“另存为”命令，再单击右侧“浏览”按钮，如图 1-1 所示。

图 1-1 新建 Word 文档（利用已知素材）

02 在弹出的“另存为”对话框中，定位到适合的文件夹，将文档以名称“德国主要城市.docx”进行保存。

03 将光标定位在标题“波恩”及其所属图片下方，单击“插入”选项卡>“文本”组>“对象”下拉按钮，在菜单中单击“对象”命令，如图 1-2 所示。

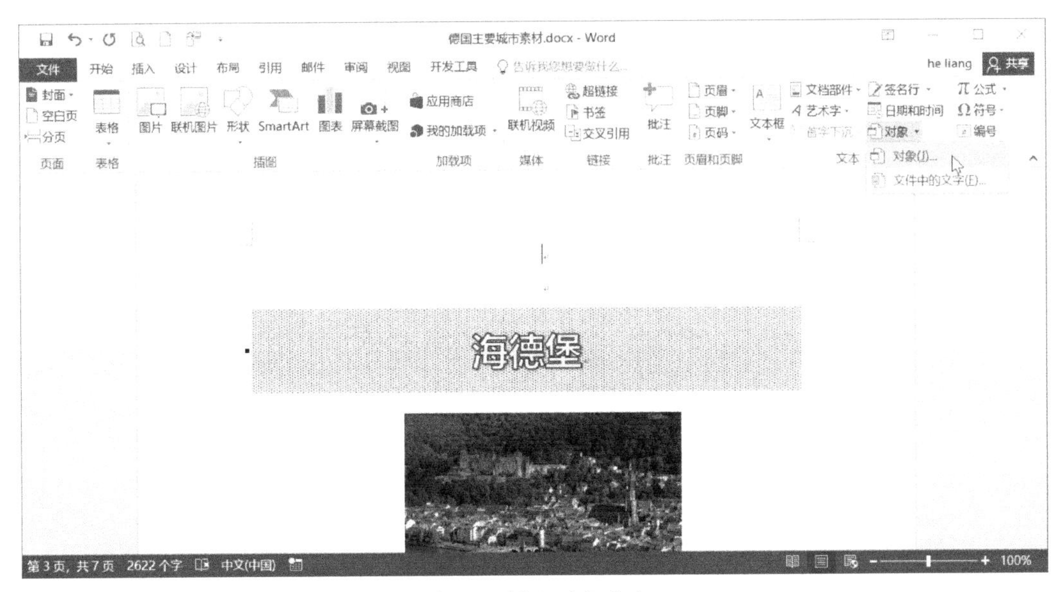

图 1-2 插入对象内容

04 在弹出的“对象”对话框中，如图 1-3 所示，单击“由文件创建”标签，再单击“浏览”按钮，选择素材单元 1 文件夹中的“波恩简介.rtf”文件，勾选

“链接到文件”复选框，以便在源文件的内容发生变化的时候，可以将变化反映到当前文档中，单击“确定”按钮。

图 1-3　在 Word 中插入对象

05 插入完成效果如图 1-4 所示。

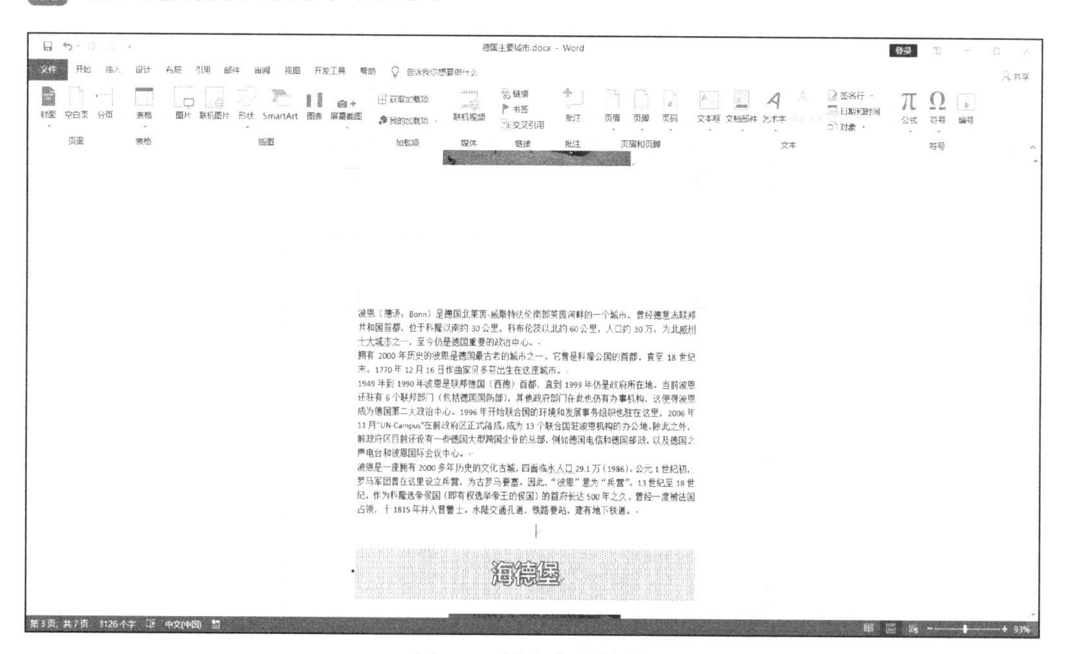

图 1-4　插入完成效果

06 选中“波恩简介.rtf”的所有内容，单击“开始”选项卡>“样式”库中的“正文文字”样式，如图 1-5 所示。

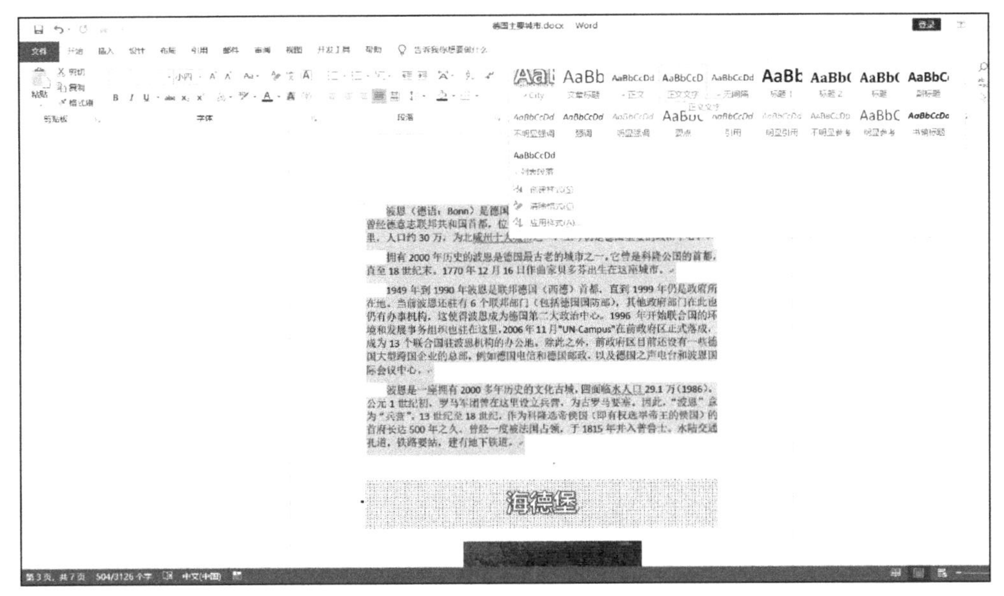

图 1-5 设置文本样式

1.2 自定义选项和视图

在编辑和美化文档的过程中，可以在不同的页面视图下对文档进行布局、格式等设置，从而使文档的外观看起来更加专业。

01 单击“布局”选项卡>“页面设置”组>“页边距”下拉按钮，在菜单中单击“对称”（在有些版本中显示为“镜像”）命令，完成页边距设置，如图 1-6 所示。

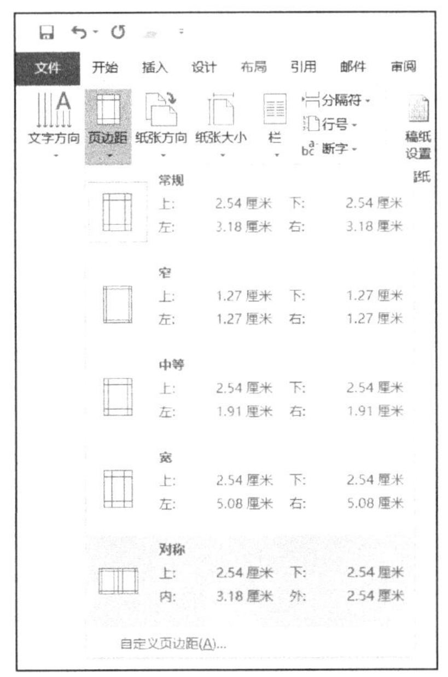

图 1-6 设置页边距

02 单击“设计”选项卡>“页面背景”组>“页面边框”命令，在弹出的“边框和底纹”对话框中，选择页面边框类型为“三维”，宽度为“1.5 磅”，并应用于“整篇文档”，然后单击“确定”按钮，如图 1-7 所示。

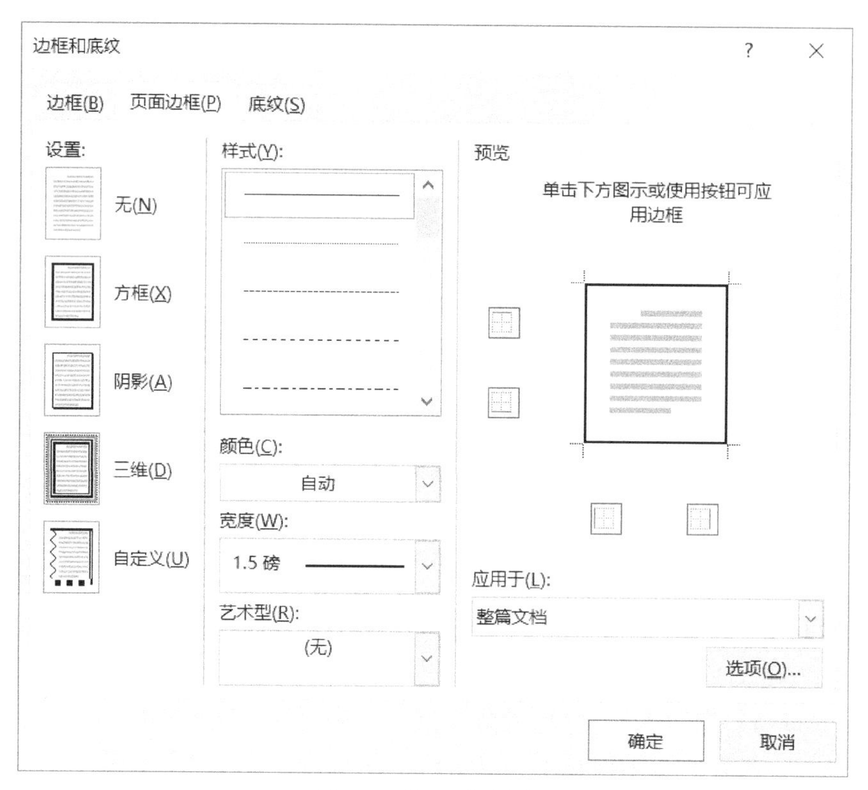

图 1-7　设置页面边框

03 单击“设计”选项卡>“页面背景”组>“页面颜色”下拉按钮，在菜单中单击“白色，背景 1，深色 25%”色块，如图 1-8 所示。

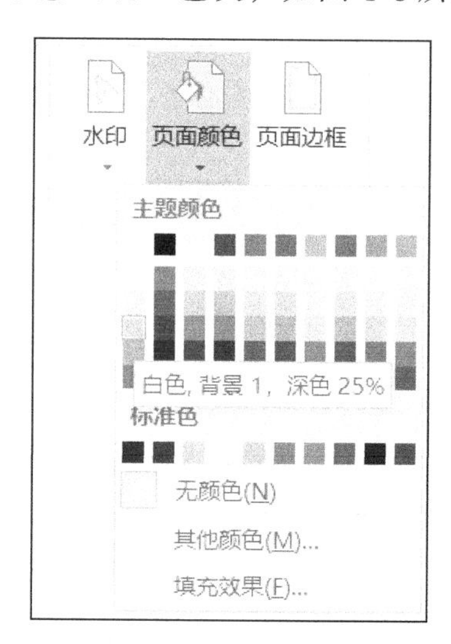

图 1-8　设置页面颜色

04 除设置页面边框和颜色外，还可以对文档的主题进行设置。单击“设计”选项卡>“文档格式”组>“主题”下拉按钮，在菜单中选择恰当的主题，如“网状”，即可完成设置，如图 1-9 所示。

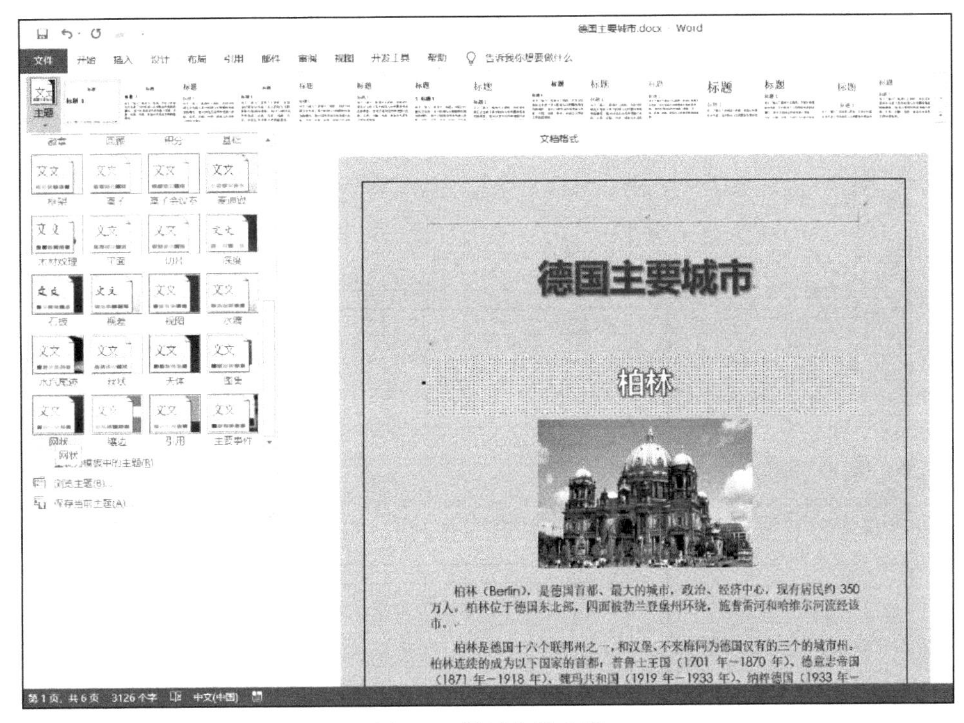

图 1-9　设置文档主题

05 为了方便查找内容，可以给每一页添加页码。单击“插入”选项卡>“页眉和页脚”组>“页码”下拉按钮，在菜单中单击“设置页码格式”命令。

06 在弹出的“页码格式”对话框中，设置“起始页码”为“1”，单击“确定”按钮，如图 1-10 所示。

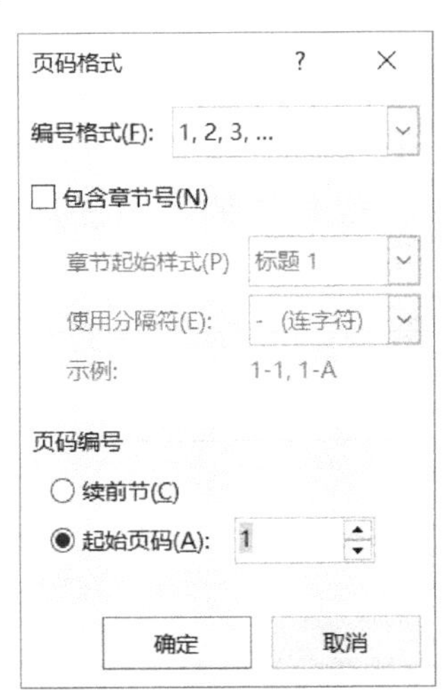

图 1-10　设置页码格式

07 重复步骤 05，如图 1-11 所示，在菜单中单击“页面底端”，在级联菜单中单击“加粗显示的数字 2”页码样式。

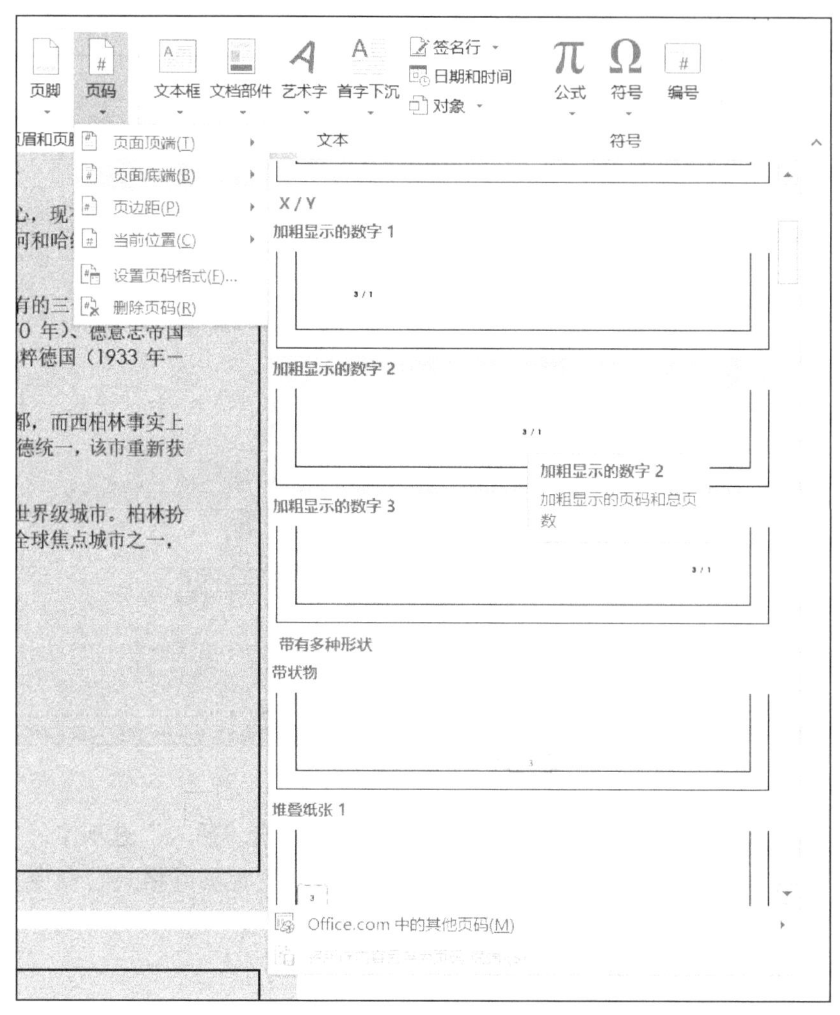

图 1-11　插入页码

08 在“页眉和页脚工具：设计”选项卡>“选项”组中，取消勾选“首页不同”复选框，如图 1-12 所示，再单击右侧的“关闭页眉和页脚”命令，退出页眉和页脚编辑状态。

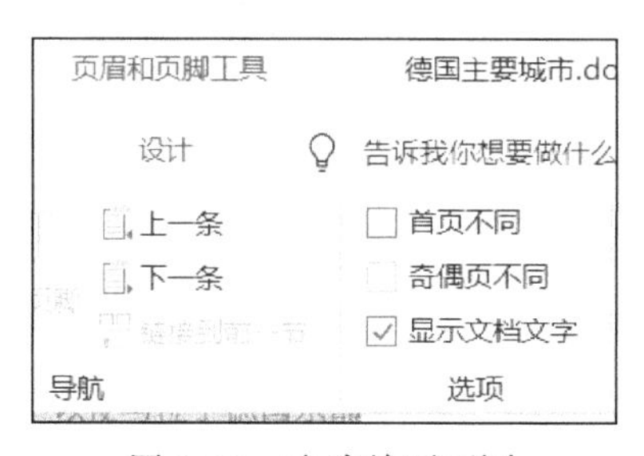

图 1-12　取消首页不同

09 在编辑文档时，可以根据需求选择视图，如阅读视图、Web 版式视图、大纲视图、页面视图（默认）等。例如，可以用大纲视图来调整文档结构、移动标题及下属标题与文本的位置、标题升级或降级等。单击“视图”选项卡>“视图”组>“大纲视图”命令，进入大纲视图模式。

10 按住段落前的圆圈并拖动，可以对整段文本进行位置调整，此时光标变为十字形。例如，找到“海德堡”及其所属段落并选中，将所选内容拖动到标题“法兰克福”及其所属段落之后。如图 1-13 所示，完成设置后单击“大纲”选项卡>“关闭大纲视图”命令，退出大纲视图编辑状态。

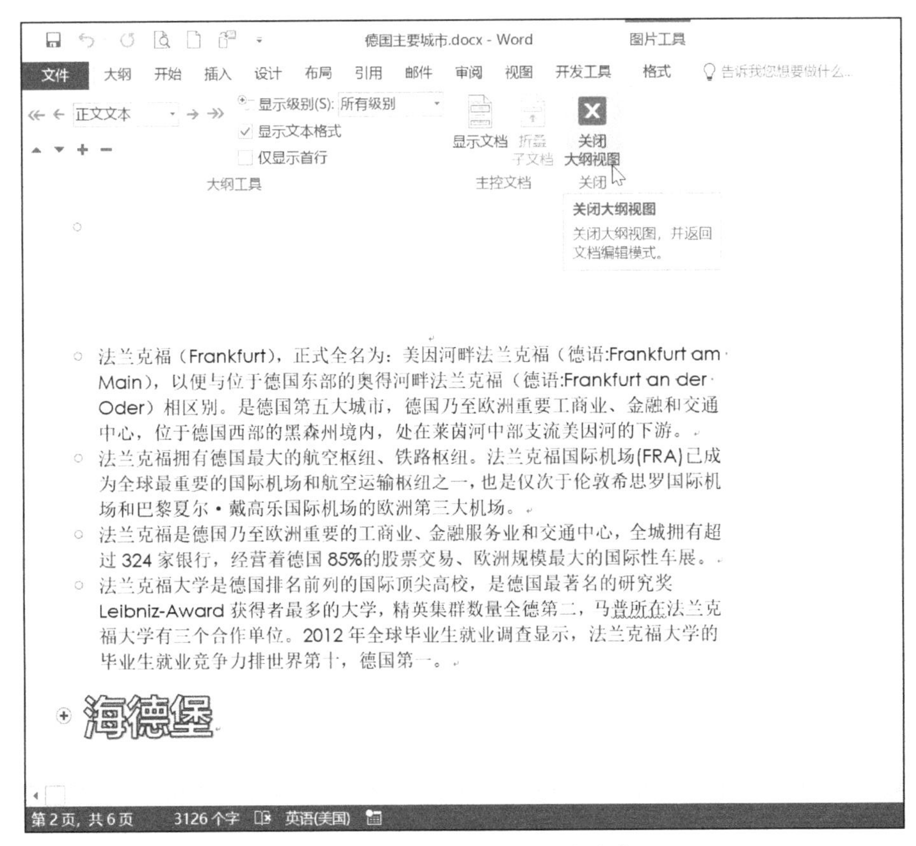

图 1-13　利用大纲视图调整文本位置

1.3 文档打印和保存

在完成对文档的编辑后，就可以设置文档的打印和保存参数了。下面根据需要设置打印相关的选项并进行打印。

01 单击“文件”后台视图>“选项”命令，弹出“Word 选项”对话框。

02 如图 1-14 所示，在左侧导航栏中单击“保存”选项，在右侧“保存文档”区域中将“保存自动恢复信息时间间隔”设置为“15”分钟，并勾选“将字体嵌入文件”复选框，单击“确定”按钮。

图 1-14　设置 Word 选项

03 单击“文件”后台视图>“打印”命令，可以对打印的份数、范围、方向等进行设置。此处选择“打印机”为“Microsoft XPS Document Writer”打印机，打印 1 份，打印范围为“打印所有页”，每版打印页数为“每版打印 2 页”，如图 1-15 所示。

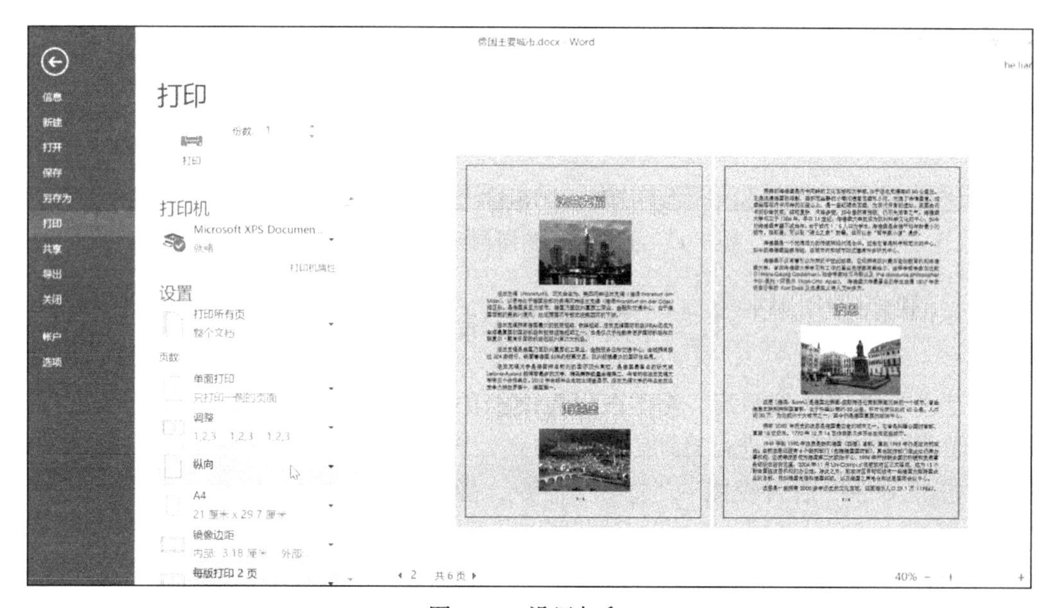

图 1-15　设置打印

04 设置完成后单击“打印”按钮，由于选择的是虚拟打印机，所以会弹出“将打印输出另存为”对话框，选择要保存的路径，输入文件名，单击“保存”按钮，完成虚拟打印。

1.4 课后习题

1．打开位于“文档”文件夹下的“动物庄园.pdf”文件，将其在“文档”文件夹中另存为“动物庄园.docx”。

2．在标题“作者介绍”下方，插入位于“文档”文件夹中的“奥威尔生平.rtf”文档的内容。

3．调整页边距类型为“适中”。

4．应用“蓝色，个性色 1，淡色 80%”作为页面背景色。

5．为文档添加“阴影”页面边框，宽度为“3 磅”，颜色为“蓝色，个性色 1”。

6．为所有页面添加水印“严禁复制 2”。

7．为文档应用“视图”主题以及“极简”样式集。

8．插入“边线型”页眉，且在第一页中不显示。

9．在每页的底部添加“双线条 2”页码。

10．将文本“未完成”添加到该文档的“状态”属性中。

11．检查文档并删除所有发现的页眉、页脚或水印。

编辑文本与段落
——围棋常识海报

任务背景

你是大学围棋社团的一名成员，下周社团就要招新了，为了吸引更多的同学加入，社团负责人要求用 Word 做一份关于围棋常识的海报。现在已经有了基本的素材，需要进行格式化操作，以便让海报更加美观。

任务分析

要完成本任务，需要对已知素材进行内容的完善，然后对整篇文档的风格和页面布局进行设置，再对文档中的文本和段落进行格式化，最后使用样式处理文档。

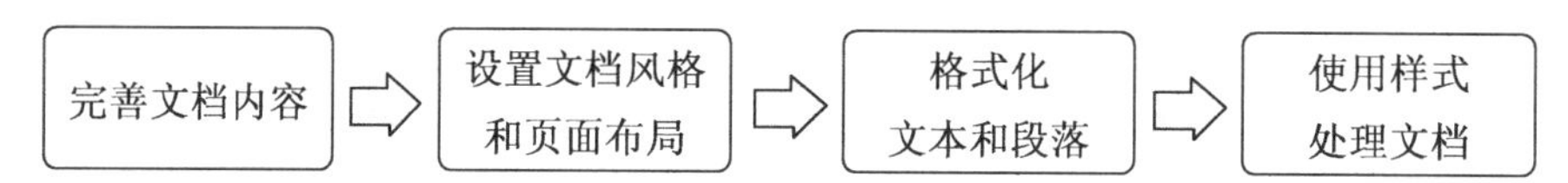

本任务涉及的技能点包括在文档中查找/替换和定位、设置页面布局、设置文档主题、设置字体和段落格式、分组文本和段落、创建和应用样式。

案例素材

围棋常识.docx；著名围棋著作.rtf。

实现步骤

2.1 在文档中查找和定位

在处理一篇素材文件时，可以利用 Word 的“查找”、“替换”和“定位”功能快速地在文档中找到关键词、替换关键词或定位到某一位置，从而提高效率。

01 打开“围棋常识.docx”文档，发现“围棋”在文档中写为“weiqi”，此时如果要修改它，可以单击“开始”>“替换”命令，在弹出的“查找和替换”对话框中，如图 2-1 所示，设置“查找内容”为“weiqi”，“替换为”为“围棋”，单击“全部替换”按钮（根据需要也可以只替换部分内容）。

图 2-1　替换关键词

02 此时弹出提示对话框，提示有 24 处内容已经被替换，单击“确定”按钮，如图 2-2 所示。再单击“查找和替换”对话框的“关闭”按钮，完成替换。

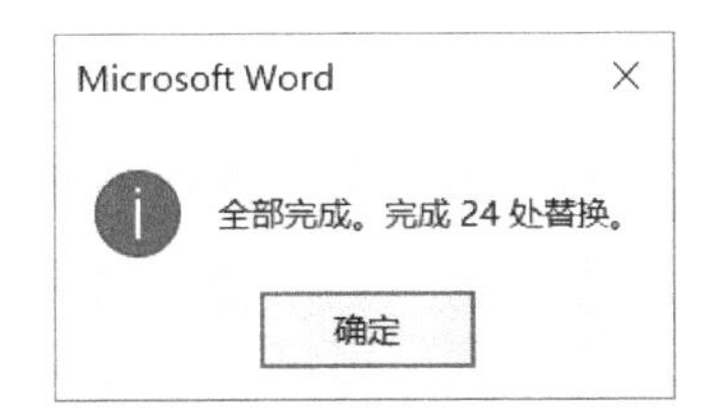

图 2-2　完成全部替换

03 如果查找某一个关键词，如“围棋”，可以单击“开始”选项卡>“编辑”组>“查找”下拉按钮，在菜单中单击“查找”命令。

04 在 Word 文档窗口左侧“导航”文本框中输入“围棋”，所有“围棋”都会在文档中被标注出来，如图 2-3 所示。此时文档中一共有 24 个“围棋”。

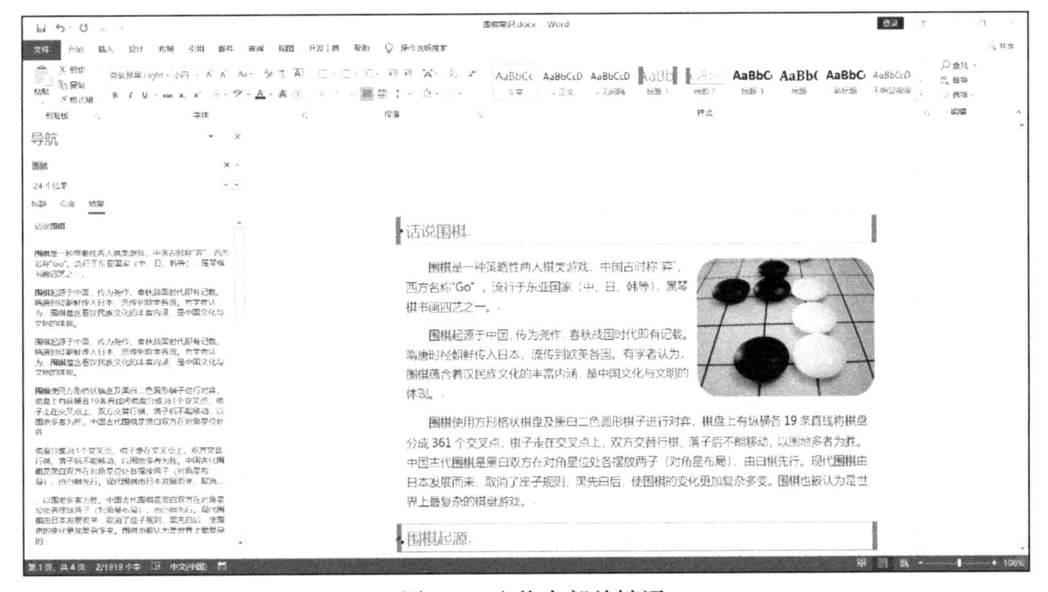

图 2-3　查找全部关键词

05 此外，还可以在“查找”菜单中单击“高级查找”命令，在弹出的“查找和替换”对话框中，设置“查找内容”为“围棋”，单击“查找下一处”按钮，此时光标位置后的第一个“围棋”将会被标注出来，再单击“查找下一处”按钮，第二个“围棋”将会被标注出来，以此类推。单击“取消”按钮，可完成查找，如图 2-4 所示。

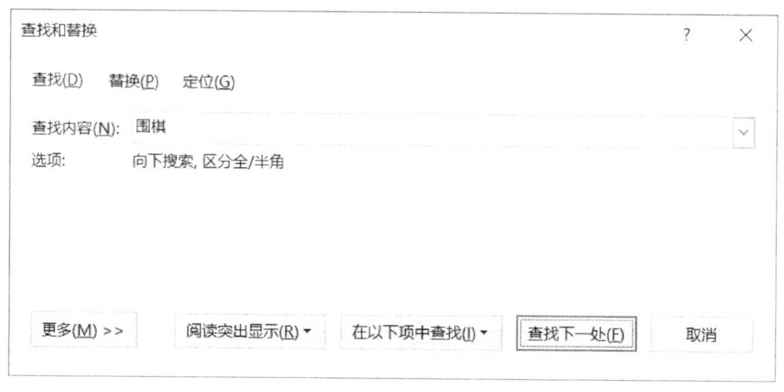

图 2-4　逐一查找关键词

06 还可以定位到文档的某一位置，单击“开始”选项卡>“编辑”组>“查找”下拉按钮，在菜单中单击“转到”命令，在弹出的“查找和替换”对话框中，确认在“定位”标签，然后在左侧“定位目标”列表框中单击“页”，在右侧输入页码，如 2，单击“定位”按钮，即可完成定位，如图 2-5 所示。再单击“关闭”按钮。

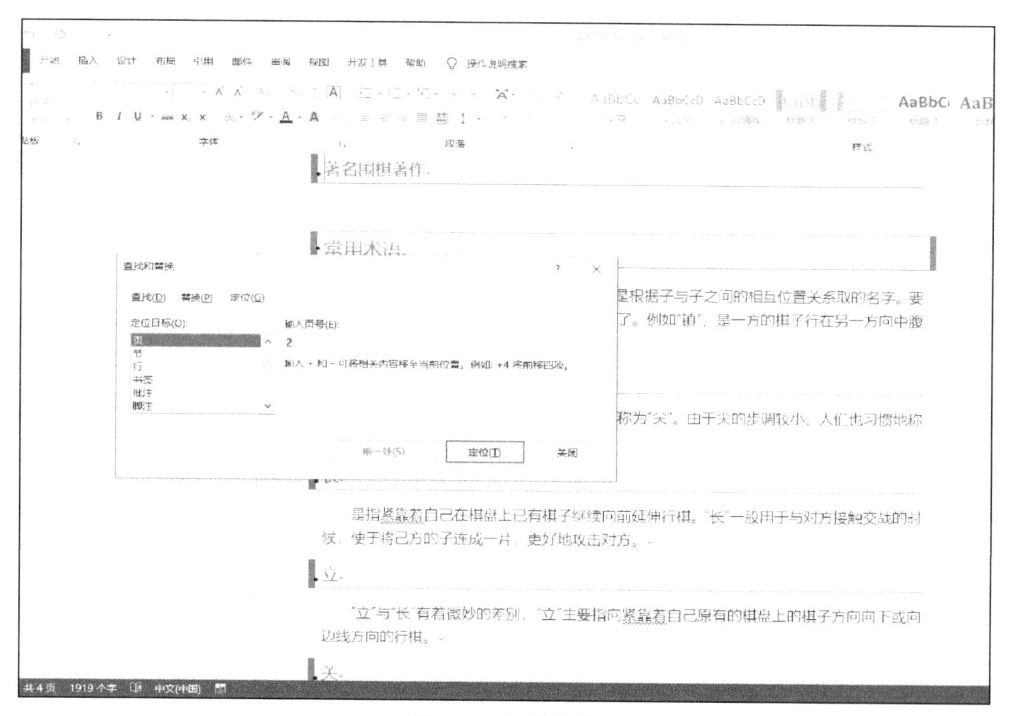

图 2-5　文档定位

2.2 设置文档的布局与主题

在编辑文档的过程中，通常需要为文档快速设置统一的风格。在 Word 文档中，可以通过设置文档的布局和主题来实现这一目的。

01 单击“布局”选项卡>“页面设置”组>“页边距”下拉按钮，在菜单中单击“自定义页边距”命令，如图 2-6 所示。

02 在弹出的“页面设置”对话框中，将上、下、左、右页边距分别设置为 5 厘米、5 厘米、3 厘米、3 厘米，“纸张方向”为“纵向”，并应用于整篇文档，单击“确定”按钮，如图 2-7 所示。

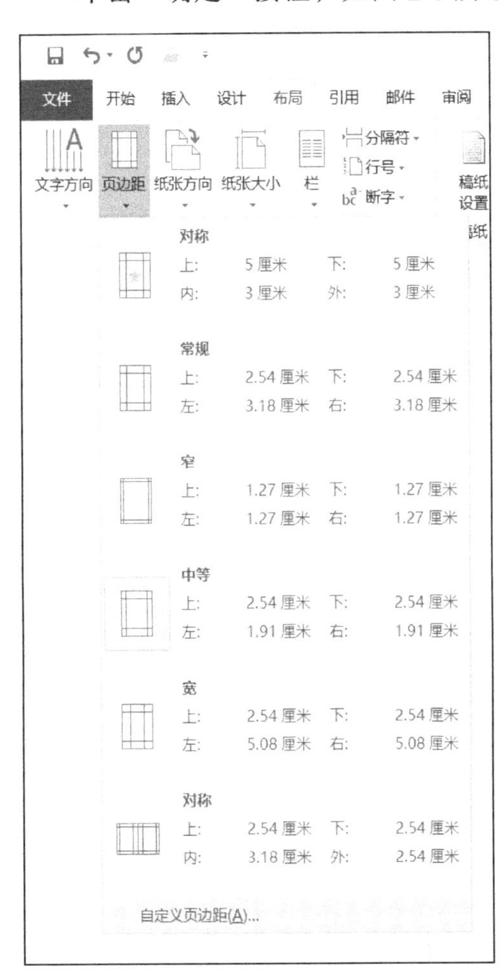

图 2-6 自定义页边距

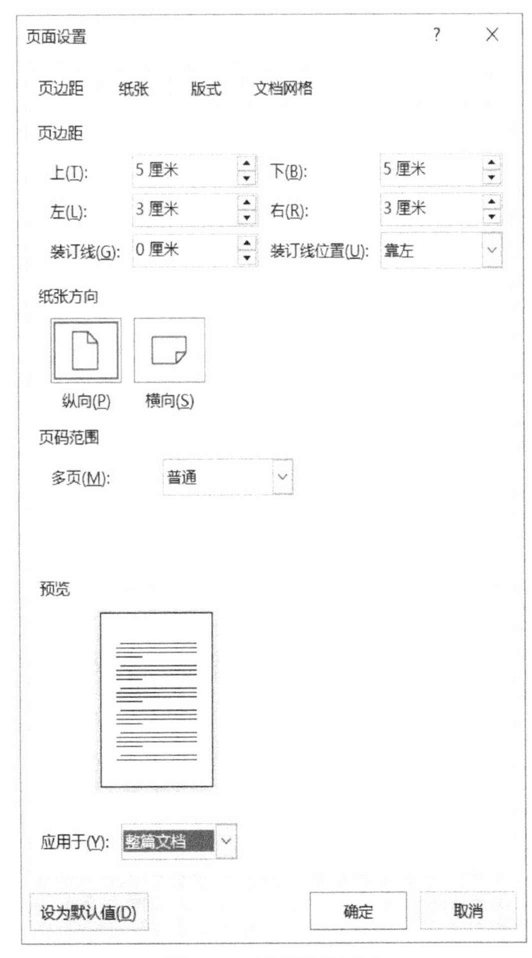

图 2-7 设置页边距

03 单击“设计”选项卡>“页面背景”组>“页面边框”命令，在弹出的“边框和底纹”对话框中，选择页面边框类型为“阴影”，颜色为“水绿色，个性色 5，深色 25%”，宽度为“3 磅”，并应用于整篇文档，单击“确定”按钮，如图 2-8 所示。

图 2-8　设置页面边框

04 可以从预设的主题颜色中选择或创建新的主题颜色来设置整个文档的主题颜色。单击“设计”选项卡>“文档格式”组>“颜色”下拉按钮，在菜单中单击“自定义颜色”命令，如图 2-9 所示。

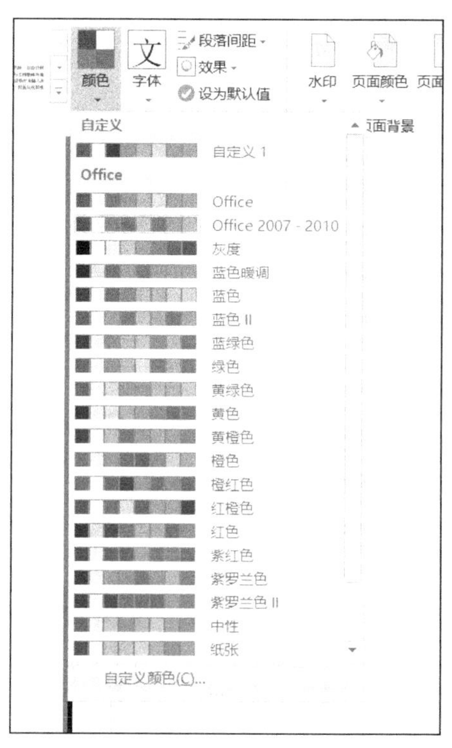

图 2-9　自定义颜色

05 在弹出的“新建主题颜色”对话框中，更改“名称”为“围棋常识”，在“着色 3”下拉列表中单击“其他颜色”命令，如图 2-10 所示。

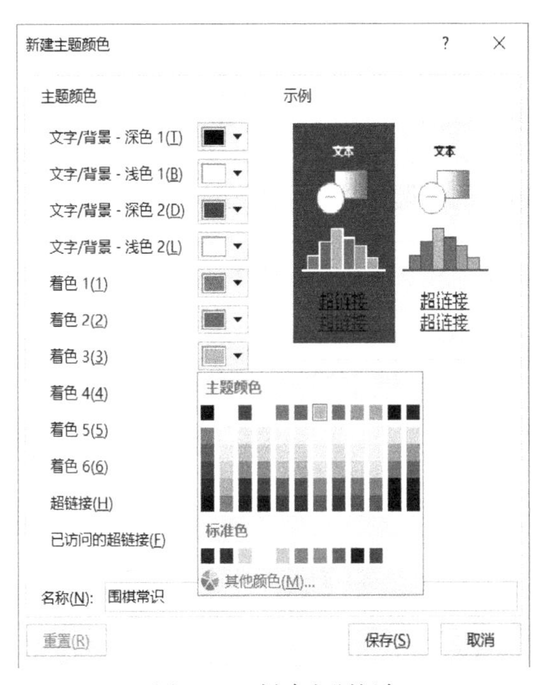

图 2-10 创建主题颜色

06 在弹出的“颜色”对话框中，将“红色”、“绿色”和“蓝色”分别设置为“95”、“163”和“163”，单击“确定”按钮，如图 2-11 所示。

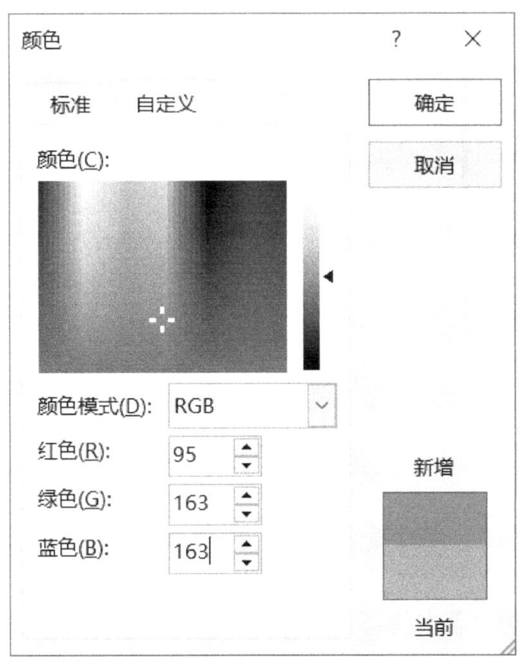

图 2-11 自定义颜色

07 然后按照更改“着色 3”的步骤更改“着色 4”，将其“颜色”对话框中的“红色”、“绿色”和“蓝色”分别设置为“133”、“133”和“133”，单击“确定”按钮。最后在“新建主题颜色”对话框中，单击“保存”按钮，完成主题颜色创建。

08 除了可以对主题颜色进行选择和创建，还可以对主题字体进行选择和创建。单击“设计”选项卡>“文档格式”组>“字体”下拉按钮，在菜单中即可选择已有字体或创建新的主题字体，如图 2-12 所示。

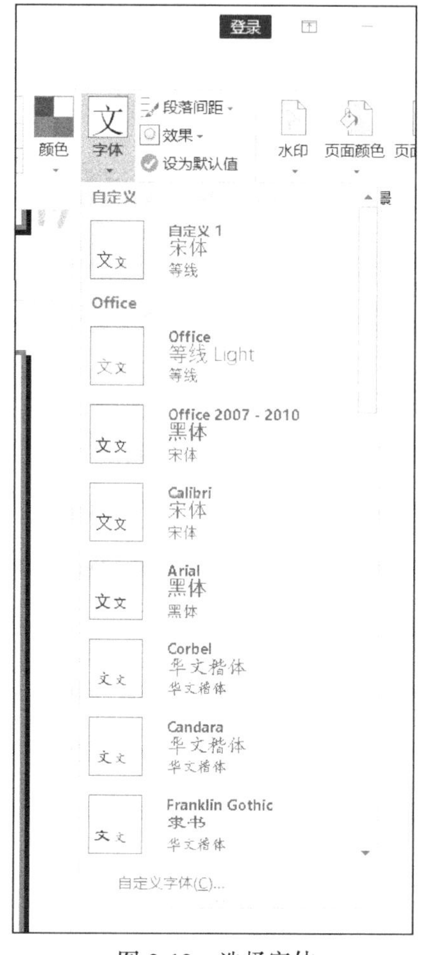

图 2-12　选择字体

2.3　插入文本和段落

在编辑文档的过程中，有时需要插入一些外部的内容，以此来完善和丰富文档的内容。

01 将光标定位在标题“著名围棋著作”下方，单击“插入”选项卡>“文本”组>“对象”下拉按钮，在菜单中单击“文件中的文字”命令，如图 2-13 所示。

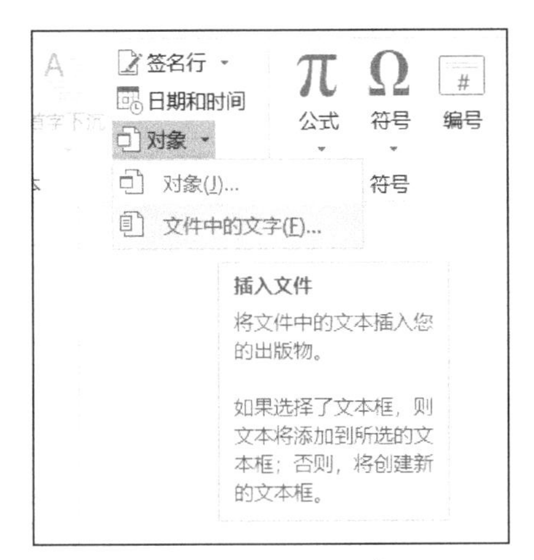

图 2-13　插入文件

02 在弹出的“插入文件”对话框中，选择素材单元 2 文件夹中的“著名围棋著作.rtf”文档，单击“插入”按钮，插入该文档中的素材内容，如图 2-14 所示。

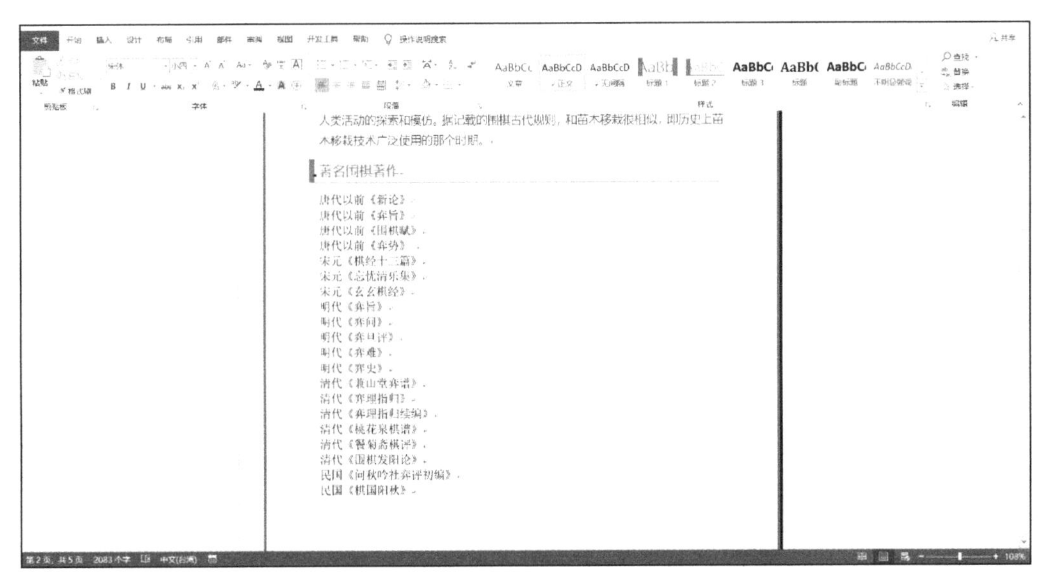

图 2-14　插入完成

2.4　格式化文本和段落

在编辑和美化文档的过程中，可以对文本和段落进行格式化，使其具有对应的格式，既突出了一部分内容，又不会使整篇文章显得凌乱。

01 选中所插入的“著名围棋著作.rtf”内容，在“开始”选项卡>“字体”组>“字体”菜单中单击“微软雅黑 Light”，如图 2-15 所示。

02 按 Ctrl+A 组合键选中整个文档，单击“开始”选项卡>“段落”组右下角的对话框启动器按钮。

图 2-15　设置字体

03 在弹出的“段落”对话框中，设置行距为“固定值 20 磅”，单击“确定”按钮，如图 2-16 所示。

图 2-16　设置行距

04 此外，还可以对某些关键词、某些段落进行加粗、倾斜、下画线、增加边框和底纹等设置。单击“开始”选项卡，在“字体”和“段落”组中分别进行设置，如图 2-17 所示。

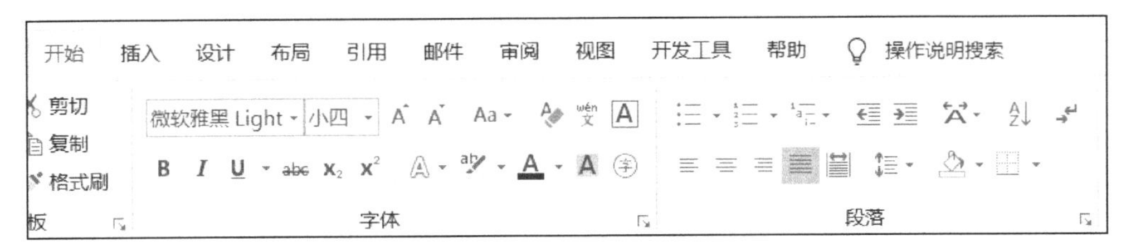

图 2-17 设置其他文本、段落格式

2.5 排序及分组文本和段落

在编辑和美化文档的过程中，有时需要对文本和段落进行分组，使文档内容分布更加合理，更具逻辑性。

01 选中“著名围棋著作”下方所有内容，单击“布局”选项卡>“分栏”下拉按钮，在菜单中单击“更多分栏”命令。

02 在弹出的“分栏”对话框中，选择“栏数”为“2”，并勾选“分隔线”复选框，单击“确定”按钮。

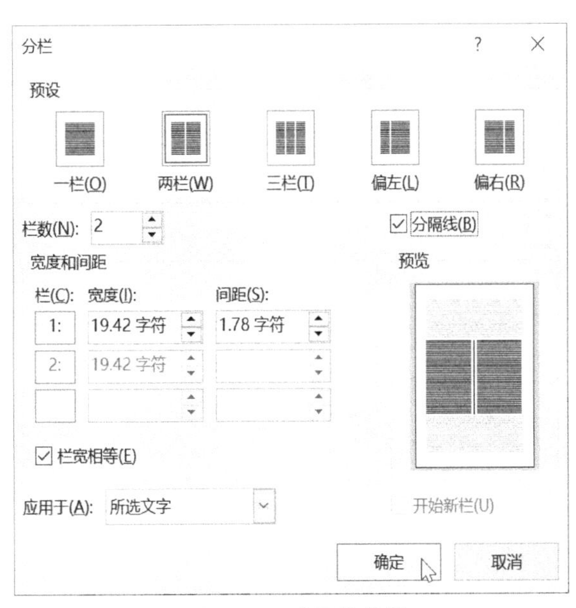

图 2-18 对段落分栏

03 除了分栏，还经常会使用分页或分节的功能来设置文档的布局。将光标定位到紧挨标题“常用术语”前，单击“布局”选项卡>“页面设置”组>“分隔符”下拉按钮，在菜单中单击“分页符”命令，如图 2-19 所示。

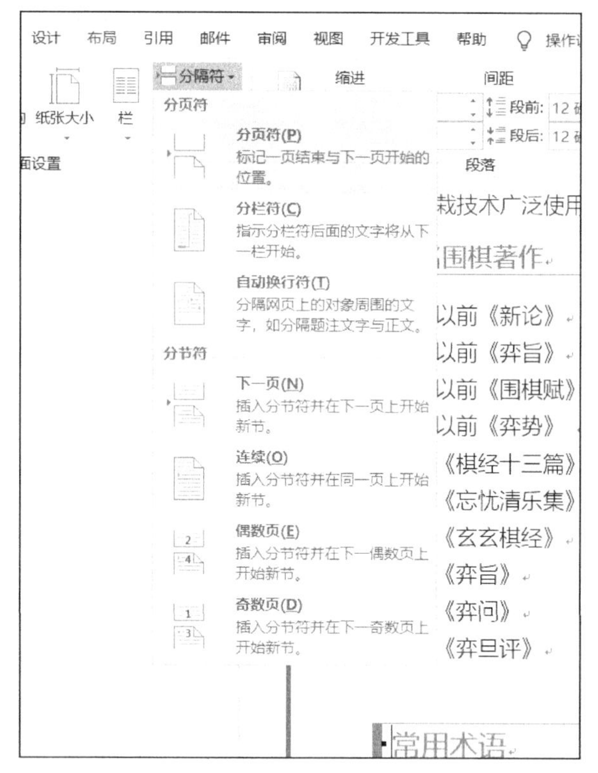

图 2-19　分页符

04 分页后的效果如图 2-20 所示。

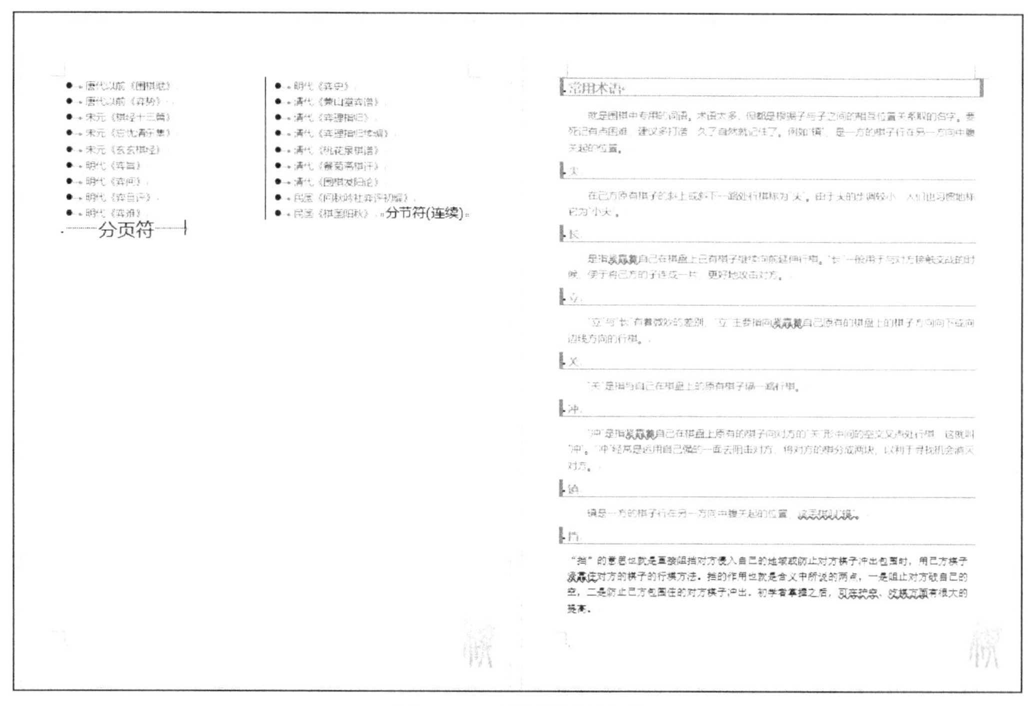

图 2-20　分页后的效果

2.6 使用样式编辑长篇文档

在编辑长篇文档时，使用样式可以实现批量设置格式和批量修改的目的，既提高了工作效率，又能使文档的风格统一。

01 可以直接对段落应用文档中已有的样式。按住 Ctrl 键分别选中文档末尾的“棋子”和“棋盘”文本，单击“开始”选项卡>“样式”组>“标题 2”样式，如图 2-21 所示。

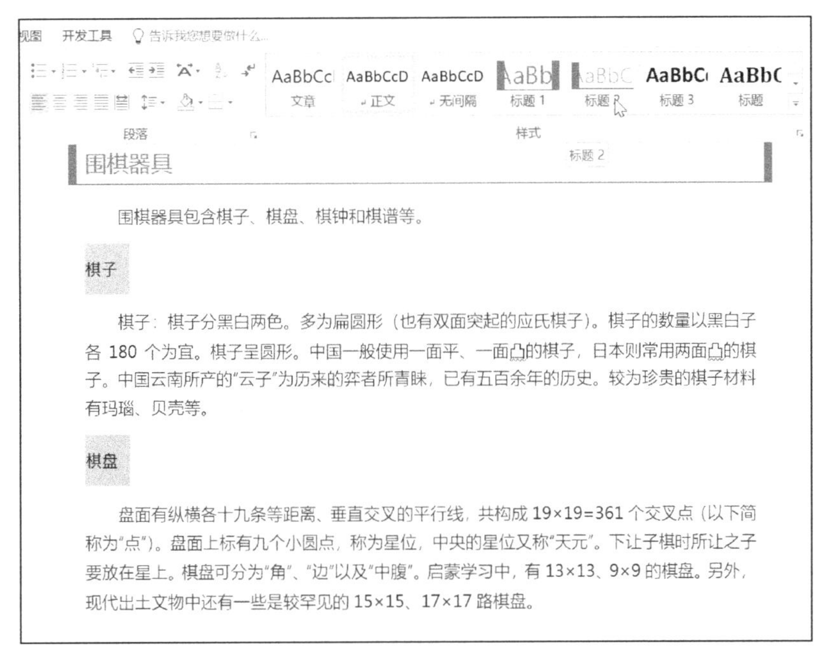

图 2-21 应用已有样式

02 还可以对现有样式进行修改，修改后的变化将直接体现在应用过该样式的文本中。在“开始”选项卡>“样式”组中，右键单击“标题 2”样式，在弹出的快捷菜单中单击“修改”命令，如图 2-22 所示。

图 2-22 修改样式

03 在弹出的“修改样式”对话框中，设置字体颜色为“青色，个性色 3”，字号为“小三”，单击“格式”按钮，在弹出的快捷菜单中单击“边框”命令，如图 2-23 所示。

图 2-23　修改字体样式

04 在弹出的“边框和底纹”对话框中，将边框颜色更改为“青色，个性色 3”，宽度为“0.5 磅”，样式为短画线，然后在右侧预览区域中，取消选中左侧边框，重新设置下方边框，单击“确定”按钮，如图 2-24 所示。

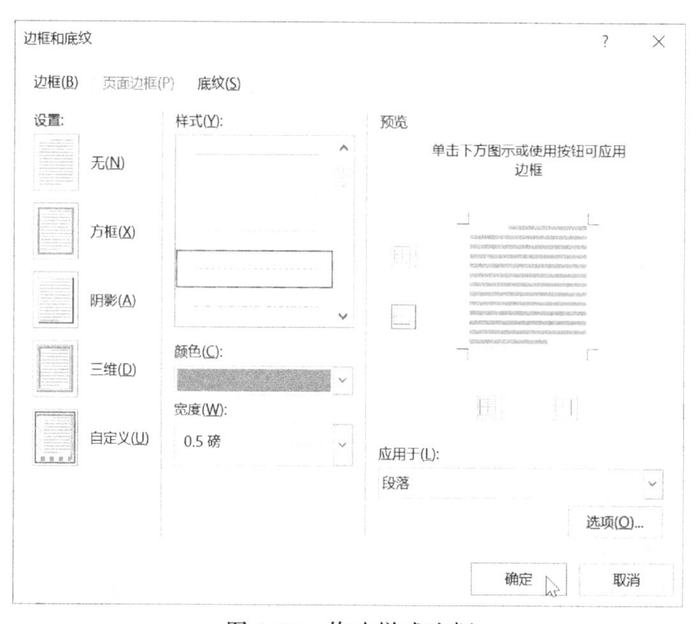

图 2-24　修改样式边框

05 回到“修改样式”对话框，单击“确定”按钮，完成样式修改。

06 也可以直接创建一个样式。单击“开始”选项卡>“样式”组>“其他”下拉按钮，在菜单中单击“创建样式”命令，如图 2-25 所示。

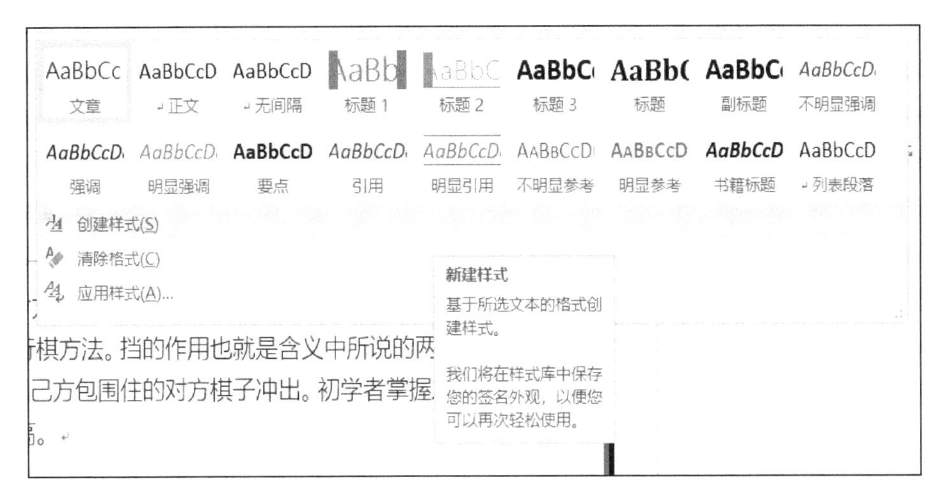

图 2-25　创建样式

07 在弹出的“根据格式设置创建新样式”对话框中，输入新样式名称，也可以保留默认名称，这里修改为“围棋著作”，然后单击“修改”按钮，如图 2-26 所示。

图 2-26　设置新样式名称

08 在新弹出的“根据格式设置创建新样式”对话框中，可以自行设置相应的字体、段落等格式，这里将字体设置为“微软雅黑”，字号为“小四”，加粗并添加下画线，字体颜色为“青色，个性色 3”，单击“确定”按钮，如图 2-27 所示。

09 在“样式”菜单中可以找到新创建的样式，如图 2-28 所示。

根据格式设置创建新样式

属性

名称(N): 围棋著作

样式类型(T): 字符

样式基准(B): 默认段落字体

后续段落样式(S):

格式

微软雅黑 小四 B I U 中文

明朝陈仁锡在《潜确类书》中又提出"乌曹作博、围棋"。乌曹相传是尧的臣子，有的又说他是夏桀的臣子。后来，董斯张的《广博物志》、张英的《渊鉴类函》等也采录了这种说法。

字体: (中文) 微软雅黑, 小四, 加粗, 下划线, 字体颜色: 着色 3, 文本填充, 样式: 在样式库中显示, 优先级: 2

基于: 默认段落字体

添加到样式库(S)

仅限此文档(D) 基于该模板的新文档

格式(O) 确定 取消

图 2-27 设置新样式格式

图 2-28 新样式创建完成

2.7 课后习题

1．在最后 1 页的底部，将文本“［注册］”替换为“注册”标记。

2．使用查找和替换功能将所有“PPT”替换为“PowerPoint”。

3．设置“自动更正选项”，以便在输入“PPT”时可以自动替换为“PowerPoint”。

4．在最后 1 页，将句子“MicroMacro 与您共同进入最新的 Windows 殿堂！”移至文档末尾，不包含格式。

5．使用“鲜绿”色突出显示第 1 页上以“创新”开头的一行文本。在最后一页上，将文本“MicroMacro 与您共同进入最新的 Windows 殿堂！”加粗并倾斜显示，字体大小更改为 12，并应用“向右偏移”阴影。

6．在第 1 页上，清除以“创新”开头的一行文本的格式。

7．将标题“年终总结大会人员责任分工”设置为“艺术字”文本框格式。使用“渐变填充-紫色，着色 4，轮廓-着色 4”样式。

8．将两条横线之间文本的行距更改为固定值 35 磅。

9．设置行距使整个文档变为 1.5 倍行距。

10．为第 3 页字体为蓝色的 4 个标题应用“列出要点”样式。

11．选择标题“著名围棋著作”下方项目符号列表，将其布局更改为两栏，间距为 2 字符。

12．在第 3 页标题“应用商店”前添加分栏符。

13．在紧挨标题“著名围棋著作”前添加分页符。

14．在第 5 页文本“附件：”前添加“下一页”分节符，在分节符后，将纸张方向更改为“横向”。

创建表格和列表
——制作 MOS 成绩单

任务背景

你是某大学“计算机应用基础”课程的教授助理，在一次 MOS 考试后，你需要使用 Word 中的表格功能来整理学生的成绩，并对其进行完善和美化。

任务分析

要完成本任务，需要在现有文档中根据已有的文本创建表格，然后利用 Word 提供的表格工具对表格的样式和布局进行编辑，然后为考试模块创建一个列表，并对其进行编辑。

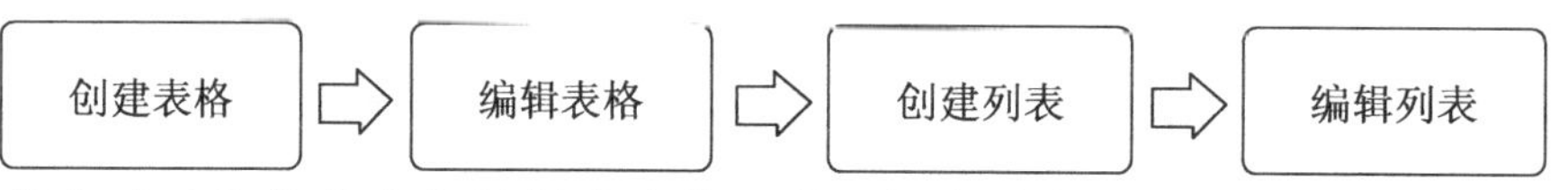

本任务涉及的技能点包括创建表格、利用样式编辑表格、对表格的内容进行排序、设置表格布局、创建列表、添加项目符号、修改项目编号等。

案例素材

MOS 成绩单草稿.docx。

实现步骤

3.1 创建表格

在制作 Word 文档的过程中，经常需要使用表格来展示数据，可以创建一个空的表格录入数据，也可以将已有的数据直接转换为表格。

01 打开素材单元 3 文件夹中的“MOS 成绩单草稿.docx”文档，选中“PowerPoint 模块”下方的所有文本，单击“插入”选项卡>“表格”组>“表格”下拉按钮，在菜单中单击“文本转化成表格”命令，如图 3-1 所示。

02 在弹出的“将文字转换成表格”对话框中，设置表格“列数”为“8”，“文字分隔位置”为“制表符”，单击“确定”按钮，如图 3-2 所示。

图 3-1　文本转化成表格

图 3-2　设置表格列数及分隔位置

03 完成表格创建的效果如图 3-3 所示。

学号	姓名	性别	出生日期	Word 模块	Excel 模块	PowerPoint 模块	平均成绩
059	胡天宇	男	1971/5/28	96	93	100	96.33
054	胡美娟	女	1972/4/20	98	86	96	93.33
047	何卫健	男	1989/4/25	94	89	96	93.00
012	曹玉朋	男	1979/5/23	92	90	95	92.33
068	黄玉婷	女	1971/12/12	88	99	90	92.33
014	曹子豪	男	1982/8/17	95	96	81	90.67
086	童敏茹	女	1972/8/18	72	98	100	90.00
049	洪武涛	男	1983/2/5	100	99	69	89.33
039	龚俊熙	男	1973/2/3	86	93	88	89.00
076	刘占博	男	1985/3/28	93	92	81	88.67
087	童伊萍	女	1984/12/11	98	76	92	88.67
019	陈欣怡	女	1988/5/26	88	94	80	87.33
064	胡熠宸	男	1982/2/1	65	99	98	87.33
008	曹凯文	男	1978/9/29	87	91	82	86.67
082	苏仕甜	女	1974/7/5	67	97	95	86.33
036	傅浩楠	男	1984/7/28	73	92	93	86.00
085	孙晓磊	女	1971/5/30	87	82	88	85.67

图 3-3　完成表格创建的效果

04 也可以直接插入一个空表格。单击“插入”选项卡>“表格”组>“表格”下拉按钮，在菜单中单击“插入表格”或“绘制表格”命令，即可通过多种方式插入空表格，如图 3-4 所示。

05 例如，单击“插入表格”命令，在弹出的“插入表格”对话框中，可以自行设置表格尺寸，单击“确定”按钮，即可生成自定义尺寸的表格。如果想记住此时表格的尺寸，方便下次直接使用，可以勾选“为新表格记忆此尺寸”复选框，如图 3-5 所示。

图 3-4　多种方式插入空表格

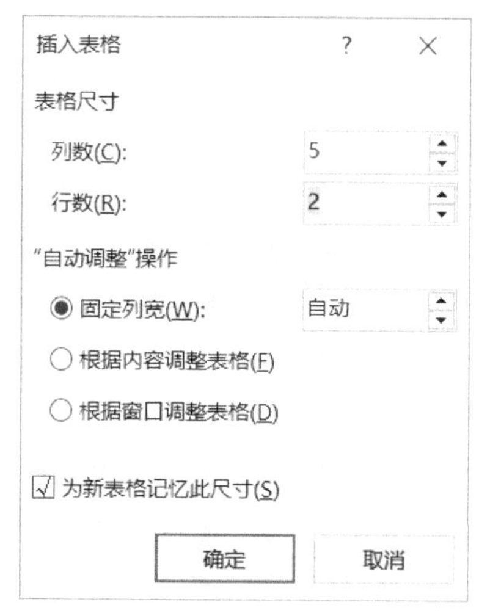

图 3-5　记忆尺寸

3.2 修改表格

当已经创建或插入表格后，通常需要对表格的样式、布局等进行编辑，使其更加美观。

01 单击表格左上方的全选按钮，选中整个表格，在“表格工具：设计”选项卡>“表格样式”库中单击“网格表 4-着色 5”样式，如图 3-6 所示。

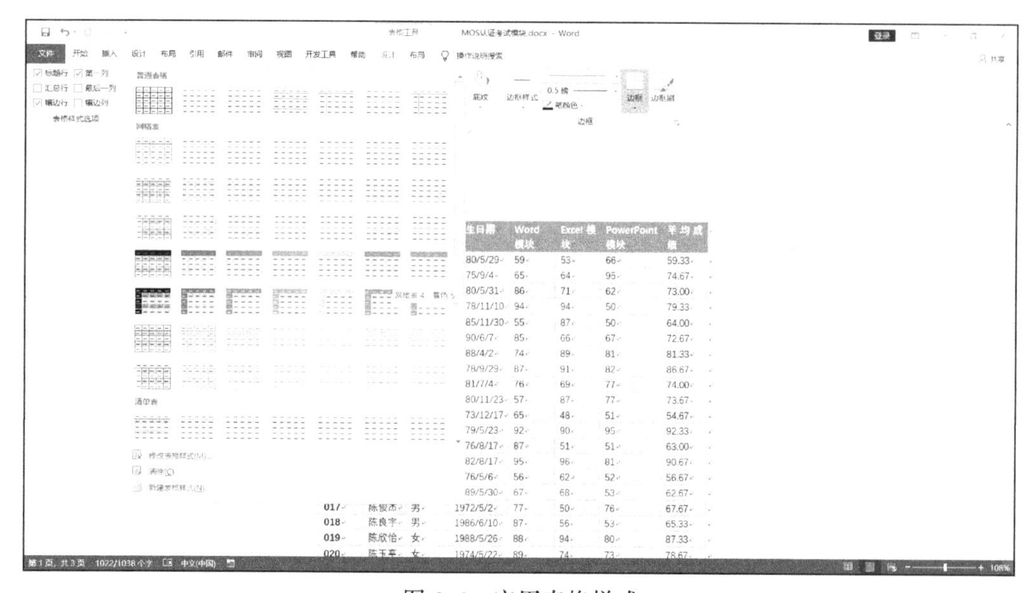

图 3-6　应用表格样式

02 除应用已有样式外，还可以对其进行修改或新建表格样式。单击“表格工具：设计”选项卡>“表格样式”组>“其他”下拉按钮，在菜单中单击“修改表格样式”或“新建表格样式”命令，即可到相应的“修改样式”（或“根据格式设置创建新样式”）对话框中，对“表格属性”、“字体”和“段落”等内容进行修改或设置，如图 3-7 所示。

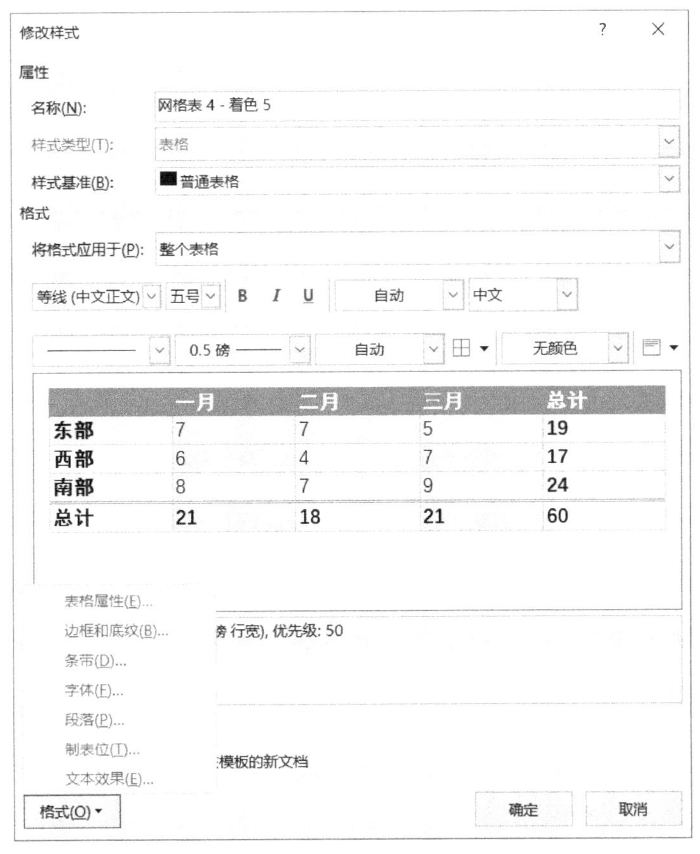

图 3-7 修改样式

03 为了在翻到每一页时表格都有标题，可在选中标题行后，单击“表格工具：布局”选项卡>“数据”组>“重复标题行”命令，如图 3-8 所示。

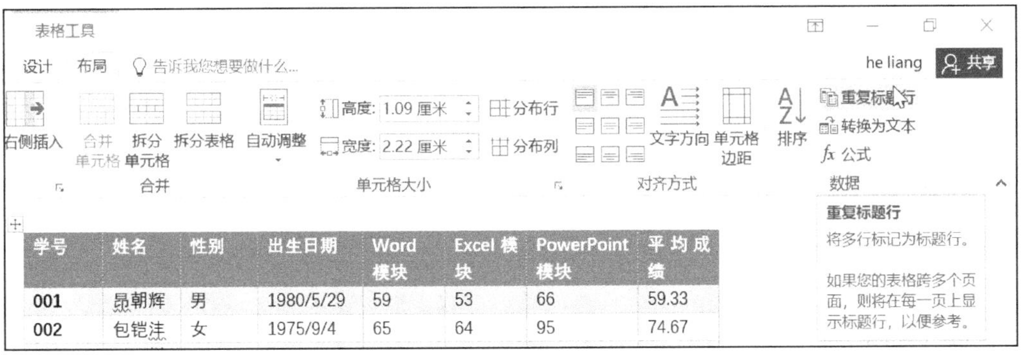

图 3-8 重复标题行

04 选中整个表格，单击“表格工具：布局”选项卡>“表”组>“属性”命令，在弹出的“表格属性”对话框中，确认位于“表格”标签，将表格“对齐方式”设置为“居中”对齐，如图 3-9 所示。

图 3-9　表格居中对齐

05 切换到“单元格”标签，将单元格“垂直对齐方式”设置为“居中”对齐，如图 3-10 所示。

图 3-10　单元格居中对齐

06 选中整个表格，单击“表格工具：布局”选项卡>“对齐方式”组>“水平居中”命令，如图 3-11 所示。

学号	姓名	性别	出生日期	Word 模块	Excel 模块	PowerPoint 模块	平均成绩
001	昂朝辉	男	1980/5/29	59	53	66	59.33
002	包锴沣	女	1975/9/4	65	64	95	74.67
003	曹程悦	女	1980/5/31	86	71	62	73.00
004	曹慧娟	女	1978/11/10	94	94	50	79.33
005	曹慧军	男	1985/11/30	55	87	50	64.00
006	曹静	女	1990/6/7	85	66	67	72.67
007	曹凯瑞	男	1988/4/2	74	89	81	81.33

图 3-11　单元格内文字居中

07 为了更方便地查看学生的考试情况，可以按照“平均成绩”降序排列表格。单击“表格工具：布局”选项卡>“数据”组>“排序”命令，如图 3-12 所示。

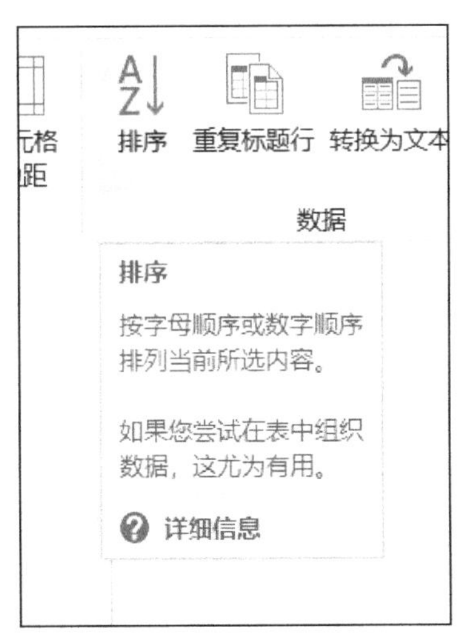

图 3-12　排序

08 在弹出的“排序”对话框中，设置“主要关键字”为“平均成绩”，排序方式为“降序”；设置“次要关键字”为“姓名”，排序方式为“升序”，单击“确定”按钮完成排序，如图 3-13 所示。

排序 ? ×

主要关键字(S)

平均成绩 类型(Y): 数字 ○ 升序(A)

使用: 段落数 ◉ 降序(D)

次要关键字(T)

姓名 类型(P): 拼音 ◉ 升序(C)

使用: 段落数 ○ 降序(N)

第三关键字(B)

类型(E): 拼音 ◉ 升序(I)

使用: 段落数 ○ 降序(G)

列表

有标题行(R) 无标题行(W)

选项(O)... 确定 取消

图 3-13 按主要关键字和次要关键字排序

09 排序完成的效果如图 3-14 所示。

学号	姓名	性别	出生日期	Word 模块	Excel 模块	PowerPoint 模块	平均成绩
059	胡天宇	男	1971/5/28	96	93	100	96.33
054	胡美娟	女	1972/4/20	98	86	96	93.33
047	何卫健	男	1989/4/25	94	89	96	93.00
012	曹玉朋	男	1979/5/23	92	90	95	92.33
068	黄玉婷	女	1971/12/12	88	99	90	92.33
014	曹子豪	男	1982/8/17	95	96	81	90.67
086	童敏茹	女	1972/8/18	72	98	100	90.00
049	洪武涛	男	1983/2/5	100	99	69	89.33
039	龚俊熙	男	1973/2/3	86	93	88	89.00
076	刘占博	男	1985/3/28	93	92	81	88.67
087	童伊萍	女	1984/12/11	98	76	92	88.67
019	陈欣怡	女	1988/5/26	88	94	80	87.33
064	胡熠宸	男	1982/2/1	65	99	98	87.33
008	曹凯文	男	1978/9/29	87	91	82	86.67
082	苏仕甜	女	1974/7/5	67	97	95	86.33
036	傅浩楠	男	1984/7/28	73	92	93	86.00
085	孙晓磊	女	1971/5/30	87	82	88	85.67
099	夏少琪	男	1989/1/18	71	90	96	85.67
035	范玉龙	男	1976/7/10	96	83	75	84.67
071	梁心媛	女	1988/5/7	91	68	93	84.00
030	崔邓欣琪	女	1974/7/15	52	98	100	83.33

图 3-14 排序完成的效果

3.3 创建和修改列表

在制作 Word 文档的过程中，通常会创建列表使文档脉络更加清晰，以突出重点。

01 选中文档标题“MOS 考试模块”下方的文本，单击“开始”选项卡>“段落”组>“项目符号”命令，完成效果如图 3-15 所示。

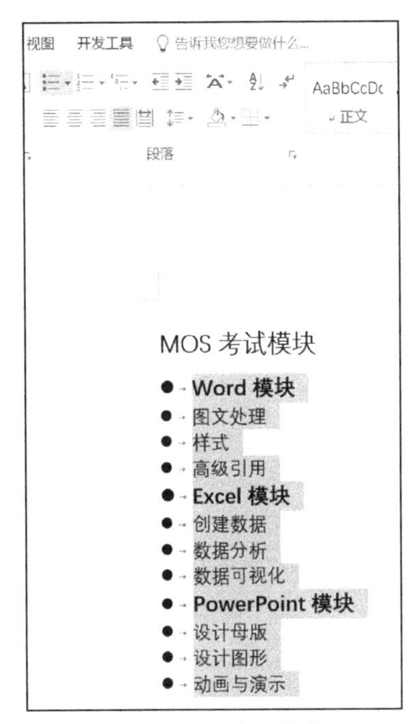

图 3-15　项目符号

02 如图 3-16 所示，选中“Word 模块”下方的 3 行文字，单击“项目符号”右侧下拉按钮，在“更改列表级别”级联菜单中单击“2 级”。

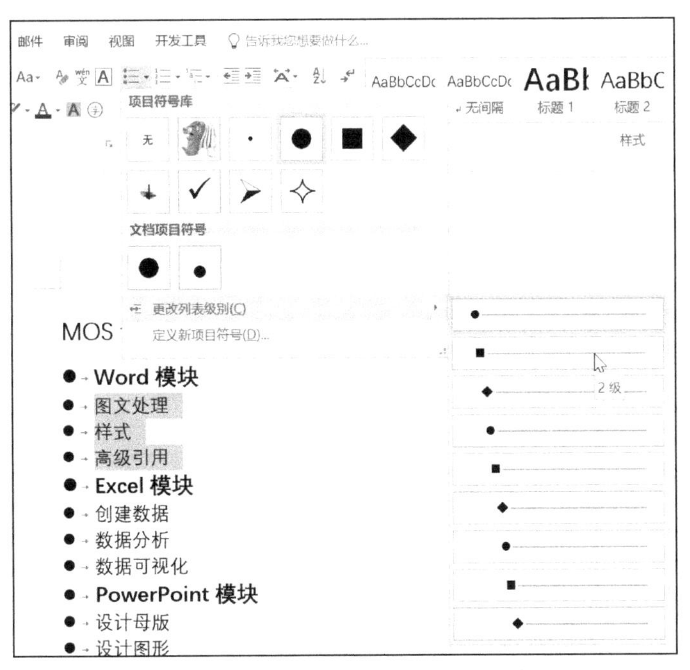

图 3-16　更改项目符号列表级别

03 选中整个列表，单击“开始”选项卡>“段落”组>“多级列表”下拉按钮，在菜单中单击“定义新的多级列表”命令，如图 3-17 所示。

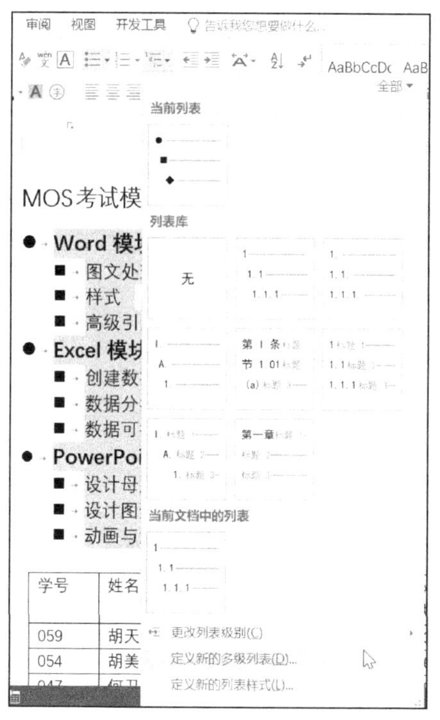

图 3-17　多级列表

04 在弹出的“定义新多级列表”对话框中，首先选择要修改的级别为 1，然后在“此级别的编号格式”下拉列表中单击“一，二，三（简）”，此时在“输入编号的格式”文本框中会出现“一”，在后面输入“、”，如图 3-18 所示。

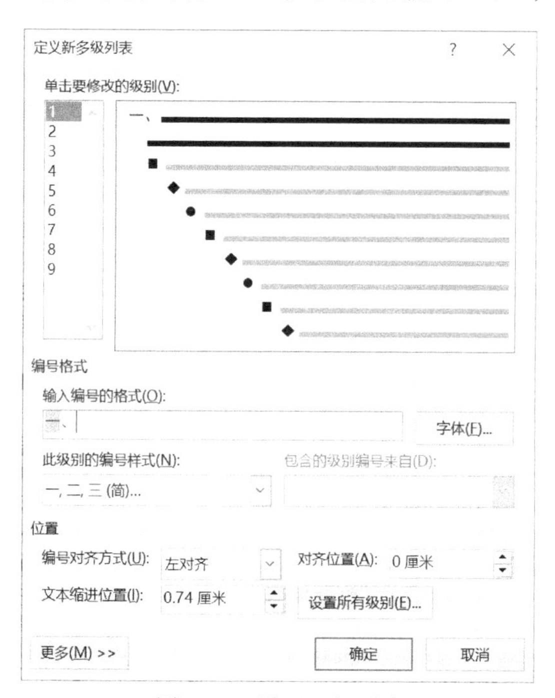

图 3-18　设置 1 级列表

05 选择要修改的级别为2，在“此级别的编号格式”下拉列表中单击“1,2,3”，此时在“输入编号的格式”文本框会出现“1”，在后面输入“.”，如图 3-19 所示。

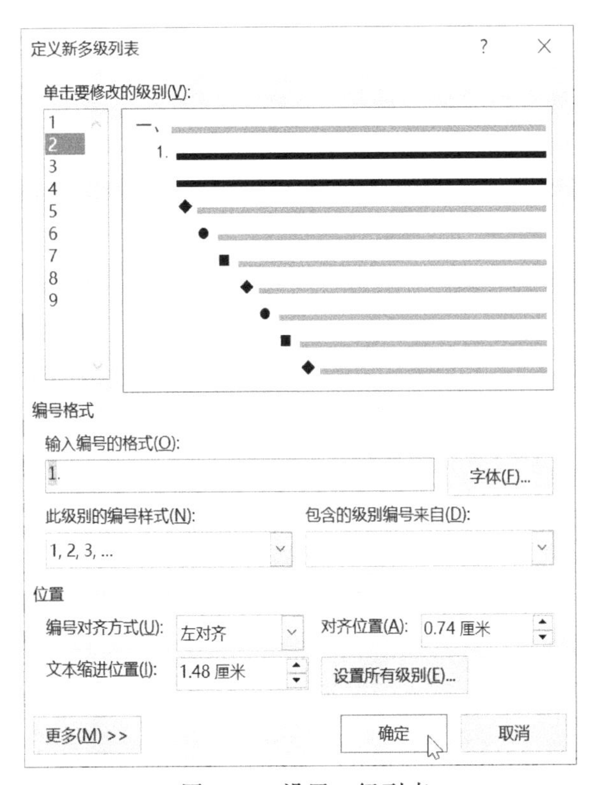

图 3-19　设置2级列表

3.4 课后习题

1. 在标题“加拿大十大城市”下方添加一个11行4列的表格。

2. 根据标题“加拿大十大城市”下方的文本，创建一个11行4列的表格，并根据窗口的宽度自动调整表格。

3. 将标题“加拿大十大城市”下方表格转换为使用空格分隔的文本。

4. 为文档结尾处的表格应用“清单表4-着色5”表格样式。

5. 将文档结尾处的表格最后一行中左侧3个单元格合并为1个单元格。

6. 调整文档结尾处表格的列宽，使所有列的宽度相同。

7. 设置文档表格，使表格的标题行在所有页上重复出现。

8. 对文档中的表格按“平均成绩”降序排序。

9. 为文档结尾处的表格添加可选文字，标题为“十大城市”，说明为“按人口排序”。

10. 为文档末尾以“Office Word 2016”开头的列表添加项目符号，样式为“✧”。

11．定位到文档末尾的编号列表，并使用阿拉伯数字（1, 2, 3…）代替字母，其他保持不变。

12．修改文档第 1 页项目符号的列表格式。使用“图片”文件夹中的“标识.png”图片作为自定义项目符号。

13．减少列表段落“i.”和“ii.”的缩进量，完成后的段落应标记为“✓”。

14．为文档结尾处标题“进阶课程”下方的列表添加编号，要求继续使用上方“基础课程”部分的编号样式。

15．在文档结尾处将右侧列表重新设置为从数字“210”开始。

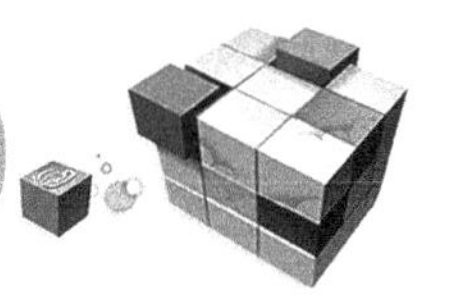

单元 4

创建图形元素——唐诗的历程

任务背景

你是一名大学生，在文学鉴赏课上，老师要求你所在的学习小组制作一份关于“唐诗的历程”的课堂展示文档。你被分配到的任务是：根据其余组员做好的一份 Word 格式的素材，在其中加入一些图形元素，并进行编辑。

任务分析

要完成本任务，需要插入一些图片或 SmartArt 图形，并对其进行格式化，以适应文档内容。

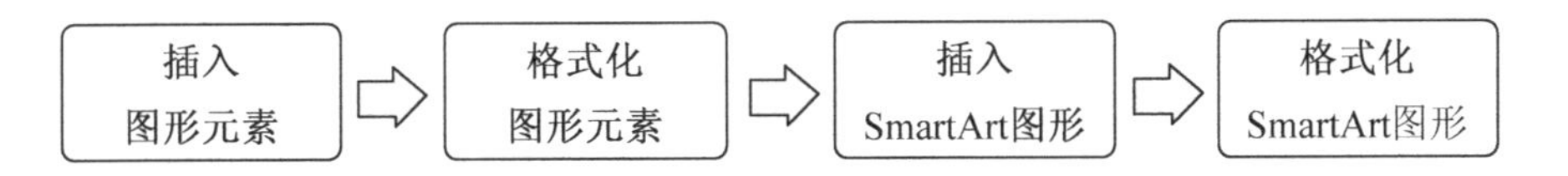

本任务涉及的技能点包括插入图形元素、设置文字环绕类型、设置图片边框、设置图片艺术效果、插入 SmartArt 图形、编辑 SmartArt 图形中的文本、设置 SmartArt 图形的主体颜色、应用 SmartArt 样式、设置 SmartArt 图形形状效果等。

案例素材

唐诗的历程.docx；夜雨寄北.jpg。

实现步骤

4.1 插入图形元素

在制作 Word 文档的过程中，采用图文并茂仅形式可以使文章内容更加丰富。在文档中插入图形元素是最基础的步骤之一。

01 打开素材单元 4 文件夹中的“唐诗的历程.docx”文档，将光标定位在标题“晚唐”下方的段落中，单击“插入”选项卡>“插图”组>“图片”命令，如图 4-1 所示。

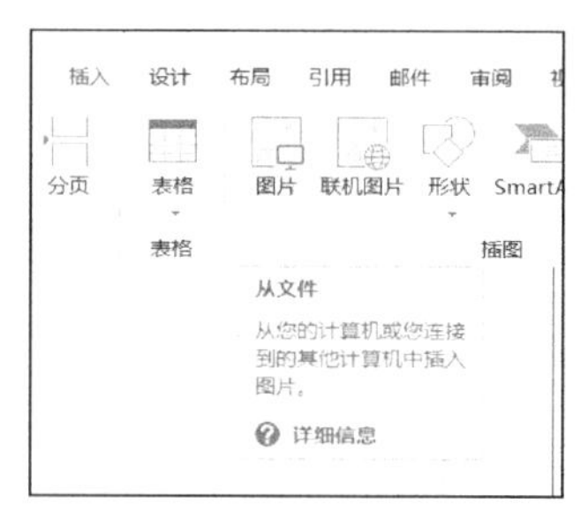

图 4-1　插入图片

02 在弹出的“插入文件”对话框中，选择素材单元 4 文件夹中的“夜雨寄北.jpg”图片，单击“插入”按钮，插入图片，如图 4-2 所示。

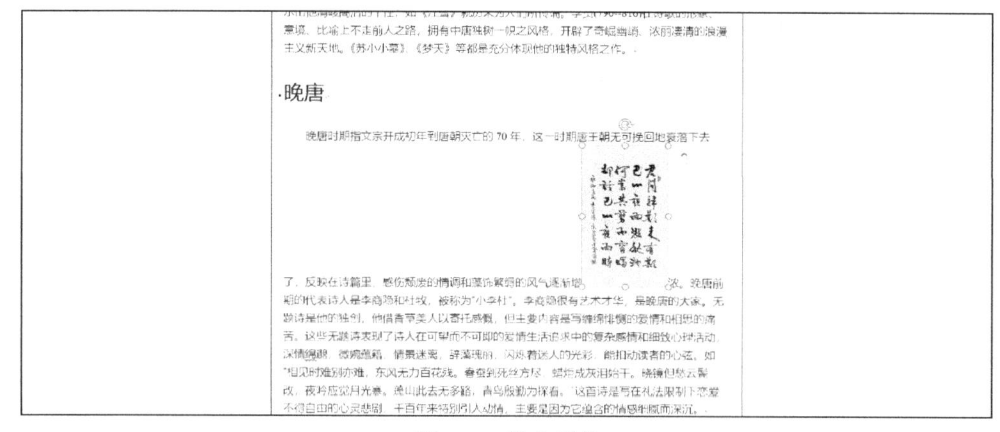

图 4-2　插入图片

03 为了与整篇文档的格式统一，需要设置文字环绕类型。选中图片，单击“图片工具：格式”选项卡>“排列”组>“环绕文字”命令，在菜单中单击“穿越型环绕”命令，如图 4-3 所示。

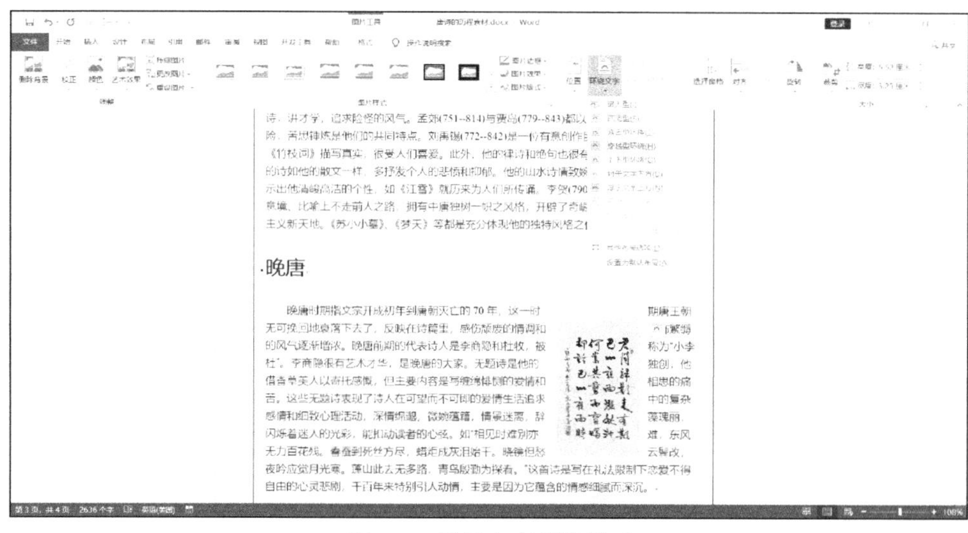

图 4-3　设置文字环绕类型

04 将图片移动到文档合适位置，使“晚唐”标题下的文本显示在图片左侧和下方，如图 4-4 所示。

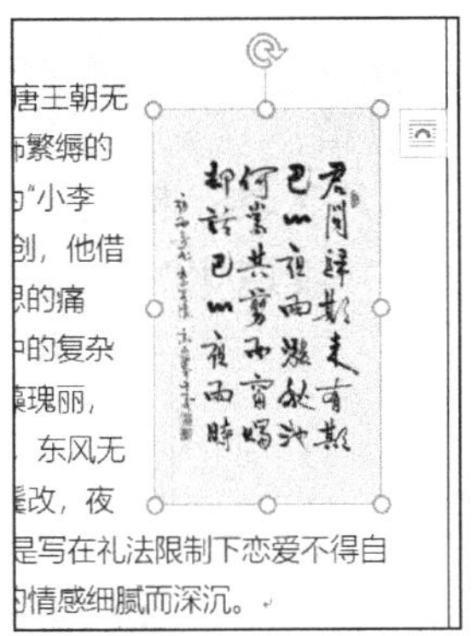

图 4-4　移动图片位置

4.2　格式化图形元素

插入图片元素后，可以对图片的边框、效果等格式进行设置，使图片具有特殊的风格。

01 选中所插入的图片，单击“图片工具：格式”选项卡>“图片样式”组>“图片效果”下拉按钮，单击“阴影”级联菜单中“阴影选项”命令，如图 4-5 所示。

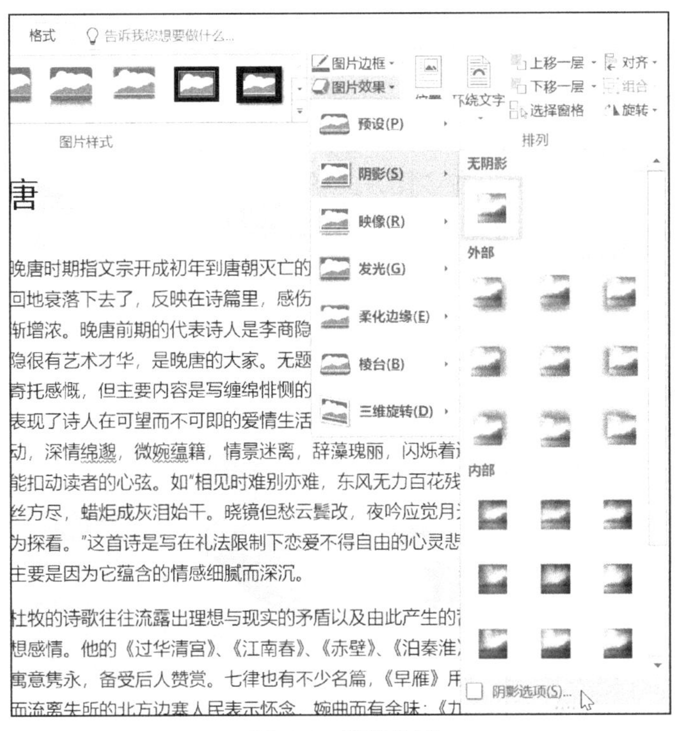

图 4-5　阴影选项

02 在窗口右侧会出现“设置图片格式”任务窗格，设置“颜色”为“黑色，文字 1，淡色 25%”，“透明度”为“35%”，“大小”为“100%”，“模糊”为“23 磅”，“角度”为“45° ”，“距离”为“11 磅”，如图 4-6 所示。完成后，单击任务窗格 × 按钮，关闭任务窗格。

03 选中所插入的图片，单击“图片工具：格式”选项卡>“调整”组>“艺术效果”下拉按钮，在菜单中单击“纹理化”艺术效果，如图 4-7 所示。

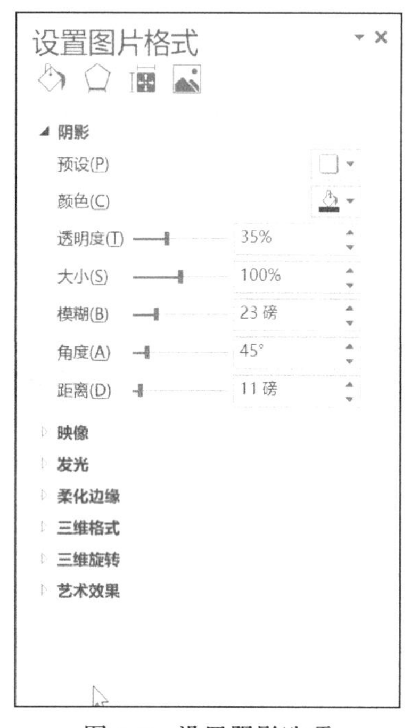

图 4-6　设置阴影选项

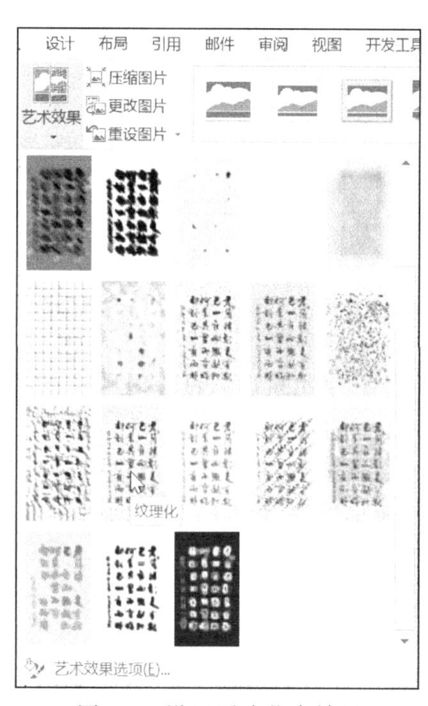

图 4-7　设置图片艺术效果

04 完成效果如图 4-8 所示，在“图片工具：格式”选项卡中还可以对图片进行更多的格式化操作，如删除图片背景、调整图片颜色、为图片添加边框等。

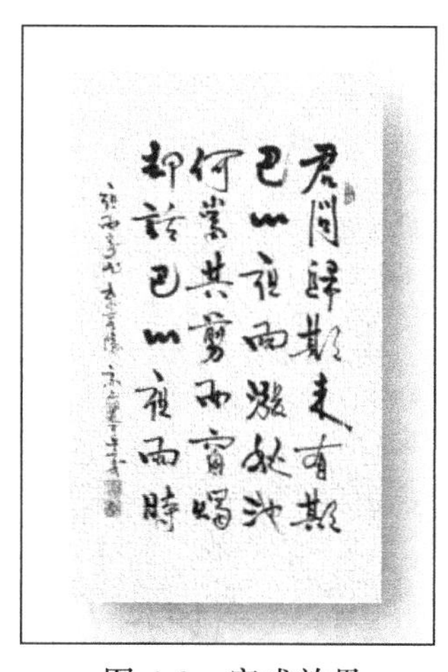

图 4-8　完成效果

4.3 插入和格式化 SmartArt 图形

在制作 Word 文档的过程中，对于一些概念的表达，如层次结构、流程等，会用到 SmartArt 图形，它能够使信息的展示更加直观。

01 将光标定位在文档正文的第一个段落下方，单击“插入”选项卡>“插图”组>“SmartArt”命令，如图 4-9 所示。

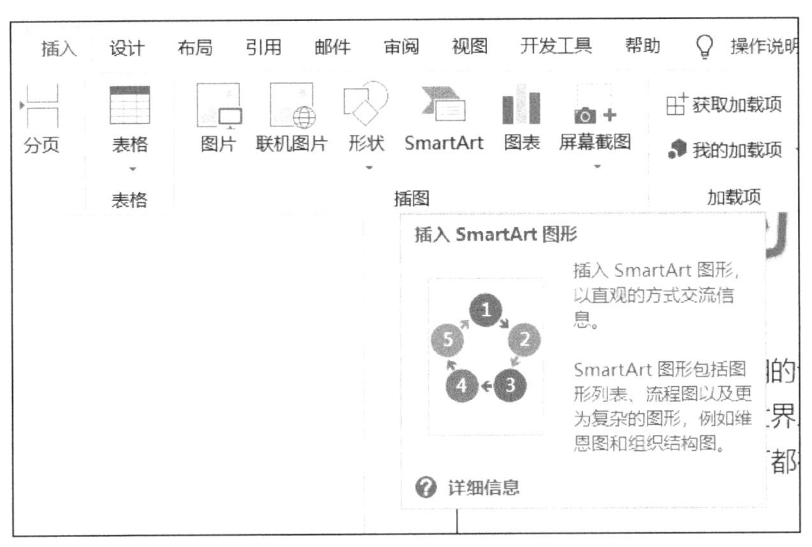

图 4-9　插入 SmartArt 图形

02 弹出“选择 SmartArt 图形”对话框，在左侧选择“流程”选项，在右侧选择“交替流”，单击“确定”按钮，如图 4-10 所示。

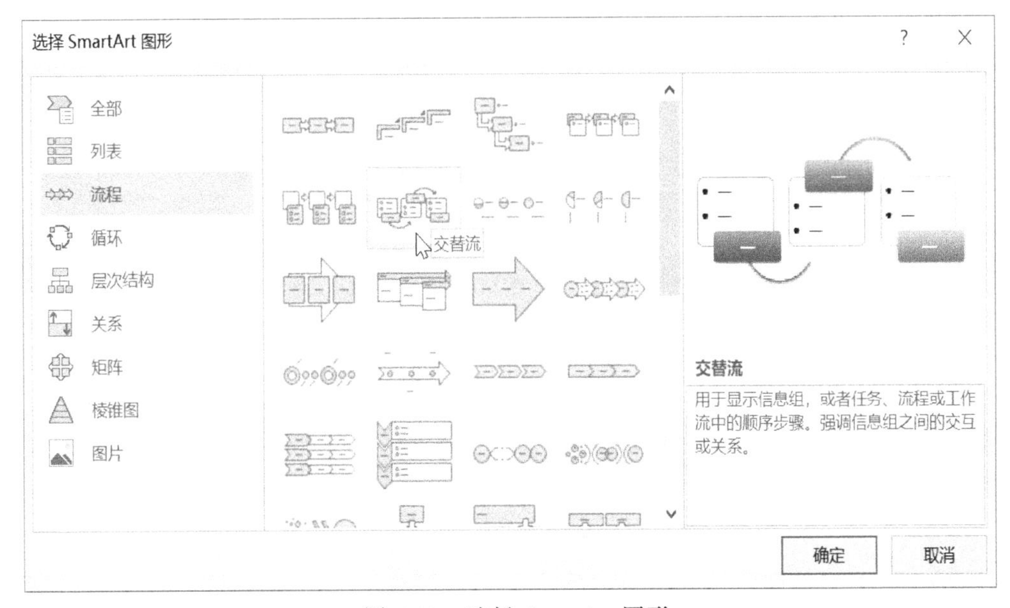

图 4-10　选择 SmartArt 图形

03 选中文档中已有的 SmartArt 图形，单击“SmartArt 工具：设计”选项卡>“SmartArt 样式”组>“更改颜色”下拉按钮，在菜单中单击“彩色范围-个性色-3 至 4”颜色，如图 4-11 所示。

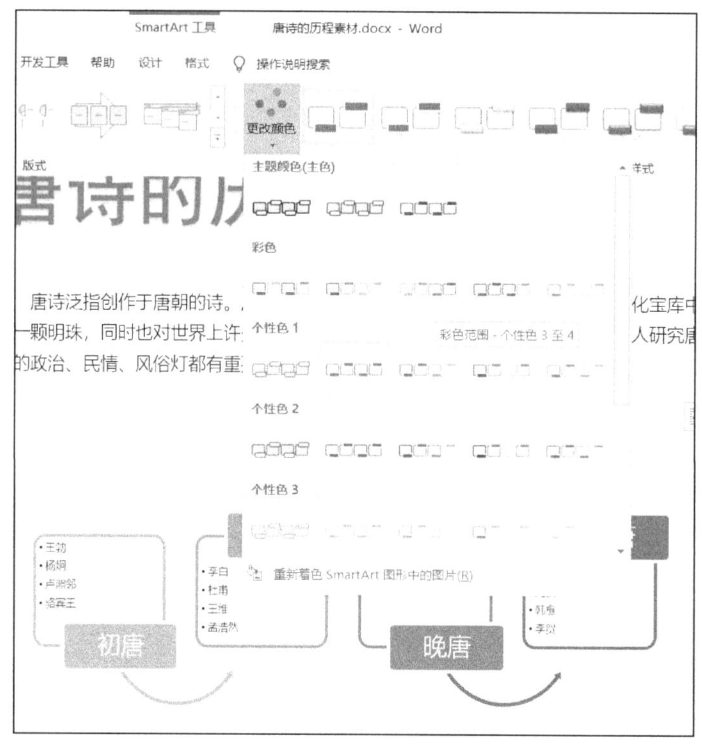

图 4-11 选择颜色

04 保持 SmartArt 图形为选中状态，在“SmartArt 工具：设计”选项卡>“SmartArt 样式”组>“SmartArt 样式”库中，单击“粉末”样式，如图 4-12 所示。

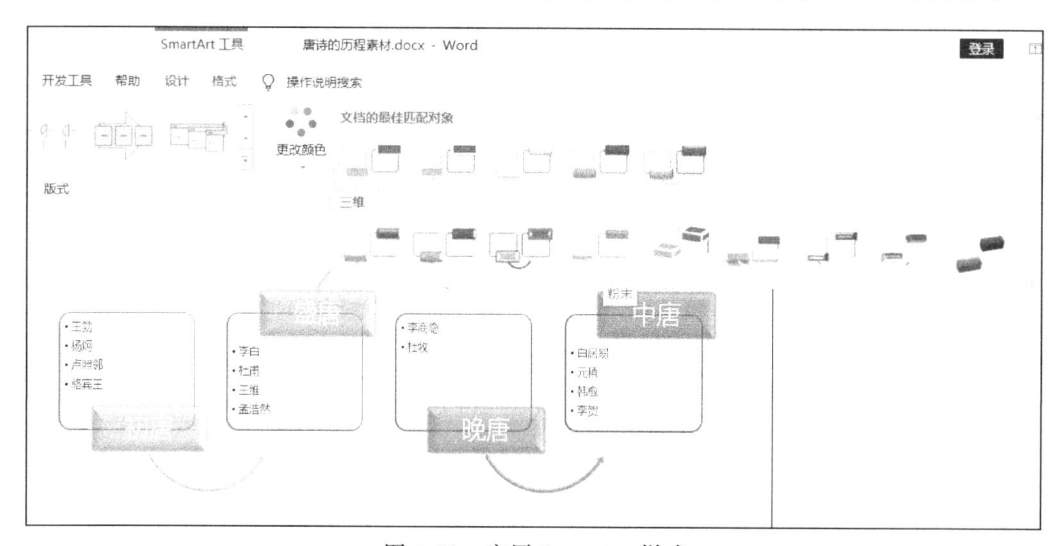

图 4-12 应用 SmartArt 样式

05 确保 SmartArt 图形为选中状态，单击 SmartArt 图形左侧尖角 ，弹出“在此键入文字”对话框。将光标定位在“晚唐”一行，单击“SmartArt 工具：设计”选项卡>“创建图形”组>“下移”命令，将“晚唐”和所属段落下移到最后，单击 按钮关闭对话框，如图 4-13 所示。

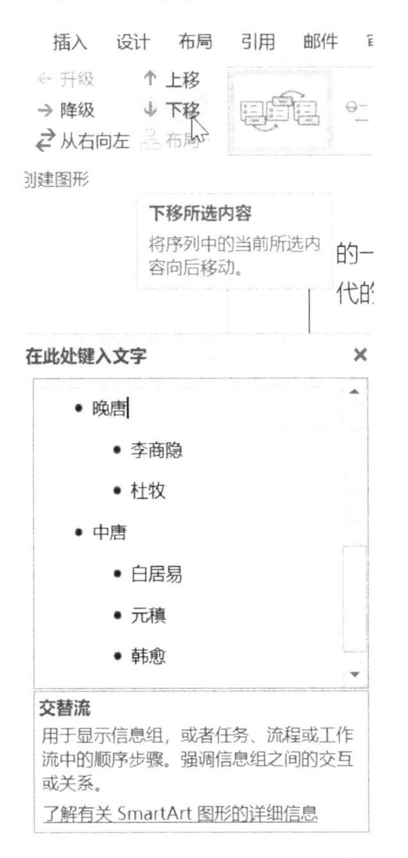

图 4-13 重新排列 SmartArt 图形中的文本

06 最终完成效果如图 4-14 所示。

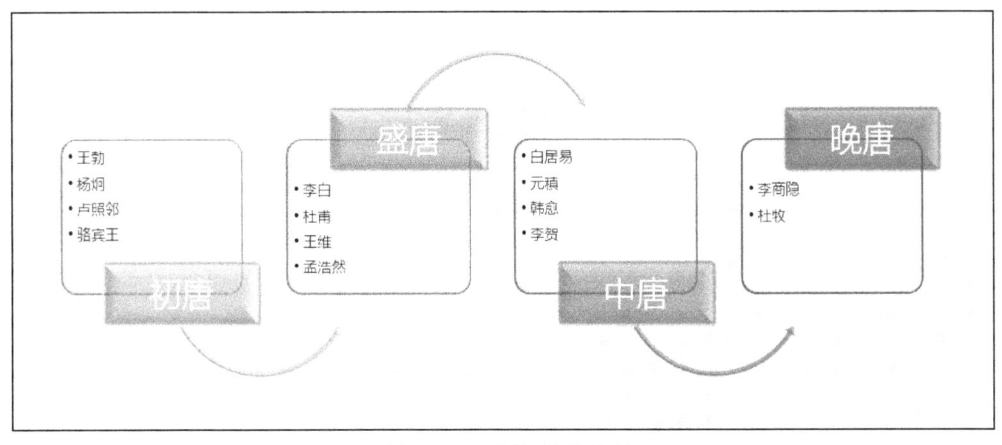

图 4-14 最终完成效果

4.4 课后习题

1. 在文档最后 1 页底部靠左处添加“条带式引言”文本框，并插入文本“更多信息请访问：www.e-micromacro.cn”，适当调整文本框大小。

2. 添加“波形”形状，并在其中输入文本“通过考核可获得相应科目国际证书！”，将其对齐到文档结尾页面底部中间位置。

3. 在标题“晚唐”下方，插入位于“图片”文件夹中的图片“夜雨寄北.jpg”，并设置标题下的文本使其环绕图片左侧。

4. 为第 1 页底部的图像应用“十字形棱台”图片效果。

5. 将第 1 页图像的边框颜色更改为“蓝色，个性色 1，淡色 80%”。

6. 为枫叶图像删除背景，注意不要裁剪到枫叶。

7. 为第 1 页的图像应用“纹理化”艺术效果。

8. 在文档末尾添加 SmartArt 图形，布局为“交替图片块”。在从上到下的 3 个标签中分别添加文本“Word 2016 Expert”、“Excel 2016 Expert”和“PowerPoint 2016 Core”。

9. 将文档中 SmartArt 图形的配色方案更改为“彩色范围-个性色 3 至 4”，并应用“细微效果”样式。

10. 重新排列 SmartArt 图形中的文本，使“中唐”及所属文本位于“晚唐”之前。

11. 为文档中的 SmartArt 图形添加“柔圆”棱台形状效果。

单元 5

设置文档引用内容
——完善电子商务行业调查报告

任务背景

你是一名大学生，在假期做了一份电子商务行业的调查报告，但是不够完善，现在需要为报告添加目录、索引、图表目录及注释等引用内容。

任务分析

要完成本任务，需要先为文档创建目录，创建索引，然后为文档中的图表添加题注，再依据题注创建图表目录，最后为一些关键词添加脚注和尾注。

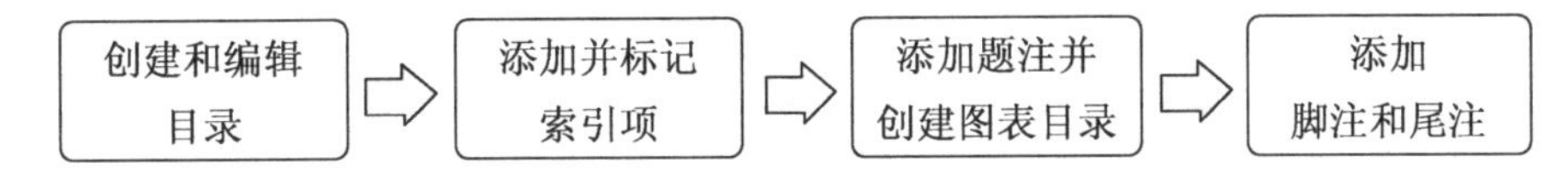

本项目涉及的技能点包括创建目录、修改目录、创建索引、为图表添加题注、添加脚注和尾注。

案例素材

调查报告.docx。

实现步骤

5.1 创建和修改目录

在制作 Word 文档的过程中，可以为文档增加目录使文档的结构更加清晰，Word 可以根据样式的大纲级别自动生成目录，这大大节省了人工输入的时间。

01 打开素材单元 5 文件夹中的“调查报告.docx”文件。将光标定位在标题“目录”下方，单击“引用”选项卡>“目录”组>“目录”下拉按钮，在菜单中单击“自定义目录”命令，如图 5-1 所示。

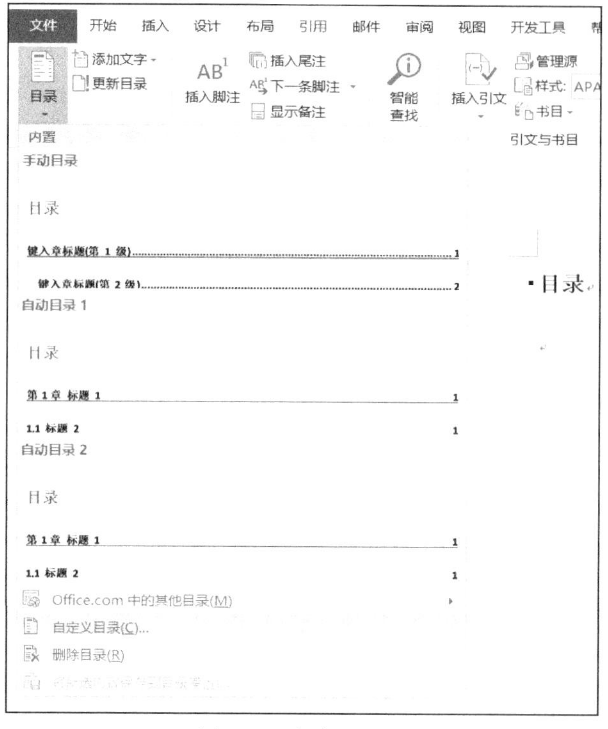

图 5-1　自定义目录

02 在弹出的“目录”对话框中，如图 5-2 所示，在“常规”选项组中设置“格式”为“正式”，然后将“制表符前导符”设置为“……”（注意这两步不可颠倒），单击“确定”按钮。

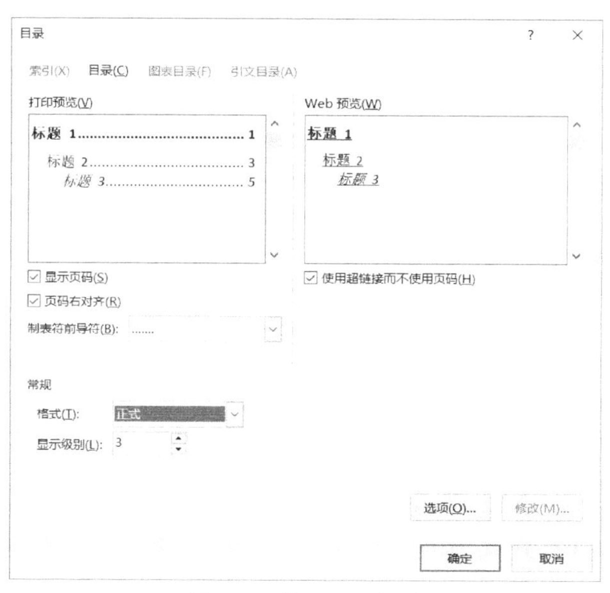

图 5-2　设置目录格式

03 目录完成效果如图 5-3 所示。

目录

前言......2

第 1 章 第三方 B2B 电子商务服务平台发展情况......2

1.1 B2B 服务平台行业分布情况......2
1.2 B2B 电子商务服务平台主要收入来源......2
1.3 B2B 电子商务服务平台收入规模......2
1.4 B2B 电子商务服务平台平均利润情况......2
1.5 B2B 电子商务服务平台提供服务对象情况......2
1.6 B2B 电子商务平台所在行业市场规模......2

第 2 章 网络零售服务平台发展情况......2

2.1 网络零售服务市场规模......2
2.1.1 网络零售服务平台规模......2
2.1.2 网络购物用户规模......2
2.2 网络零售市场交易规模......2
2.3 网络零售电子商务发展特点......2
2.3.1 交易规模继续扩大......2
2.3.2 参与主体多样化......2
2.3.3 市场竞争强度加大......2
2.3.4 零售网站平台化......2

第 3 章 网络团购服务平台发展情况......2

3.1 网站数量及地区分布......2
3.2 用户规模和交易规模......2
3.3 服务领域......2

图 5-3　目录完成效果

04 文档末尾的文本“索引”不属于任何一级标题，但通常也需要包含到目录中，并且与标题 1 同级，要达到这个目的，可以将光标定位到“索引”文本所在的段落，单击“开始”选项卡>“段落”组>“段落设置”按钮，在弹出的“段落”对话框中，如图 5-4 所示，将“大纲级别”设置为“1 级”，单击“确定”按钮。

图 5-4　设置大纲级别

05 如图 5-5 所示，右键单击目录，在弹出的快捷菜单中单击“更新域”命令。

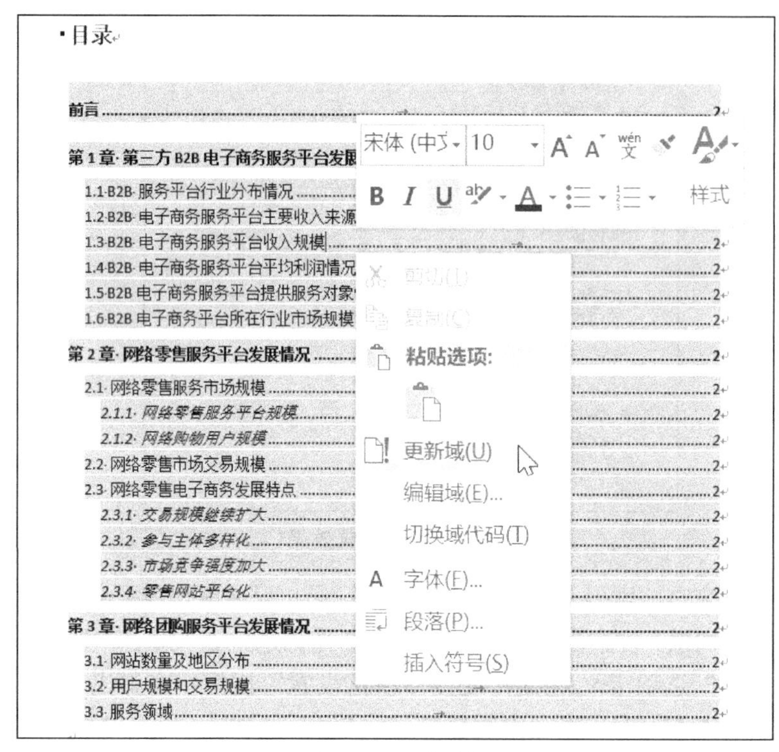

图 5-5 更新域

06 在弹出的“更新目录”对话框中，如图 5-6 所示，选择“更新整个目录”单选按钮，单击“确定”按钮。更新完成后，可以看到“索引”文本已经出现在目录中。

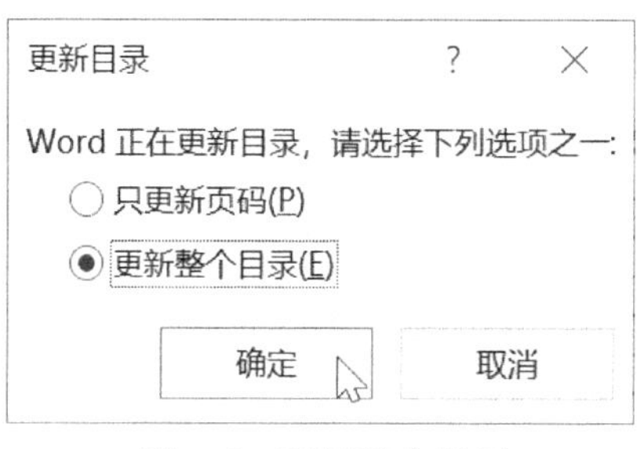

图 5-6 更新整个目录

5.2 标记和插入索引项目

在制作 Word 文档的过程中，经常会把一些专业词汇，如人名、地名或技术名词，作为索引列在文档末尾，要插入索引，需先标记索引项。

01 如图 5-7 所示，选中文档第一段中的文本“B2B”，单击“引用”选项卡>“索引”组>“标记索引项”命令。

02 在弹出的“标记索引项”对话框中，如图 5-8 所示，可以看到在“主索引项”文本框中已经自动输入“B2B”，单击“标记全部”按钮，将文档中的所有“B2B”都进行标记。

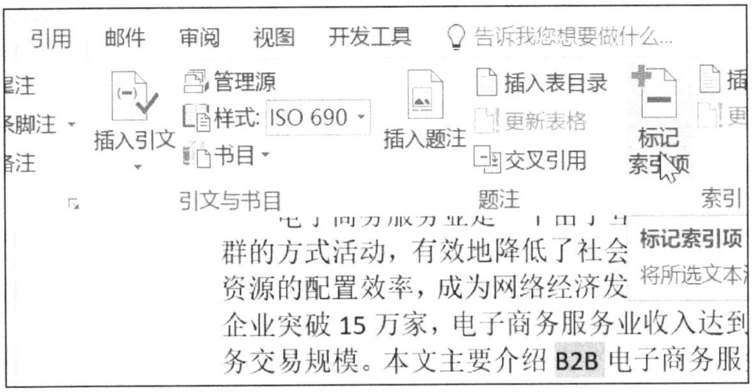

图 5-7 标记索引项

图 5-8 标记条目

03 标记后的效果如图 5-9 所示，在文本“B2B”后会显示标记“{·XE·"B2B"·}”，如果没有显示这个标记，可以单击“文件”选项卡>“段落”组>“显示/隐藏编辑标记”命令，显示索引标记。

04 如果需要标记的条目已经存在于外部文档，就不需要逐一标记，而可以使用外部的索引条目列表自动标记文档的索引项。单击“引用”选项卡>“索引”组>“插入索引”命令。

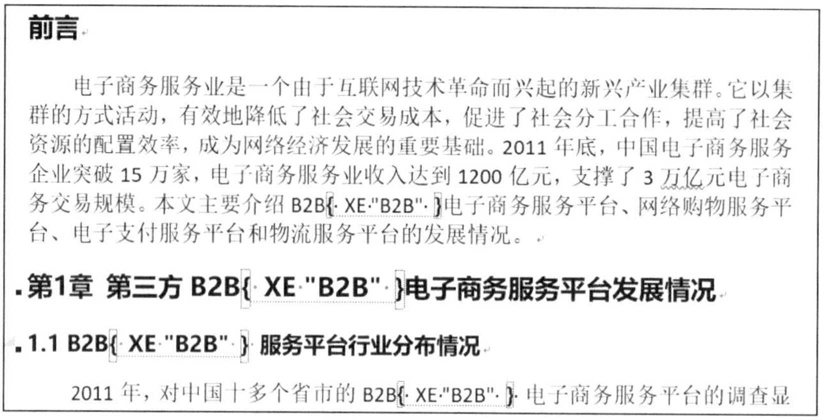

前言
电子商务服务业是一个由于互联网技术革命而兴起的新兴产业集群。它以集群的方式活动，有效地降低了社会交易成本，促进了社会分工合作，提高了社会资源的配置效率，成为网络经济发展的重要基础。2011 年底，中国电子商务服务企业突破 15 万家，电子商务服务业收入达到 1200 亿元，支撑了 3 万亿元电子商务交易规模。本文主要介绍 B2B{ XE "B2B" }电子商务服务平台、网络购物服务平台、电子支付服务平台和物流服务平台的发展情况。
第1章 第三方 B2B{ XE "B2B" }电子商务服务平台发展情况
1.1 B2B{ XE "B2B" } 服务平台行业分布情况
2011 年，对中国十多个省市的 B2B{ XE "B2B" } 电子商务服务平台的调查显

图 5-9　查看索引标记

05 在弹出的“索引”对话框中，如图 5-10 所示，单击“自动标记”按钮，在弹出的“打开索引自动标记文件”对话框中，打开素材单元 5 文件夹中的“索引条目.docx”文档，则可以把该文档中的索引条目自动标记到当前文档中。

索引
索引(X)
目录(C)
图表目录(F)
引文目录(A)
打印预览(V)
.DOT 文件名, 2
.INI 文件名, 3
@命令选项
设置索引格式
插入主文档中, 9
DATE 宏, 7
类型:
缩进式(D)
接排式(N)
栏数(O):
1
语言(国家/地区)(L):
中文(中国)
类别(G):
无
排序依据(S):
笔划
页码右对齐(R)
制表符前导符(B):
格式(T):
来自模板
标记索引项(K)...
自动标记(U)...
修改(M)...
确定
取消

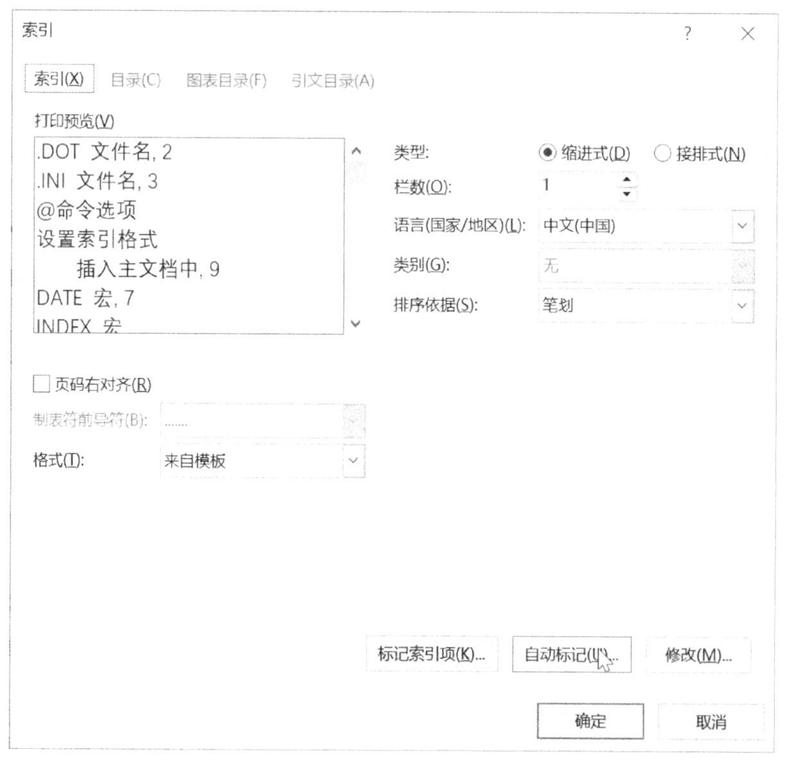

图 5-10　自动标记索引

06 再次单击“引用”选项卡>“索引”组>“插入索引”命令，在“索引”对话框中，如图 5-11 所示，设置索引“格式”为“现代”，“栏数”为 2，“类别”为“普通”，“排序依据”为“拼音”，单击“确定”按钮。

07 插入索引后的效果如图 5-12 所示。

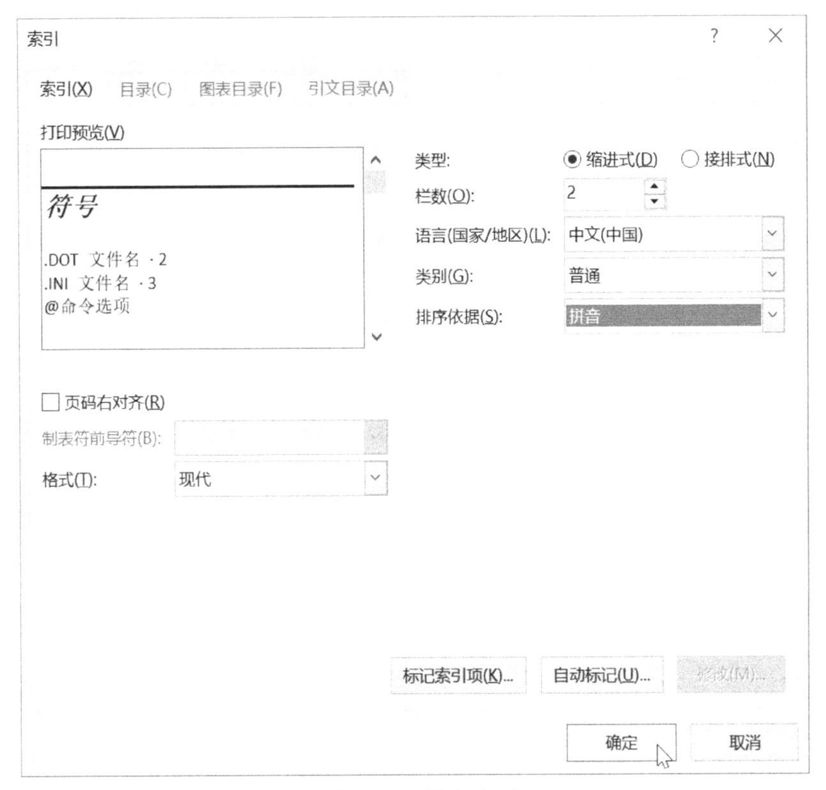

图 5-11 插入索引

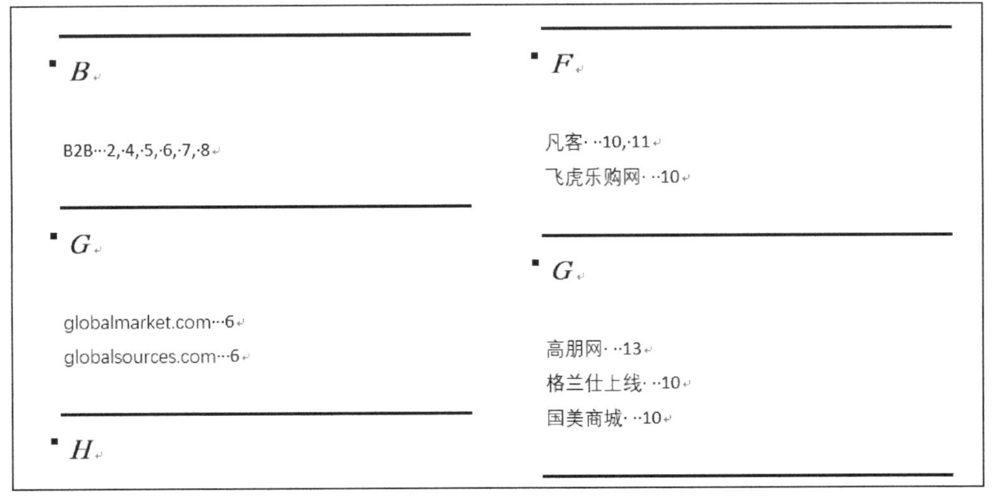

图 5-12 插入索引效果

5.3 插入题注、交叉引用和图表目录

在撰写文档的过程中，在图形或表格中插入的注释称为题注。另外，图形或表格也可以作为目录列在文档的开始部分，以方便查找。在 Word 中，题注和图表目录都可以使用对应的功能进行快速创建和更新。

01 选中文档 1.4 节下方的图表，单击“引用”选项卡>“题注”组>“插入题注”命令，如图 5-13 所示。

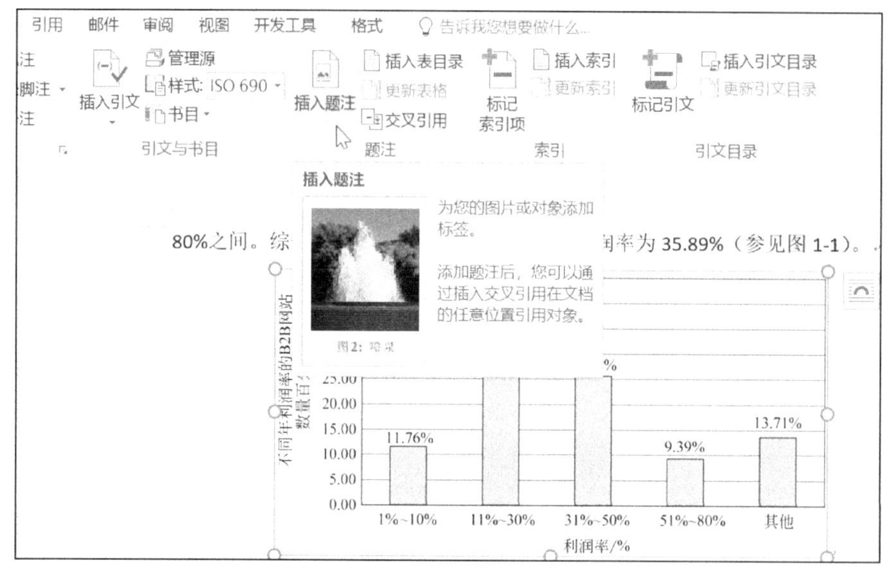

图 5-13　插入题注

02 在弹出的“题注”对话框中，设置“位置”为“所选项目下方”，“标签”为“图”，在“题注”文本框中输入“图 1 我国 B2B 电子商务服务平台收入规模”，然后单击“编号”按钮，如图 5-14 所示。

03 如图 5-15 所示，在“题注编号”对话框中，勾选“包含章节号”复选框，单击“确定”按钮。

图 5-14　设置题注格式

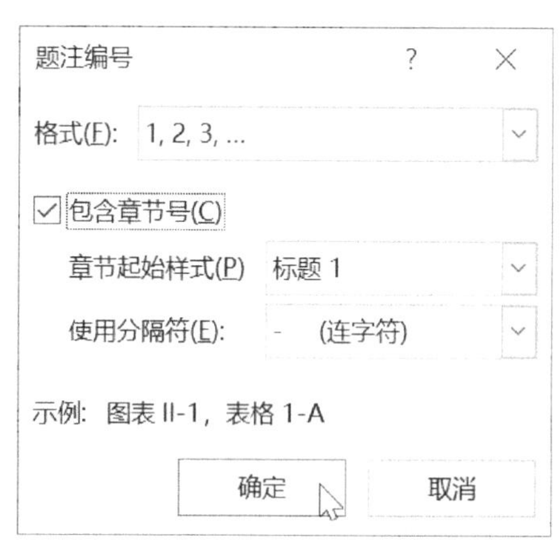

图 5-15　使题注编号包含章节号

04 回到“题注”对话框中，单击“确定”按钮完成插入题注。注意，如果在插入题注时没有“图”标签，可以单击“新建标签”按钮，创建新标签。

05 删除图表上方用黄色突出显示的文本“图 1-1”，单击“引用”选项卡>“题注”组>“交叉引用”命令。

06 在弹出的“交叉引用”对话框中，如图 5-16 所示，设置“引用类型”为“图”，“引用内容”为“只有标签和编号”，选中下方题注，单击“插入”按钮。

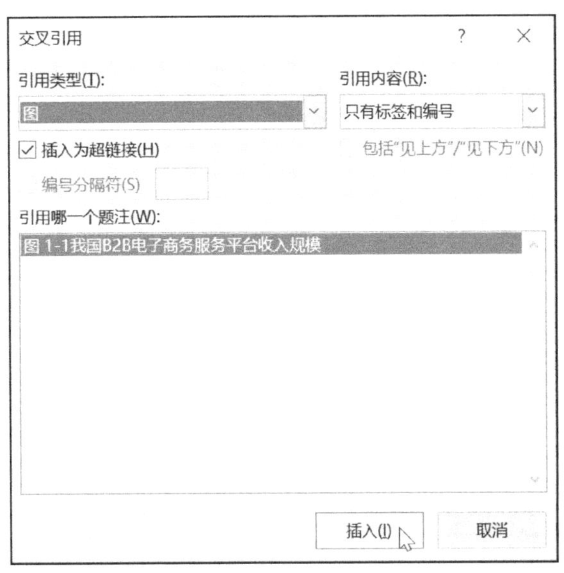

图 5-16 交叉引用

07 使用同样的方法可以为文档中所有的图表添加题注和交叉引用。在文档中添加或删除了某个图表后，可选中整个文档，按 F9 键，对文档中所有的题注和交叉引用进行更新。

08 将光标定位在标题“图表列表”下方，单击“引用”选项卡>“题注”组>“插入表目录”命令，如图 5-17 所示。

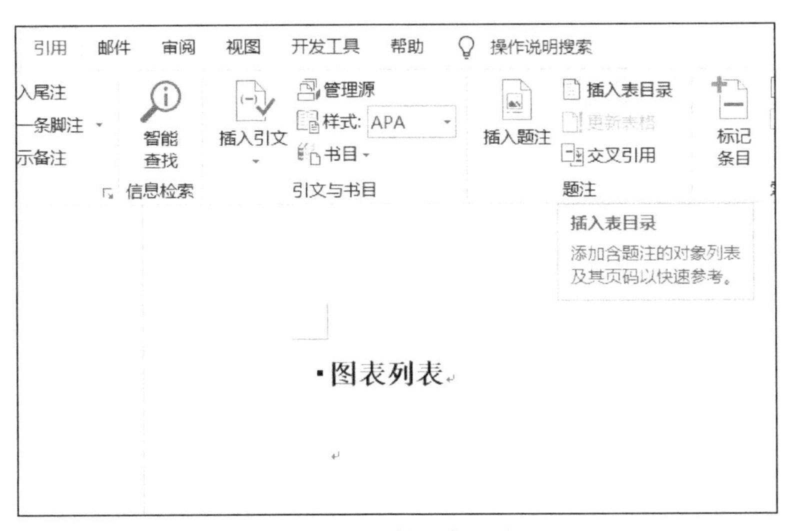

图 5-17 插入表目录

09 在弹出的“图表目录”对话框中，设置“格式”为“古典”，“制表符前导符”为“……”，单击“确定”按钮，如图 5-18 所示。

图 5-18　设置待插入的图表目录格式

10 图表目录完成效果如图 5-19 所示。

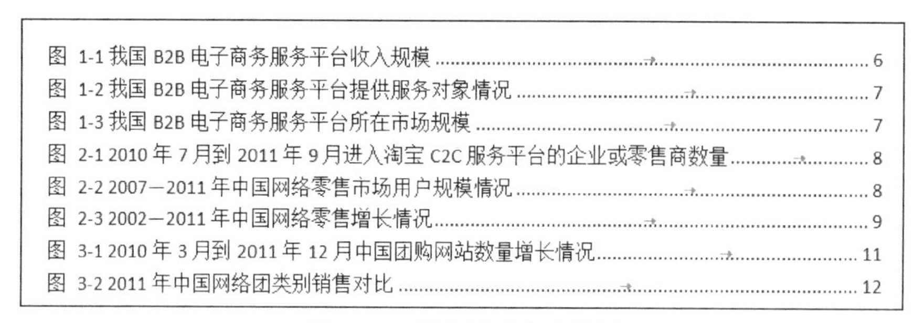
图 1-1 我国 B2B 电子商务服务平台收入规模 6
图 1-2 我国 B2B 电子商务服务平台提供服务对象情况 7
图 1-3 我国 B2B 电子商务服务平台所在市场规模 7
图 2-1 2010 年 7 月到 2011 年 9 月进入淘宝 C2C 服务平台的企业或零售商数量 8
图 2-2 2007—2011 年中国网络零售市场用户规模情况 8
图 2-3 2002—2011 年中国网络零售增长情况 9
图 3-1 2010 年 3 月到 2011 年 12 月中国团购网站数量增长情况 11
图 3-2 2011 年中国网络团类别销售对比 12

图 5-19　图表目录完成效果

5.4　插入脚注和尾注

在制作 Word 文档的过程中，对于一些关键性词汇，经常需要插入脚注或尾注进行注释。脚注位于每页的下方，尾注则位于文档的结尾或每个节的结尾。

01 在文档第 1 章标题中选中文本“B2B”，单击“引用”选项卡>“脚注”组>“插入脚注”命令，如图 5-20 所示。

02 此时光标会定位到页面底端，如图 5-21 所示，输入“企业对企业”。

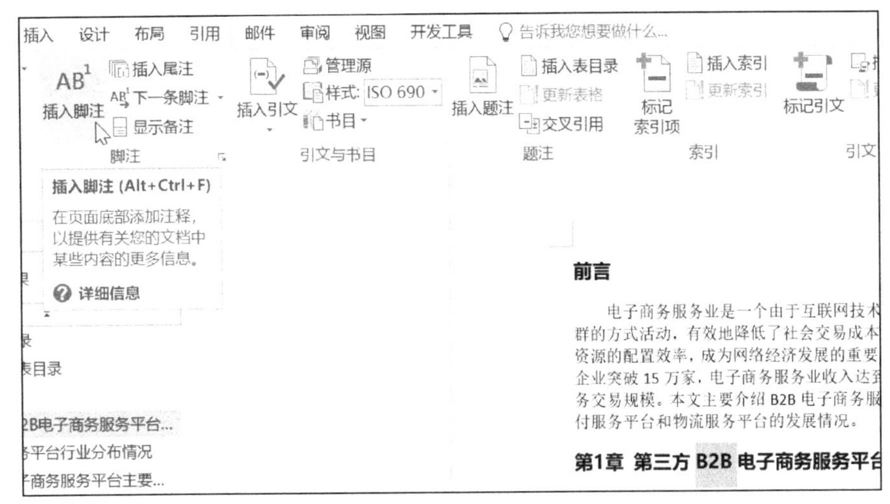

图 5-20 插入脚注

03 除此之外，还可以在文档的结尾处添加尾注。选中相应文本内容，单击“引用”选项卡>“脚注”组>“插入尾注”命令，即可输入尾注内容。

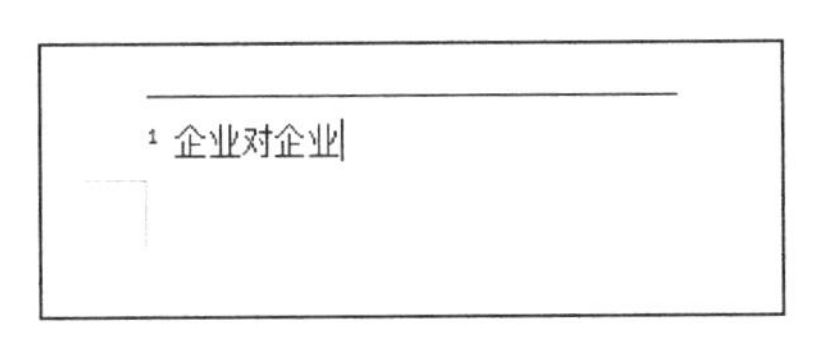

图 5-21 输入脚注内容

04 对于已经插入的脚注或尾注，二者之间还可以相互转换。若将脚注转换为尾注，可单击“引用”选项卡> “脚注”组>“脚注和尾注”命令。

05 在弹出的“脚注和尾注”对话框中，如图 5-22 所示，单击“转换”按钮。

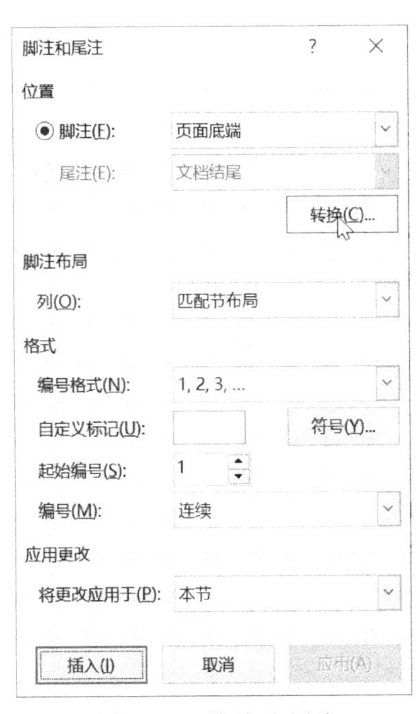

图 5-22 脚注和尾注

06 在弹出的“转换注释”对话框中，如图 5-23 所示，选择“脚注全部转换成尾注”单选按钮，单击“确定”按钮，可以看到所有的脚注已经被转换为尾注。

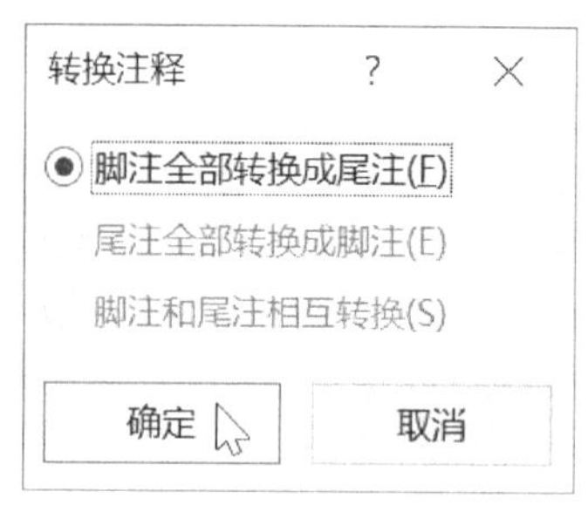

图 5-23　转换注释

5.5 课后习题

1. 当文本“委罗基奥”首次出现于文档中时，添加索引项。

2. 将文档中所有的“《柏林圣母》”标记为索引项。

3. 在“索引”标题下方，插入使用“正式”格式的索引，不设置类别，页码右对齐。

4. 更新索引，使其包含所有已标记条目。

5. 更改“目录”，使其包含格式为“标题 2”的文本，保持相同的格式。

6. 在第 2 页照片下方添加题注“图 1 佛罗伦萨主教堂的大圆顶”。文本“图 1”为自动添加。

7. 在第 2 页“插图目录”标题下方添加图表目录，使用“优雅”格式。

单元 6

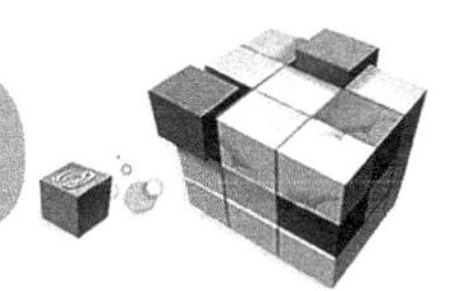

共享和保护文档
——设置艺术史课程论文

任务背景

你正在选修艺术史课程，已经完成了一篇讨论课的论文，现在需要将其他同学的修改结果和原来的文档进行对比，并在此基础上进一步审阅和修订文档。

任务分析

要完成本任务，需要先对两个文档中的内容进行比较，然后对当前修订的文档进行保护、修订等操作。

本项目涉及的技能点包括比较文档内容、保护文档内容、修订文档内容、设置国际化选项和辅助功能。

案例素材

委罗基奥审阅前.docx；委罗基奥审阅后.docx。

实现步骤

6.1 比较文档内容

在面对一篇有过修改的文档时，通常需要将其与原文档进行比较。Word 提供了比较功能，可以简单快速地找出两个文档内容的差异。

01 打开素材单元 6 文件夹中的“委罗基奥审阅前.docx”文件，单击“审阅”选项卡>“比较”组>“比较”下拉按钮，在菜单中单击“比较”命令，如图 6-1 所示。

02 在弹出的“比较文档”对话框中，在“原文档”下拉列表中选择“浏览”选项，在弹出的“打开”对话框中，选择“委罗基奥修订前.docx”文件，再将“修订的文档”设置为素材单元 6 文件夹中的“委罗基奥修订后.docx”文件。单击“更多”按钮可展开全部功能，在展开区域选择“新文档”单选按钮，单击“确定”按钮，如图 6-2 所示。

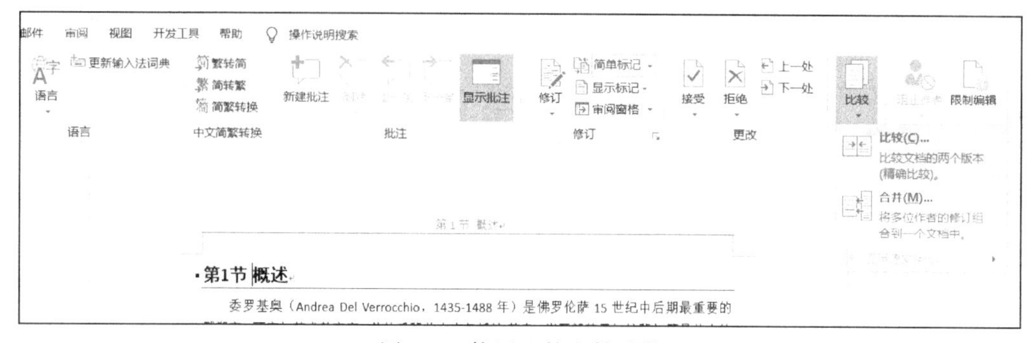

图 6-1　使用比较文档功能

图 6-2　选择需要对比的文档

03 此时将会新建一个文档，被比较的两个文档的差异都在此文档窗口的左侧标记出来，如图 6-3 所示。

04 单击“审阅”选项卡>“更改”组>“接受”下拉按钮，在菜单中单击“接受所有修订”命令，可以接受所有修改，如图 6-4 所示。

05 单击快速访问工具栏中的“保存”按钮，可以将修订结果保存为一个新的文档。

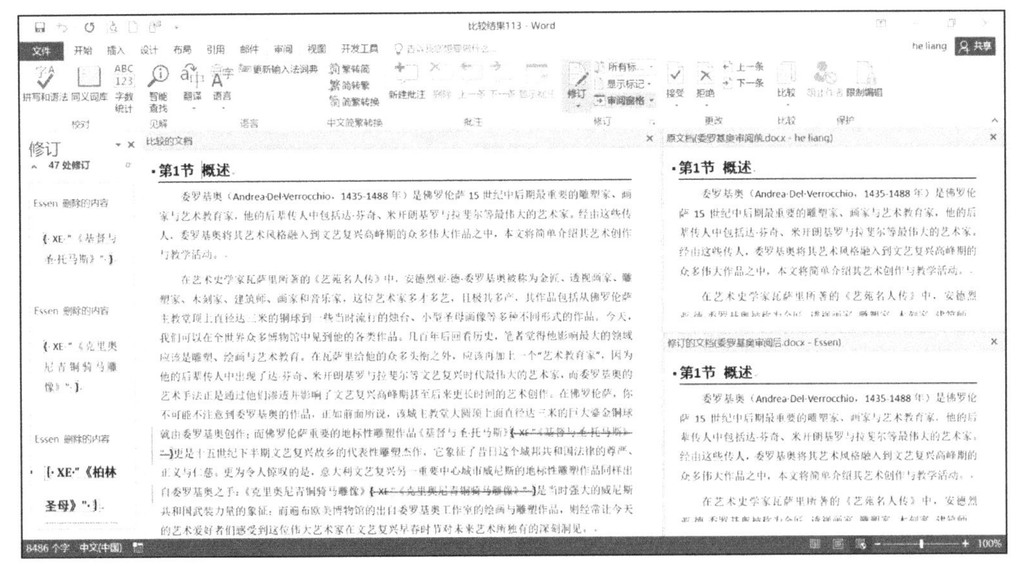
图 6-3 差异标记

图 6-4 接受所有修订

6.2 保护文档内容

在 Word 文档制作完成后，通常需要对文档进行保护操作，以使未经授权的用户无法随意编辑文档或只能在规定的范围内对文档进行编辑，从而保证文档内容的安全。

01 打开素材单元 6 文件夹中的“委罗基奥审阅前.docx”文件，单击“审阅”选项卡>“修订”组>“修订”命令，如图 6-5 所示。此时如果改动文档的内容，就会在文档中留下痕迹，此操作即实现了对所有编辑的跟踪变更。

02 对文档设置编辑权限，可以强制用户在修订状态下来编辑文档，使对于内容的增删留下痕迹。单击“审阅”选项卡>“保护”组>“限制编辑”命令。

03 在窗口右侧出现“限制编辑”任务窗格，在“格式化限制”选项组中勾选“限制对选定的样式设置格式”复选框，在“编辑限制”选项组中勾选“仅允许在文档中进行此类型的编辑”复选框，然后在其下拉列表中选择“修订”，单击“是，启动强制保护”按钮，如图 6-6 所示。

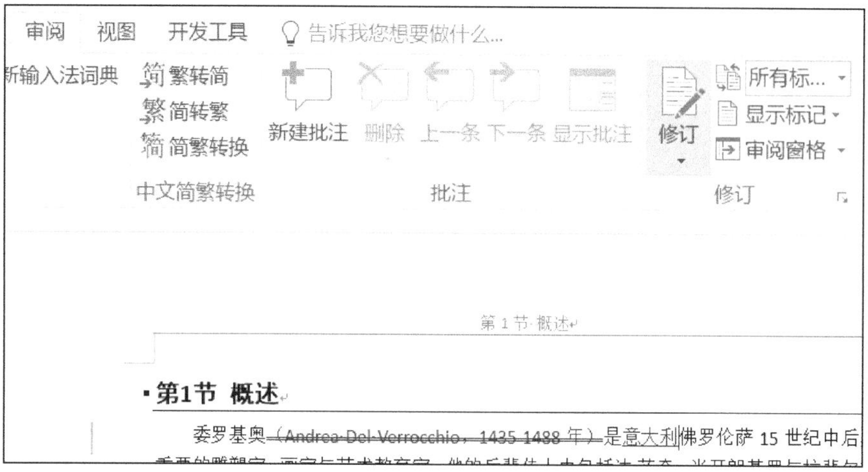

审阅　视图　开发工具　告诉我您想要做什么...

新输入法词典　简繁转简　繁简转繁　简简繁转换　中文简繁转换

新建批注　删除　上一条　下一条　显示批注　批注

修订　所有标...　显示标记　审阅窗格　修订

第 1 节 概述

第1节　概述

委罗基奥（Andrea Del Verrocchio，1435-1488 年）是意大利佛罗伦萨 15 世纪中后

图 6-5　启用修订功能

限制编辑

1. 格式设置限制

限制对选定的样式设置格式

设置...

2. 编辑限制

仅允许在文档中进行此类型的编辑

修订

3. 启动强制保护

您是否准备应用这些设置？(您可以稍后将其关闭)

是，启动强制保护

另请参阅

限制权限...

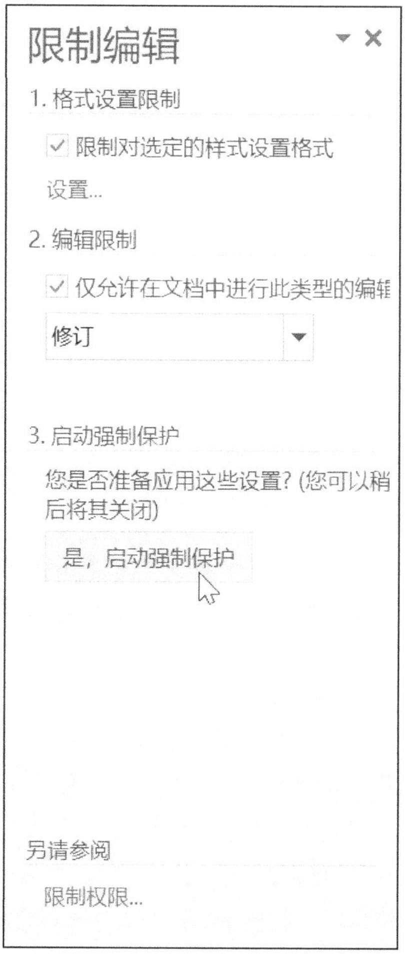

图 6-6　限制编辑任务窗格

04 在弹出的“启动强制保护”对话框中，如图 6-7 所示，输入密码，单击“确定”按钮。

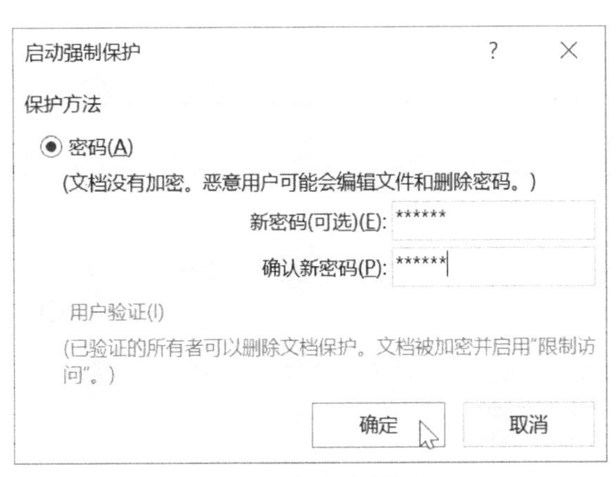

图 6-7 启动强制保护

05 如图 6-8 所示，在保护文档后，一般的文本和段落设置命令都变为灰色，此时只能通过样式对文档进行格式化操作。切换到“审阅”选项卡，“修订”命令按钮也变为灰色，即无法退出修订状态，因此对文档内容的所有编辑都会留下痕迹。

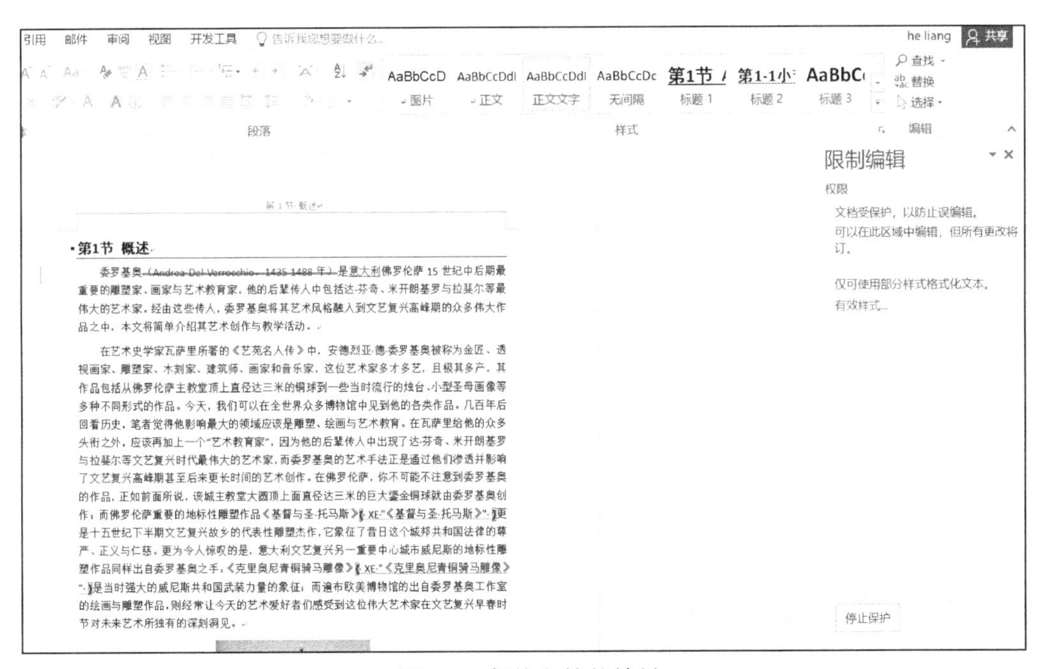

图 6-8 保护文档的效果

6.3 使用高级修订功能

在修改 Word 文档的过程中，有时需要使用修订功能，这一功能可以将文档中插入的文本、删除的文本、修改过的文本以特殊的颜色显示或加上一些特殊标记，方便其他用户理解。

01 单击“审阅”选项卡>“修订”组>“修订选项”命令，如图 6-9 所示。

02 在弹出的“修订选项”对话框中，单击“高级选项”命令，如图 6-10 所示。

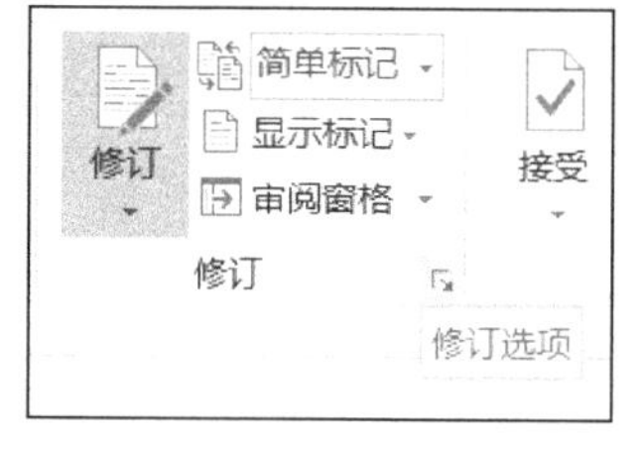

图 6-9 修订选项

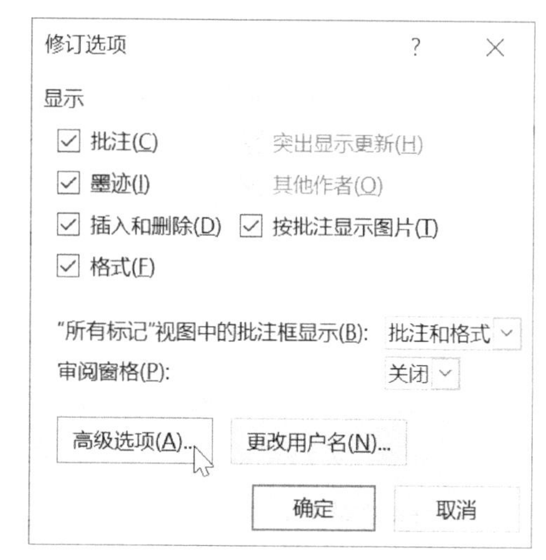

图 6-10 设置高级选项

03 在弹出的“高级修订选项”对话框中，取消勾选“跟踪格式设置”复选框，单击“确定”按钮，如图 6-11 所示。回到“修订选项”对话框，单击“确定”按钮。这样在修改文档的格式时，将不会作为修订被记录。

图 6-11 取消跟踪格式设置

04 除此之外，在修订状态下删除内容时，可以用删除线的形式显示在正文中，也可以将删除的内容显示在页面旁边的批注框中。单击“审阅”选项卡>“修订”组>“显示标记”下拉按钮，再单击“批注框”级联菜单中“在批注框中显示修订”命令，如图 6-12 所示。

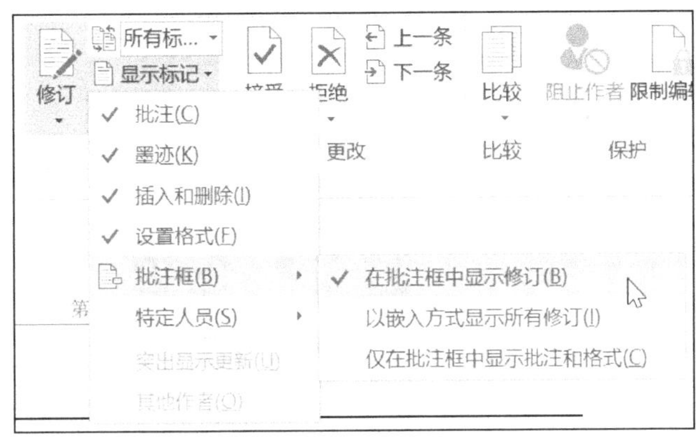

图 6-12　在批注框中显示修订

05 如图 6-13 所示，在文档开始部分删除括号中的内容，被删除的部分显示在批注框中。

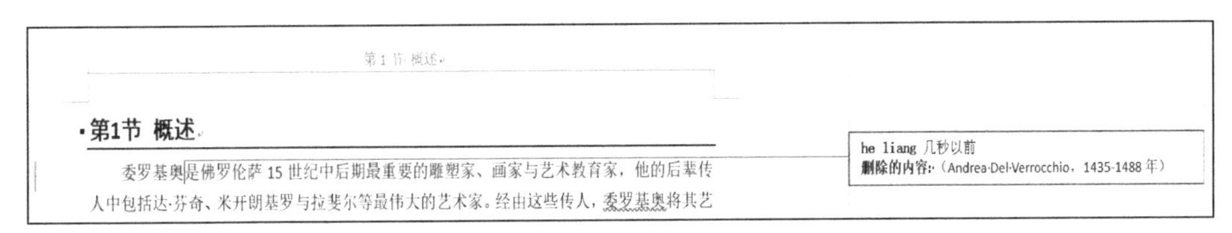

图 6-13　在批注框中显示删除内容

6.4　设置国际化选项和辅助功能

在制作 Word 文档的过程中，有时需要设置国际化选项和辅助功能，为不同语言人群或有视力障碍的特殊用户提供方便。

01 将文档开头文本“Verrocchio”修改为错误的文本“Virrocchio”，然后使用 Word 的拼写和语法检查功能，了解如何检查错误并自动修正。单击“审阅”选项卡>“校对”组>“拼写和语法”命令。

02 在窗口右侧会出现“拼写检查”任务窗格，如图 6-14 所示，可以看到此时已检查出错误“Virrocchio”，并在下方显示建议的修正信息，单击“更改”按钮，即在正文中自动对拼写错误的词汇进行修正。如果在文档中有多个同样的错误，可以单击“全部更改”按钮，一次性修正所有错误。

03 选中文档中的“圣母像”图片，单击鼠标右键，在弹出的快捷菜单中单击“设置图片格式”命令，如图 6-15 所示。

图 6-14　检查拼写错误

图 6-15　设置图片格式

04 在窗口右侧弹出的“设置图片格式”任务窗格中，单击“布局属性”选项，在“替换文字”选项组的“标题”文本框中输入“圣母像”，如图 6-16 所示。

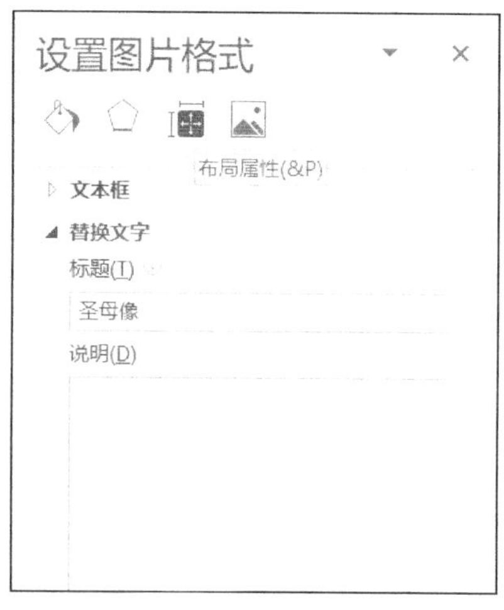

图 6-16　添加替换文字

6.5　课 后 习 题

1. 为第 1 页右侧的图片添加可选文字，标题为“奥威尔画像”。
2. 对所有编辑跟踪变更。执行空密码保护。

3．设置文档只能通过应用样式进行格式变更，不得强制保护。
4．禁止用户更改主题或快速样式集，不得强制保护。
5．为第1页标题“作者介绍”添加批注“请补充奥威尔生平简介！”。
6．将第1页的批注标记为已完成（已解决）。
7．将第8页中“München”的校对语言设置为“德语（德国）”。
8．接受所有插入和删除，不接受格式变更。

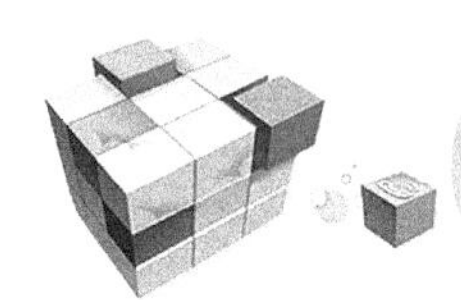

单元 7 使用域和宏自动化文档内容——制作新年晚会邀请函

任务背景

你是某公司人力资源部门的工作人员，现在要制作一份新年晚会邀请函，对其进行编辑和完善。

任务分析

要完成本任务，需要在文档中插入和修改域，然后根据已经有的数据清单启用邮件合并，最后录制和应用宏。

本任务涉及的技能点包括插入和修改域、邮件合并、录制和应用宏等。

案例素材

新年晚会邀请函.docx；嘉宾名单.xlsx。

实现步骤

7.1 插入和修改域

在制作 Word 文档的过程中，可以利用域实现许多复杂的工作，如自动编页码、按不同格式插入日期和时间等。域具有的功能与 Excel 的函数非常相似，即常用的目录、页码都是域。

01 打开素材单元 7 文件夹中的“新年晚会邀请函素材.docx”文档，将其另存为启用宏的副本。单击“文件”后台视图>“另存为”>“浏览”命令，在“另存为”对话框中，定位到要保存的路径，设置保存类型为“启用宏的 Word 文档（*.dotm）”，文件名为“新年晚会邀请函”。

02 将光标定位在文档“全体敬邀”文本下方，单击“插入”选项卡>“文本”组>“文档部件”下拉按钮，在菜单中单击“域”命令，如图 7-1 所示。

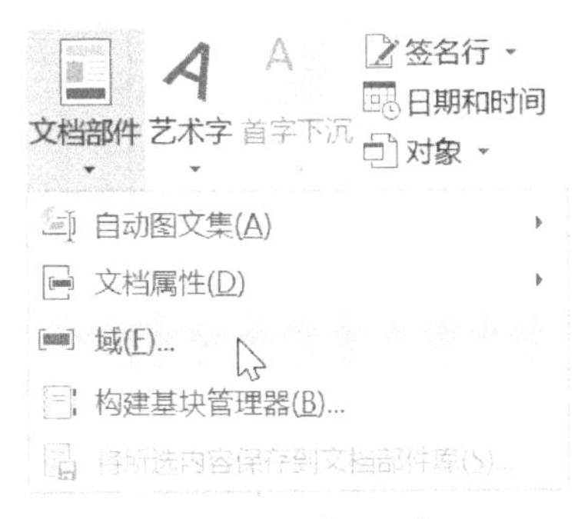

图 7-1　插入域

03 在弹出的“域”对话框中，设置域名为“Date”，日期格式为“yyyy'年'M'月'd'日'”，单击“确定”按钮，如图 7-2 所示。

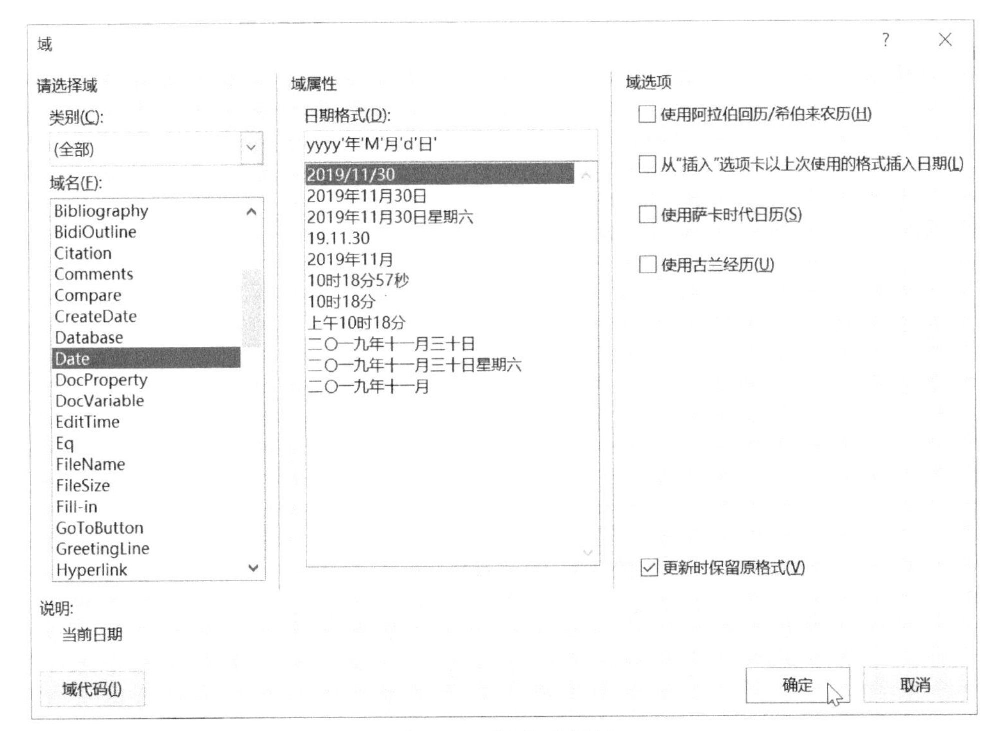

图 7-2　插入日期域

04 对于已经存在的域，也可以对其进行修改。右键单击文档末尾的“Date”域，在弹出的快捷菜单中单击“编辑域”命令，如图 7-3 所示。

05 在弹出的“域”对话框中，可以选择更改域名，然后更改日期格式。在这里，如果只更改日期格式，可以在“日期格式”列表框中进行选择，或者直接输入想要的格式，如输入“dddd, d/MMM./yyyy”，如图 7-4 所示。单击“确定”按钮，更改效果如图 7-5 所示。

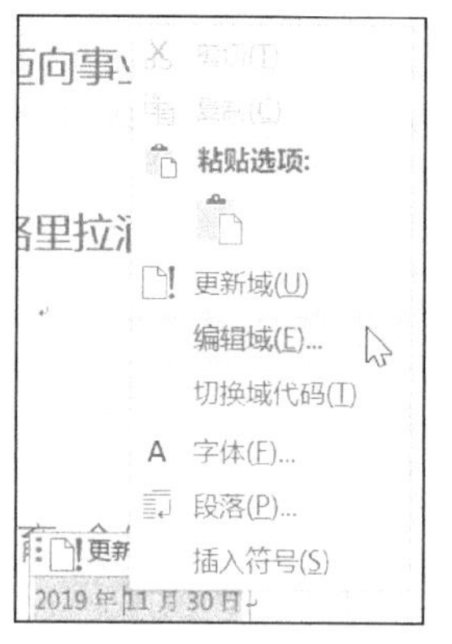

图 7-3 编辑域

图 7-4 更改日期格式

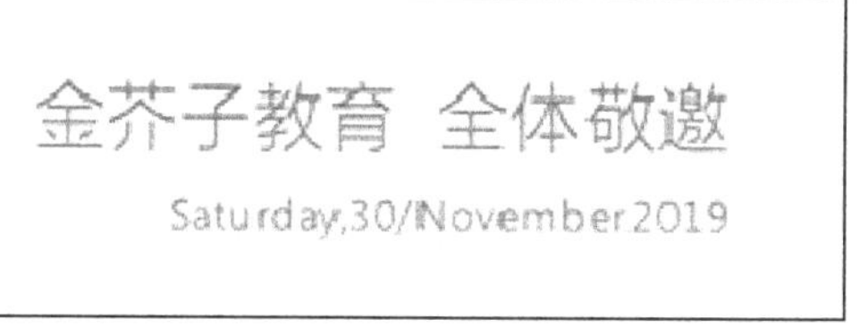

图 7-5 更改效果

7.2 邮 件 合 并

在制作 Word 文档的过程中，有时需要创建大量的信函，信函的主体内容一般是一样的，但在某些部分存在差异，如姓名、地址、电话号码等，这时可以灵活运用 Word 邮件合并功能。邮件合并功能不仅操作简单，还可以设置各种格式，甚至可与域的功能结合使用，实现更高级的功能。

01 邮件合并时需要用到的数据源，可以直接使用现有列表，也可以自行新建一个列表。单击“邮件”选项卡>“选择收件人”下拉按钮，在菜单中单击“使用现有列表”命令，如图 7-6 所示。

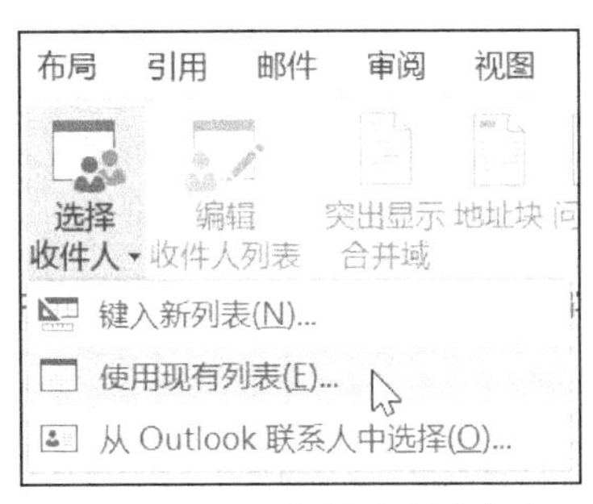

图 7-6　选择邮件合并数据源

02 在弹出的“选取数据源”对话框中，定位到素材单元 7 文件夹，单击“嘉宾名单.xlsx”文档，单击“打开”按钮。

03 将光标定位在“尊敬的”文本后，单击“邮件”选项卡>“编写和插入域”组>“插入合并域”下拉按钮，在菜单中单击“名字”命令，如图 7-7 所示。

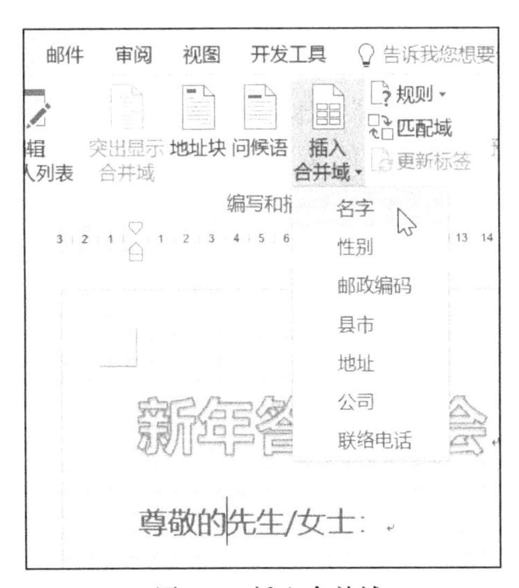

图 7-7　插入合并域

04 插入合并域后的效果如图 7-8 所示，此时会在“尊敬的”文本后出现一个合并域。

尊敬的«姓氏»先生/女士：

图 7-8　插入合并域后的效果

05 如果希望在姓名后根据性别自动显示先生或者女士，那么可以将已有的“先生/女士”文本删除，将光标定位到“名字”字段后，单击“邮件”选项卡>“编写和插入域”组>“规则”下拉按钮，在菜单中单击“如果…那么…否则…”命令，如图 7-9 所示。

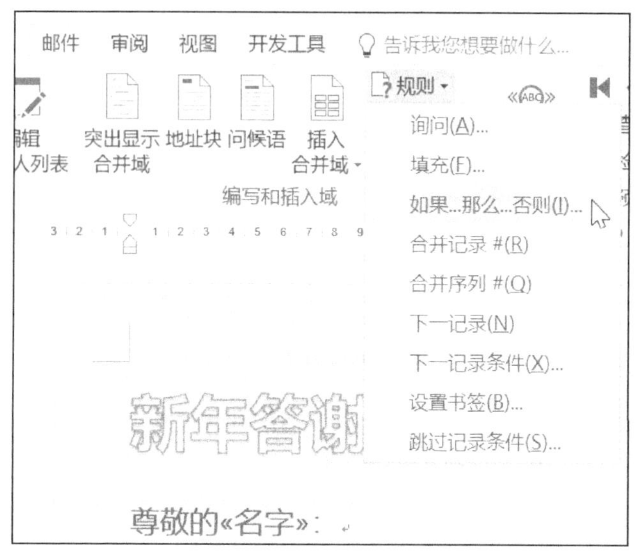

图 7-9 插入规则

06 在弹出的“插入 Word 域：IF”对话框中，如图 7-10 所示，设置域名为“性别”，比较条件为“等于”，比较对象为“男”；若条件为真，则插入的文字为“先生”，否则插入的文字为“女士”。单击“确定”按钮完成插入。

插入 Word 域: IF

如果

域名(F): 性别

比较条件(C): 等于

比较对象(T): 男

则插入此文字(I): 先生

否则插入此文字(O): 女士

确定 取消

图 7-10 插入 Word 域：IF

07 此时当前插入的文本为“先生”，但格式和前面不一致。可以选中前面的文字，如“尊敬”，如图 7-11 所示，单击“开始”选项卡>“剪贴板”组>“格式刷”命令，光标会变为刷子形状，刷取文本“先生”，完成格式的复制。

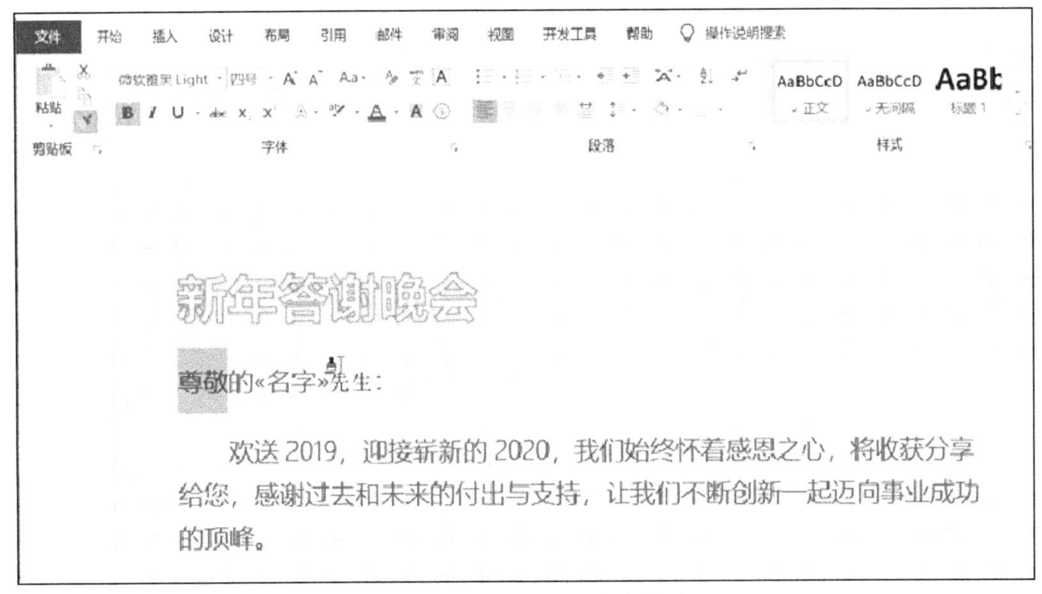

图 7-11 使用格式刷复制格式

08 如图 7-12 所示，单击“邮件”选项卡>“预览结果”组>“预览结果”命令就可以看到当前记录的合并结果，单击右侧“完成并合并”下拉按钮，在菜单中单击“编辑单个文档”命令。

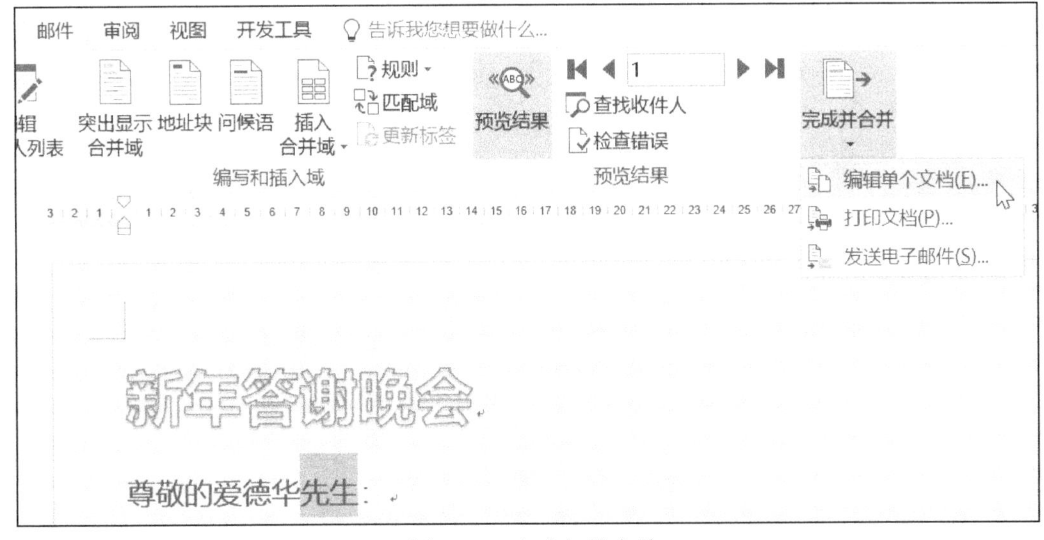

图 7-12 完成邮件合并

09 在弹出的“合并到新文档”对话框中，直接单击“确定”按钮，邮件合并效果如图 7-13 所示。

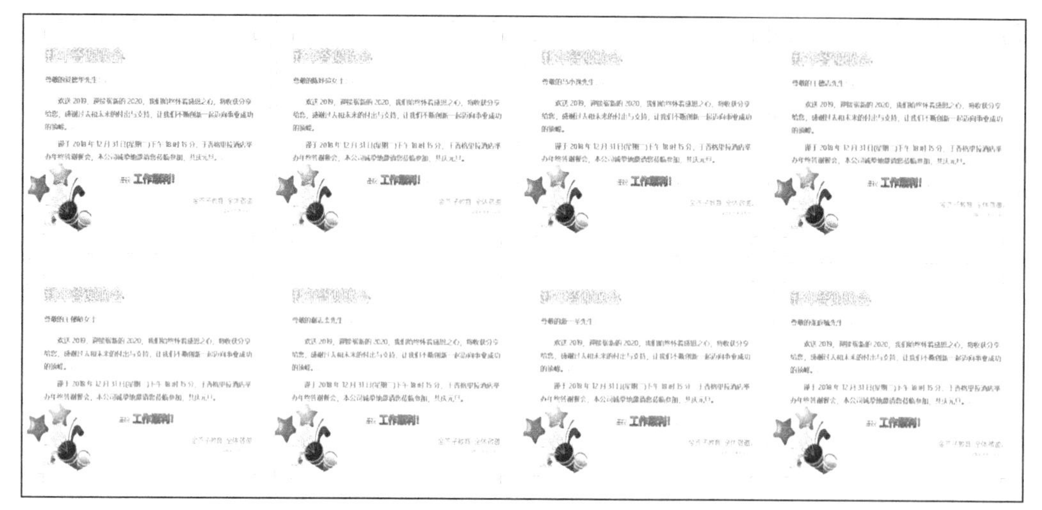

图 7-13　邮件合并效果

7.3　录制和应用宏

在制作 Word 文档的过程中，有时需要重复进行一些操作，如果量很大，难免会降低效率。Word 提供了宏功能，即只需对重复操作的过程录制一次，就可以直接应用在其他的内容上，不需要重复操作。

01 为了突出一些内容，如时间、地点等，需要对其进行特殊的设置。修改量很大时，可使用宏功能。选中文档中任意文本，如时间信息“2018 年 12 月 31 日（星期二）下午 18 时 15 分”，单击“开发工具”选项卡>“代码”组>“录制宏”命令，如图 7-14 所示。

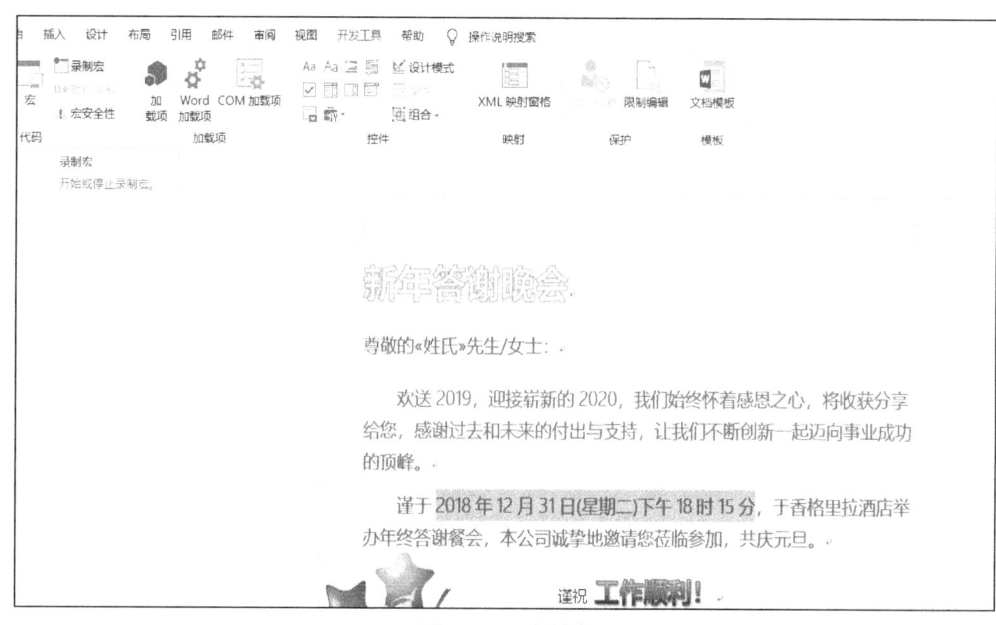

图 7-14　录制宏

02 在弹出的“录制宏”对话框中，设置宏名为“关键信息”，将宏保存在当前文档中，然后将宏指定到“键盘”，如图7-15所示，单击“确定”按钮。

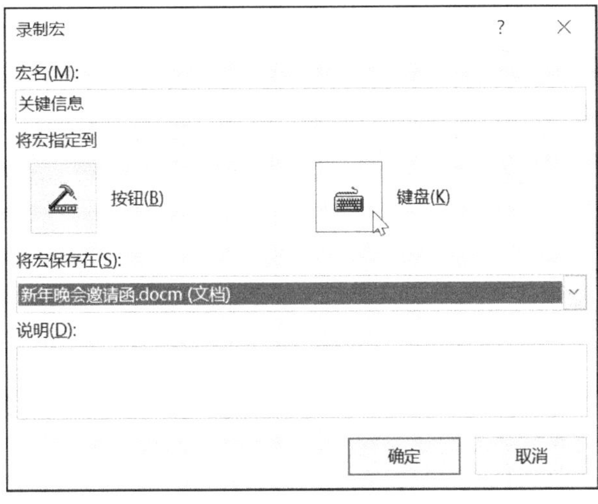

图7-15 设置宏的信息

03 在弹出的“自定义键盘”对话框中，按住Ctrl+8组合键，即可输入快捷键，将更改保存在当前文档中，然后单击“指定”按钮，当设置的快捷键出现在“当前快捷键”列表框中时，单击“关闭”按钮，开始录制宏，如图7-16所示。

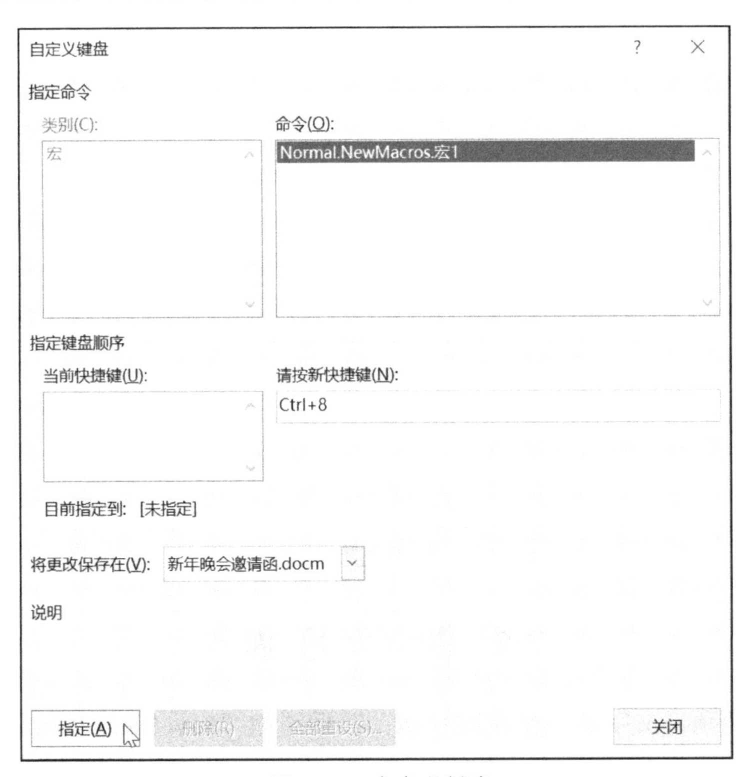

图7-16 自定义键盘

04 单击“开始”选项卡>“字体”组中的命令将所选文本内容的字号设置为“三号”，并增加下画线。操作完成后，单击“开发工具”选项卡>“代码”组>“停止录制”命令，完成宏的录制，如图 7-17 所示。

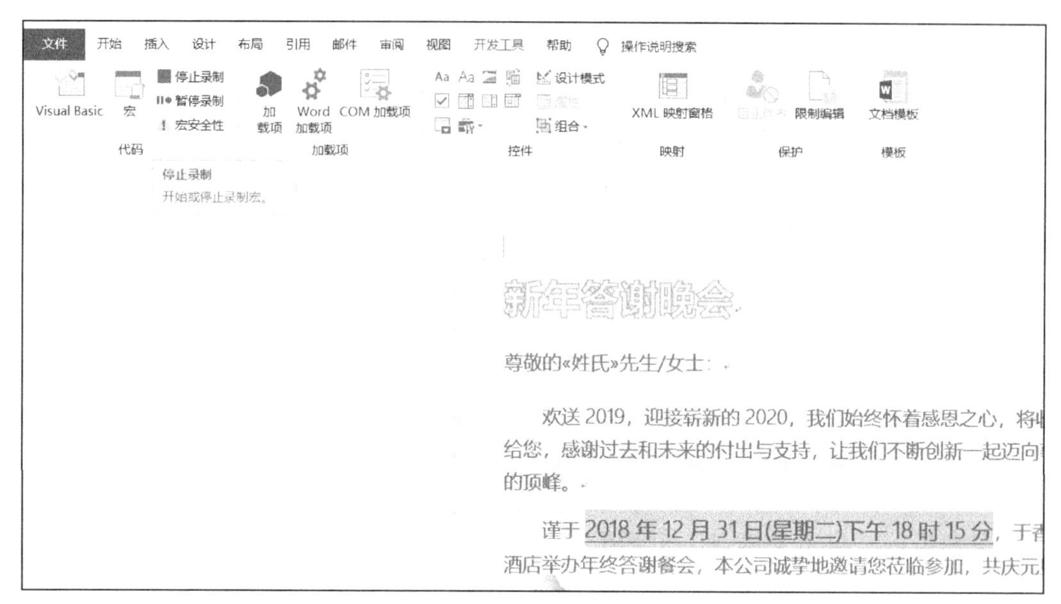

图 7-17　完成宏录制

05 对需要突出的文本使用 Alt+8 快捷键，效果如图 7-18 所示。

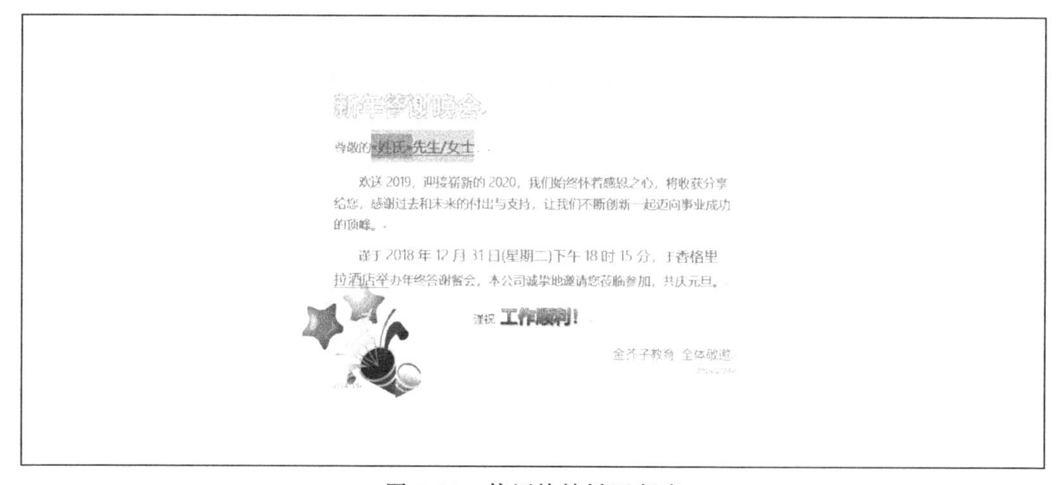

图 7-18　使用快捷键运行宏

7.4 课后习题

1．在文档顶部文字“上次修改日期：”后添加“SaveDate”域，使用日期格式“MMMM d, yyyy”。

2．在“报名日期”右侧，更改“Date”域，使日期显示为“dddd, MMMM d, yyyy”。

3．新建收件人列表，名为“Stefan”，姓为“Zweig” 。将列表保存到“我的数据源”文件夹，其名为“晚会嘉宾”；使用该数据源，在“尊敬的”后面插入“姓氏”域，将属性设置为“大写” 。

4．录制名为“人名”的宏，当按“Alt+Ctrl+6”组合键时，使选定文本应用“加粗”、“下画线”和“小型大写字母”格式。将宏保存到“04-02.docm”文档中。

5．在表格包含文本“照片”的单元格中插入“图片内容控件”，替换文本“照片”；将控件样式设置为“简单框架，白色”。

6．在封面上编辑“标题”内容控件属性，允许在输入文本时回车。

全真模拟题

项目 1 制作宣传手册

你正在为 MicroMacro 公司制作宣传手册，已经完成了初稿，现在需要进一步审阅和修改。

1. 将“标题 2”样式字体更改为“24”磅、“梅红，个性色 1，深色 50%”。

2. 将“正文”样式从“Normal.dotm”复制到“1-1.docx”，覆盖现有“正文”样式。

3. 在第 2 页图表上方添加题注“图 1–各个科目通过率”，文本“图 1”为自动添加。

4. 设置文档，确保对文档所做的更改会被跟踪。

5. 创建名为“MicroMacro”的字体集，“标题字体”设置为“Candara”。

6. 将 Word 设置为每 8 分钟保存一次“自动恢复”信息。

项目 2 编辑课程介绍文档

你是学校的教学助理，正在编辑课程介绍文档。

1. 仅将本文档的默认字体设置为“14”磅、“Arial Black”。

2. 根据应用到文本“i　数据分析流程介绍”的“列出段落”样式，创建名为“内容”的段落样式。

3. 根据当前的主题颜色创建名为“课程模板”的新主题颜色，并将“着色 1”设置为“紫色”。

4. 设置文档，要求只能通过应用样式修改格式，不得强制保护。

5. 在文档顶部添加“SaveDate”域，使用日期格式“yyyy-MM-d”。

项目 3 制作围棋常识手册

你需要为 Black & White 围棋学校编写围棋常识手册。

1. 将第 1 页的批注标记为已完成（已解决）。

2. 将当前所有格式为“选手”的文本样式更改为“棋手”样式。

3. 将文档中所有的“李昌镐”标记为索引项。

4. 在第 5 页“图片目录”标题下方添加图表目录，使用“古典”格式。

5. 将第 1.2.3 节第 1 段中“碁”的校对语言设置为“日语”。

项目 4 制作 Windows 10 课程介绍

你是 MicroMacro 公司的工作人员，现在要制作一份 Windows 10 课程介绍，并使用电子邮件群发给可能的学习者。

1. 在“欢迎报名！”前一行，从“文档”文件夹插入“课程体验卡.docx”文档。对“课程体验卡.docx”文档的更改应自动反映在“1-4.docm”文档中。

2. 将顶部项目符号列表中的最后两项内容移动到底部项目符号列表的末尾。项目符号的格式应与其所粘贴的列表相同，移除空项目符号。

3. 录制名为“缩小”的宏，当按“Alt+Ctrl+5”组合键时，使选定文本的字号缩小一个增量，并应用“加粗”和“下画线”格式。将宏保存到“1-4.docm”文档中。

4. 新建收件人列表，名为“Stefan”，姓为“Zweig”；将列表保存到“我的数据源”文件夹，其名为“课程报名者”。

5. 不添加分页符，设置“进阶课程内容：”段落的格式，使其与随后的项目符号列表位于相同的页面中。

项目 5　编辑中国书法文化宣传页

你需要为 MicroMacro Culture 制作一份中国书法文化宣传页。

1. 接受所有插入和删除，但不接受格式变更。

2. 创建名为“书法家”的字符样式，基于默认的段落字体，并应用“加粗”和“倾斜”格式。

3. 禁止用户更改主题或快速样式集，不得强制保护。

4. 在“索引”标题下方插入使用“流行”格式的索引，页码右对齐。

5. 将含有文本“MicroMacro Culture”的段落保存到“Building Blocks”的“文档部件库”中，接受所有默认值。

第二篇

Excel 数据处理与分析

Excel 主要用于对日常工作中的数据进行灵活地处理、分析与可视化。在今天这个大数据的时代，Excel 2016 与之前的版本相比较，也做出了大幅度的改进。在 Excel 2016 中集成了微软公司最新的商业智能模块 Power BI。其中的查询工具可以实现更为复杂的数据清洗和转换功能，很多原来需要用复杂函数或 VBA 才能完成的工作，现在都可以通过 Power BI 更为轻松地达到目的。而数据模型的引入，使 Excel 可以轻松处理上千万乃至上亿条记录的表格，用户不用编程就可以驾驭海量的数据。除此之外，Excel 2016 在数据可视化方面提供了更多的预设图表，如箱形图、直方图等。

本篇内容依据微软办公软件国际认证（MOS）标准设计，MOS-Excel 2016 的考核标准分为专业级和专家级。其中，专业级的主要内容包含工作表和工作簿的管理、单元格的格式设置、基本的函数应用等；专家级的主要内容包含高级函数的应用、数据分析工具的应用、数据透视分析、数据可视化等。

创建和管理工作簿与工作表——电子产品销售数据处理

任务背景

你在某电子产品生产企业工作，现在需要整理该企业1月和2月在欧洲市场的销售数据，制作成表格，为进一步的分析做好准备。

任务分析

要完成本任务，首先需要创建一个新的工作簿，然后导入外部的数据，并适当设置工作表和工作簿的格式及页面布局，最后设置文档保存和发布有关的选项并发布文档。

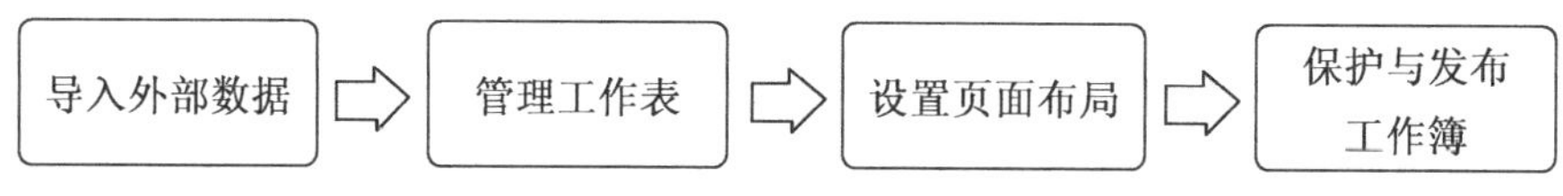

本任务涉及的技能点包括新建工作簿和工作表、导入外部数据、设置视图模式和页面布局、保护和发布文档。

案例素材

1-2月销售数据.txt。

实现步骤

8.1 创建工作簿并导入外部数据

使用 Excel 进行数据处理，可以直接打开 Excel，新建一个空白工作簿，如果所需要的数据内容已经存在于其他格式的文档中，如 Access 数据库或文本文件等，用户不需要进行二次录入，而可以直接将内容导入当前的 Excel 工作簿中。

01 打开 Excel 2016，创建一个新的空白工作簿，在右侧选择空白工作簿，此时工作簿的默认名称为“工作簿 1”，单击“文件”后台视图>“另存为”命令，在右侧单击“浏览”命令，此时会弹出“另存为”对话框，文件名输入“销售数据”，设置保存类型为“Excel 工作簿”，将文档保存在合适的位置。

02 单击“数据”选项卡>“获取外部数据”组>“自文本”命令，在弹出的“导入文本文件”对话框中，选择素材单元 8 文件夹中的“1-2 月销售数据.txt”文档，单击“导入”按钮。

03 在弹出的“文本导入向导-第 1 步，共 3 步”对话框中，设置“文件原始格式”为“936：简体中文（GB2312）”，单击“下一步”按钮，如图 8-1 所示。

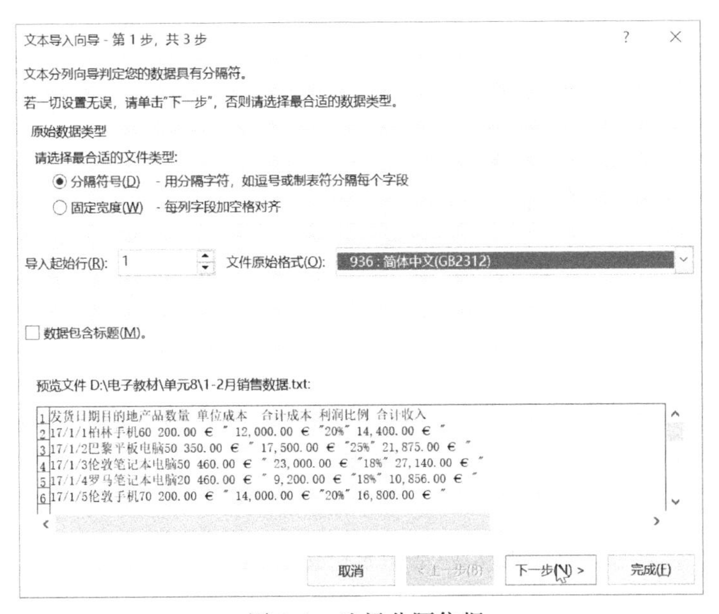

图 8-1 选择分隔依据

04 第 2 步要选择所导入文本各列之间的分隔符号，勾选“Tab 键”复选框，单击“下一步”按钮，如图 8-2 所示。

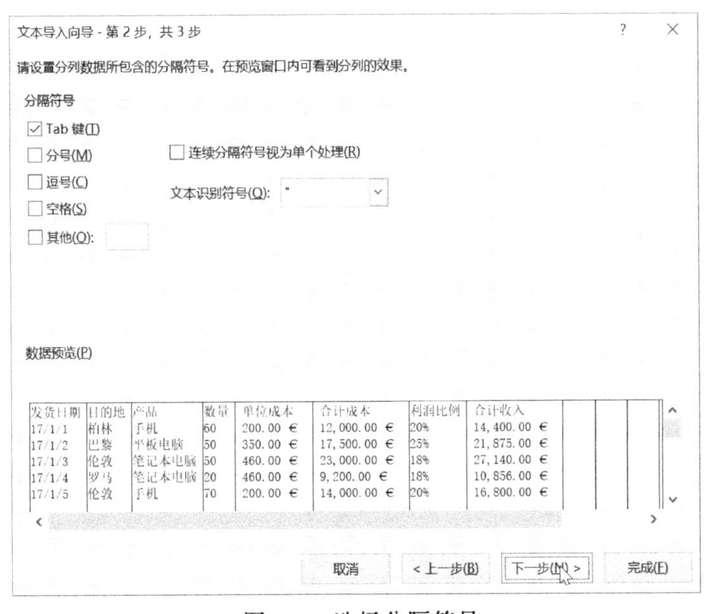

图 8-2 选择分隔符号

05 第 3 步要求设置各列数据格式，此处保持默认设置即可，直接单击“完成”按钮。

06 弹出“导入数据”对话框，如图 8-3 所示，在“数据的放置位置”选项组中选择“现有工作表”单选按钮，在下方文本框中输入“-$A$1”，单击“确定”按钮完成数据的导入。

图 8-3　设置数据放置位置

8.2　管理工作表

在 Excel 中可以插入新的工作表，并修改工作表标签的名称和颜色及删除或隐藏工作表。

01 如果要创建新的工作表，可单击“开始”选项卡>“单元格”组>“插入”下拉按钮，在菜单中单击“插入工作表”命令，如图 8-4 所示，就可以在“Sheet1”工作表左侧创建一个新的工作表“Sheet2”。单击“Sheet 1”工作表标签右侧的加号或按 Shift+F11 快捷键也可以创建新的工作表。选中“Sheet 2”工作表标签，按住鼠标左键可将其拖曳到“Sheet 1”工作表标签右侧。

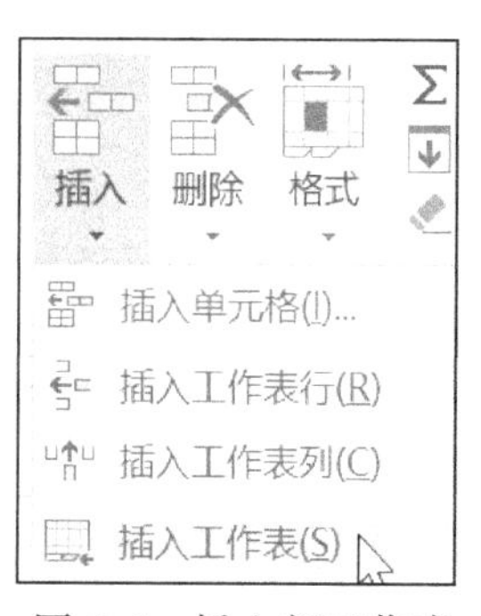

图 8-4　插入新工作表

02 对于工作簿中的工作表，可以修改其标签的名称及颜色。右键单击“Sheet 1”工作表标签，如图 8-5 所示，在弹出的快捷菜单中单击“工作表标签颜色”命令，在级联菜单中选择标准色中的蓝色。

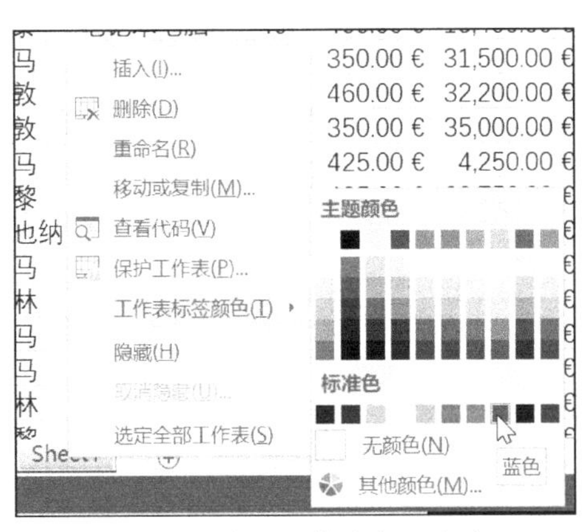

图 8-5 修改工作表标签颜色

03 再次右键单击“Sheet 1”工作表标签，在弹出的快捷菜单中单击“重命名”命令，此时工作表标签名称“Sheet 1”变为可编辑状态，将名称修改为“销售数据”。

04 右键单击“Sheet 2”工作表标签，如图 8-6 所示，在弹出的快捷菜单中单击“隐藏”命令，可将该工作表隐藏。

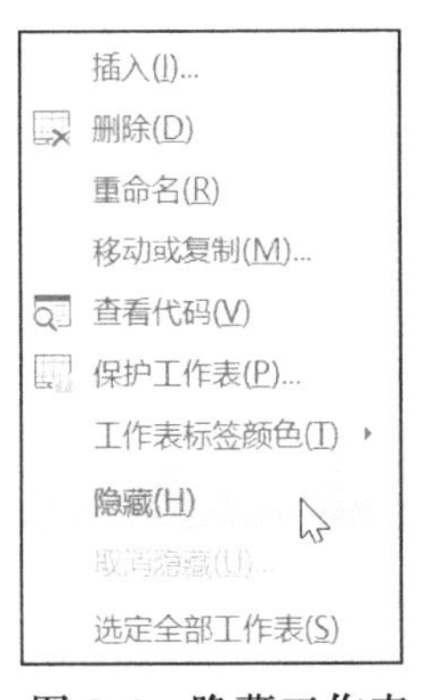

图 8-6 隐藏工作表

8.3 设置页面布局

在创建了基本的数据内容后，可根据需要对行高、列宽及页边距等进行设置，以方便发布或打印。

01 在“销售数据”工作表中，选中 A 列到 H 列，如图 8-7 所示，单击“开始”选项卡>“单元格”组>“格式”下拉按钮，在菜单中单击“自动调整列宽”命令，可以为每个数据列设置最佳列宽。

02 单击“页面布局”选项卡>“页边距”下拉按钮，在菜单中单击“自定义页边距”按钮。

03 在弹出的“页面设置”对话框中，切换到“页边距”标签，如图 8-8 所示，设置上、下页边距为“1.5”，左、右页边距为“1.2”，页眉和页脚为“0.8”。

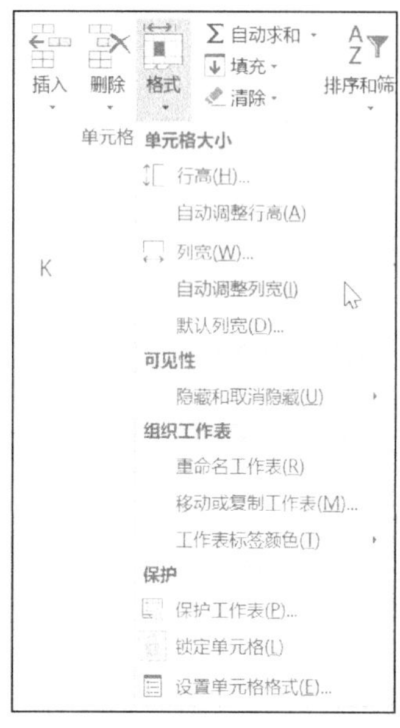

图 8-7　调整数据列宽

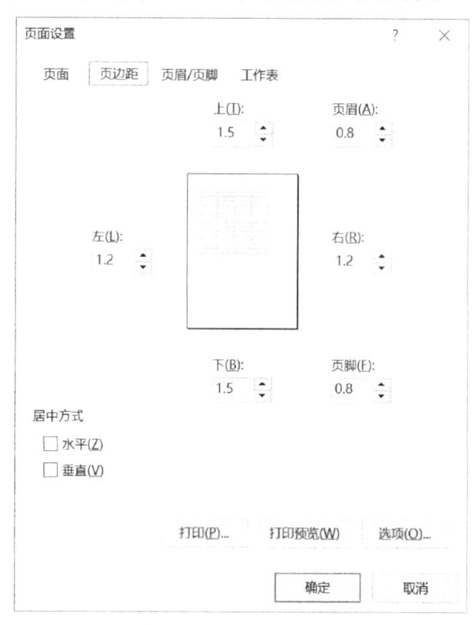

图 8-8　页面设置

04 切换到“页眉/页脚”标签，如图 8-9 所示，在“页脚”下拉列表中选择“第 1 页，共 ? 页”，单击“确定”按钮完成设置。

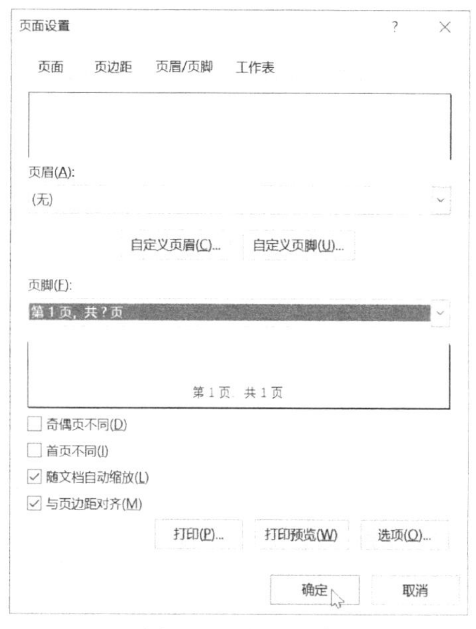

图 8-9　设置页脚

05 在编辑工作簿时，可以根据需要选择视图，如“普通”、“分页预览”、“页面布局”和“自定义视图”。单击“视图”选项卡>“工作簿视图”组>“页面布局”命令，可以查看上一步所设置的页边距和页眉/页脚效果，如图 8-10 所示。此外，页面布局效果也可以在“文件”后台视图>“打印”选项卡中查看。

	A	B	C	D	E	F	G	H
37	2017/2/5	巴黎	台式电脑	100	425.00 €	42,500.00 €	15%	48,875.00 €
38	2017/2/6	维也纳	平板电脑	10	350.00 €	3,500.00 €	25%	4,375.00 €
39	2017/2/7	罗马	平板电脑	100	350.00 €	35,000.00 €	25%	43,750.00 €
40	2017/2/8	柏林	笔记本电脑	30	460.00 €	13,800.00 €	18%	16,284.00 €
41	2017/2/9	罗马	平板电脑	20	350.00 €	7,000.00 €	25%	8,750.00 €
42	2017/2/10	罗马	笔记本电脑	20	460.00 €	9,200.00 €	18%	10,856.00 €
43	2017/2/11	柏林	手机	70	200.00 €	14,000.00 €	20%	16,800.00 €
44	2017/2/12	巴黎	平板电脑	90	350.00 €	31,500.00 €	25%	39,375.00 €
45	2017/2/13	伦敦	笔记本电脑	20	460.00 €	9,200.00 €	18%	10,856.00 €
46	2017/2/14	罗马	笔记本电脑	100	460.00 €	46,000.00 €	18%	54,280.00 €
47	2017/2/15	伦敦	手机	80	200.00 €	16,000.00 €	20%	19,200.00 €
48	2017/2/16	维也纳	手机	60	200.00 €	12,000.00 €	20%	14,400.00 €
49	2017/2/17	巴黎	笔记本电脑	60	460.00 €	27,600.00 €	18%	32,568.00 €
50	2017/2/18	罗马	平板电脑	80	350.00 €	28,000.00 €	25%	35,000.00 €
51	2017/2/19	伦敦	笔记本电脑	50	460.00 €	23,000.00 €	18%	27,140.00 €
52	2017/2/20	伦敦	平板电脑	100	350.00 €	35,000.00 €	25%	43,750.00 €
53	2017/2/21	罗马	台式电脑	20	425.00 €	8,500.00 €	15%	9,775.00 €
54	2017/2/22	巴黎	台式电脑	30	425.00 €	12,750.00 €	15%	14,662.50 €
55	2017/2/23	维也纳	平板电脑	70	350.00 €	24,500.00 €	25%	30,625.00 €
56	2017/2/24	罗马	平板电脑	60	350.00 €	21,000.00 €	25%	26,250.00 €

第 1 页，共 2 页

图 8-10　在页面布局视图中查看文档

06 为了查看方便，可以将 1 月和 2 月的数据分为两页查看。如图 8-11 所示，选中 2 月的第 1 行，即第 33 行，单击“页面布局”选项卡>“页面设置”组>“分隔符”下拉按钮，在菜单中单击“插入分页符”命令，则 2 月的数据会从第 2 页开始显示。

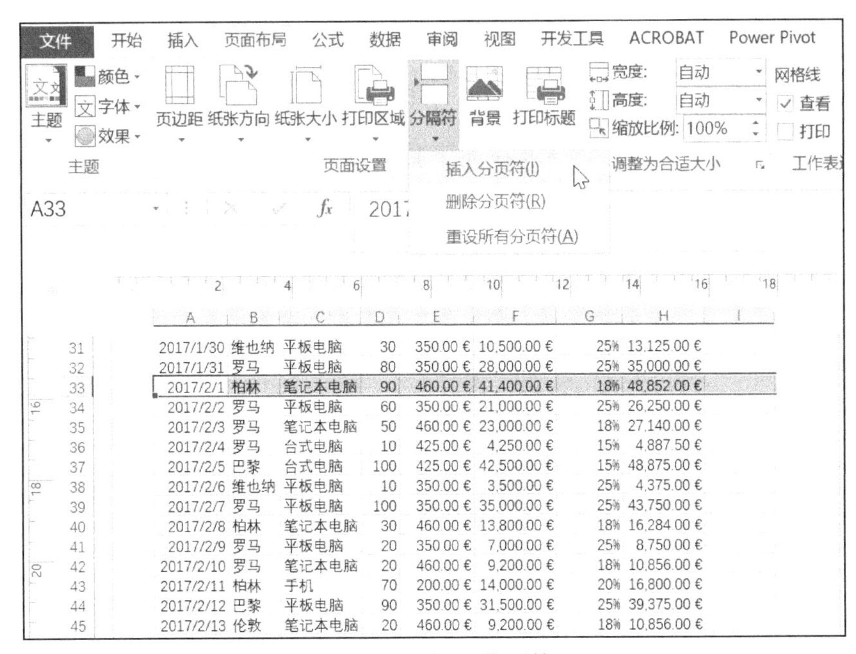

	A	B	C	D	E	F	G	H
31	2017/1/30	维也纳	平板电脑	30	350.00 €	10,500.00 €	25%	13,125.00 €
32	2017/1/31	罗马	平板电脑	80	350.00 €	28,000.00 €	25%	35,000.00 €
33	2017/2/1	柏林	笔记本电脑	90	460.00 €	41,400.00 €	18%	48,852.00 €
34	2017/2/2	罗马	平板电脑	60	350.00 €	21,000.00 €	25%	26,250.00 €
35	2017/2/3	罗马	笔记本电脑	50	460.00 €	23,000.00 €	18%	27,140.00 €
36	2017/2/4	罗马	台式电脑	10	425.00 €	4,250.00 €	15%	4,887.50 €
37	2017/2/5	巴黎	台式电脑	100	425.00 €	42,500.00 €	15%	48,875.00 €
38	2017/2/6	维也纳	平板电脑	10	350.00 €	3,500.00 €	25%	4,375.00 €
39	2017/2/7	罗马	平板电脑	100	350.00 €	35,000.00 €	25%	43,750.00 €
40	2017/2/8	柏林	笔记本电脑	30	460.00 €	13,800.00 €	18%	16,284.00 €
41	2017/2/9	罗马	平板电脑	20	350.00 €	7,000.00 €	25%	8,750.00 €
42	2017/2/10	罗马	笔记本电脑	20	460.00 €	9,200.00 €	18%	10,856.00 €
43	2017/2/11	柏林	手机	70	200.00 €	14,000.00 €	20%	16,800.00 €
44	2017/2/12	巴黎	平板电脑	90	350.00 €	31,500.00 €	25%	39,375.00 €
45	2017/2/13	伦敦	笔记本电脑	20	460.00 €	9,200.00 €	18%	10,856.00 €

图 8-11　插入分页符

07 在打印文档时，通常希望标题显示在每页的最上方，要达到这个效果，需先切换回“普通”视图，然后单击“页面布局”选项卡>“页面设置”组>“打印标题”命令。

08 弹出“页面设置”对话框，如图 8-12 所示，在“工作表”标签中，光标定位在“顶端标题行”右侧的文本框内，选中工作表中的第 1 行数据，文本框自动输入“$1:$1”，单击“确定”按钮完成设置。

图 8-12　打印标题

09 若文档不需要打印，只是要求在向下拖动滚动条时，标题行一直显示在最上方，则可以单击“视图”选项卡>“窗口”组>“冻结窗格”下拉按钮，在菜单中单击“冻结首行”命令，如图 8-13 所示。

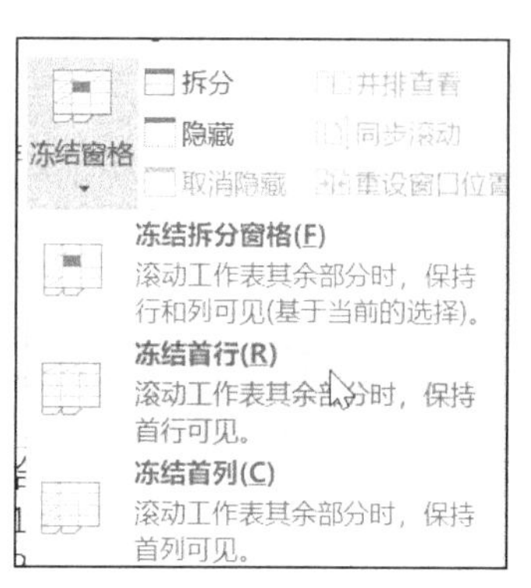

图 8-13　冻结首行

8.4 保护与发布工作簿

对于已经完成的 Excel 工作簿，可以从不同层次对文档进行保护，提升其安全性。例如，在本任务中希望数据的标题行设置为只读，而数据区域可以修改，隐藏的工作表非授权用户也无法显示。在完成发布前的准备工作后，就可以保存和发布文档了，除将 Excel 文档保存为默认的“Excel 工作簿(*.xlsx)”格式，还可以将数据发布为其他格式，如 PDF 格式，或直接打印文档。

01 在“销售数据”工作表中，选定单元格区域 A1:H1，单击鼠标右键，在弹出的快捷菜单中单击“设置单元格格式”命令。

02 在弹出的“设置单元格格式”对话框中，切换到“保护”标签，取消勾选“锁定”复选框，单击“确定”按钮。

03 单击“审阅”选项卡>“更改”组>“保护工作表”命令。

04 在弹出的“保护工作表”对话框中，如图 8-14 所示，输入密码，其他保持默认，单击“确定”按钮。在弹出的“确认密码”对话框中再次输入密码，再单击“确定”按钮。此时除了表格的标题行，其他部分的内容已经无法编辑。

05 单击“审阅”选项卡>“更改”组>“保护工作簿”命令。

06 在弹出的“保护结构和窗口”对话框中，如图 8-15 所示，在“密码”文本框中输入密码，其他保持默认，单击“确定”按钮。在弹出的“确认密码”对话框中再次输入密码，再单击“确定”按钮。在完成保护设置后，未经授权的用户无法添加或删除工作表及隐藏或取消隐藏工作表。

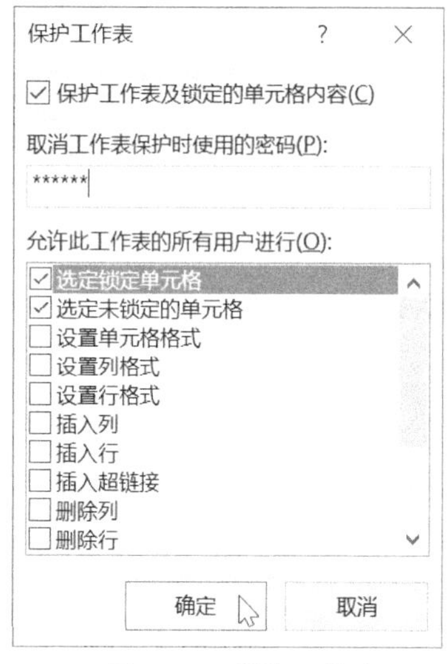

图 8-14　保护工作表

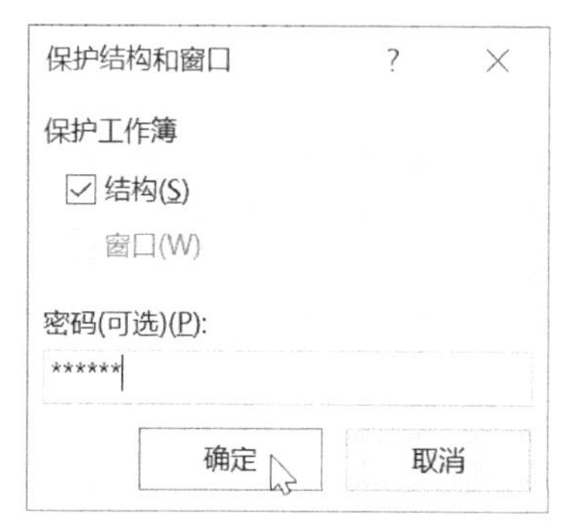

图 8-15　保护工作簿

07 如果要将 1 月 1 日到 10 日的数据保存为 PDF 格式的文档，可以先选中单元格区域 A1:H11，然后单击“文件”后台视图>“导出”命令，在窗口右侧单击“创建 PDF/XPS 文档”选项，再单击“创建 PDF/XPS”按钮。

08 在“发布为 PDF 或 XPS”对话框中，如图 8-16 所示，定位到要保存的路径，输入文件名，然后单击“选项”按钮。

图 8-16　将工作簿发布为 PDF 文档

09 在弹出的“选项”对话框中，在“发布内容”选项组中选择“所选内容”单选按钮，单击“确定”按钮。

图 8-17 选择要发布的内容

8.5 课后习题

1. 从“销售记录”工作表的单元格 A3 开始，从位于“文档”文件夹的“1-2 月销售数据.txt”文档中导入数据，分隔符号为制表符。接受所有默认值。

2. 创建名为“销售报告”的新工作表。

3. 将“销售记录”工作表的单元格区域 A12:H18 复制到“柏林”工作表的单元格区域 A2:H8。

4. 复制“销售记录”工作表。

5. 定位至名为“利润比例”的单元格区域，清除其中的内容。

6. 在“会员抽样调查”工作表中，为单元格 A6 创建链接，链接到电子邮件地址“service@e-micromacro.cn”。

7. 在“图书销售”工作表的单元格 A1 中，创建到“与上月比较”工作表单元格 A3 的超链接。

8. 为“会员抽样调查”工作表的二维码图像添加超链接，地址为“http://www.e-micromacro.cn”。

9. 将页边距更改为顶部和底部 2.4 厘米，左侧和右侧 0.8 厘米，页眉和页脚 0.8 厘米。在工作表的页脚中间插入格式为“第 1 页，共 ? 页”的页码。

10. 在页面布局视图中显示“销售记录”工作表，插入分页符，使目的地为“柏林”和“维也纳”的记录显示在第 1 页。

11. 将“产品编号”工作表重命名为“产品信息”，并将其移动到“销售记录”和“销售汇总”工作表之间。将“销售汇总”工作表标签颜色改为“橙色，个性色 2”。

12. 在“销售记录”工作表中，调整 D 列到 G 列的宽度，使其自动适应最长的单元格内容，将包含文本“ABC 移动通信公司 2015 年销售记录”的行高更改为“28”。

13. 在“销售记录”工作表中，将名为“提成”的列添加到“金额”列的右侧。移除“品牌”列。隐藏“产品编号”列。

14. 设置工作表以便在垂直滚动时第 7 行和上方艺术字保持可见。

15. 在“销售记录”工作表中，隐藏第 1 行和第 2 行。

16. 取消隐藏“销售汇总”工作表。隐藏“产品信息”工作表，使其标签不可见，但数据仍然可用于公式中。

17. 显示“销售记录”工作表的公式。

18. 在文档属性中，添加“ MicroMacro”作为单位名。

19. 找到并移除此工作簿中的个人信息。

20. 检查辅助功能。添加文本“销售汇总”作为可选文字标题，更正错误，无须修复警告。

21. 设置“会员抽样调查”工作表，使第 7 行中的列标题出现在所有打印页上。

22. 修改“年度销售汇总”工作表的打印设置，纸张为横向，并将工作表调整为 1 页。

23. 设置“会员抽样调查”工作表中的单元格区域 A7:E63 为打印区域。

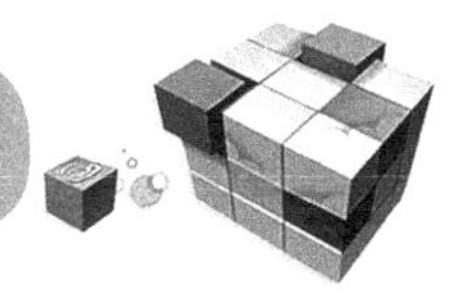

单元 9

编辑与格式化数据内容
——MOS 成绩报告呈现

任务背景

你是某高校的计算机教师，已经组织学生参加了 MOS 考试，现在要处理从系统中导出的认证考试成绩，对表格加以美化并突出显示重点数据。

任务分析

要完成本任务，需要对工作表的格式进行调整，学会使用一些简单的公式进行数据的运算。

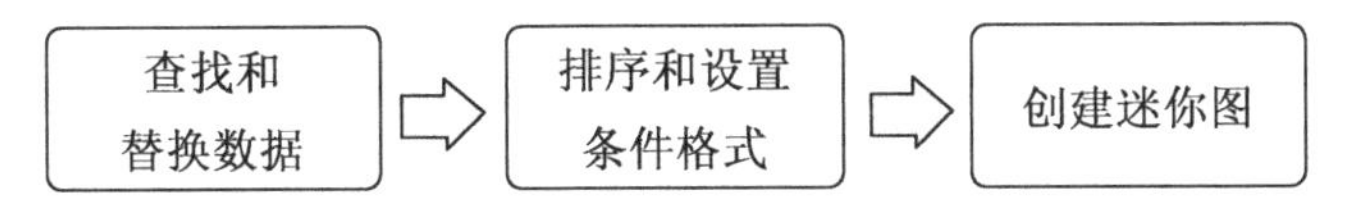

本任务涉及的技能点包括查找和替换、格式化单元格、排序和筛选、创建条件格式和迷你图。

案例素材

MOS 成绩报告.xlsx。

实现步骤

9.1 完善和修改工作表数据

从外部获取的数据，经常需要适当进行修改或补充才能符合需求。本任务需要把 PowerPoint 替换为 PPT，并且为学生的成绩报告添加编号。

01 打开素材单元 9 文件夹中的“MOS 成绩报告.xlsx”文档，选中任意工作表的任意单元格，单击“开始”选项卡>“编辑”组>“查找和选择”下拉按钮，在菜单中单击“替换”命令。

02 在弹出的“查找和替换”对话框的“替换”标签中，如图 9-1 所示，在“查找内容”文本框中输入“PowerPoint”，在“替换为”文本框中输入“PPT”，单击“选项”按钮，展开全部选项，在“范围”下拉列表中选择“工作簿”，再单击“全部替换”按钮，就可以把工作簿文本中所有的“PowerPoint”替换为“PPT”。

图 9-1　替换

03 在“学生成绩报告”工作表中，如图 9-2 所示，选中 A 列，单击鼠标右键，在弹出的快捷菜单中单击“插入”命令，在 A 列左侧插入一个新列。

04 如图 9-3 所示，在单元格 A1 中输入文本“编号”，选定单元格区域 B1:B57，单击“开始”选项卡>“剪贴板”组>“格式刷”命令，此时光标会变为 ，刷取单元格区域 A1:A57，完成后 A 列会变为与 B 列相同的格式。

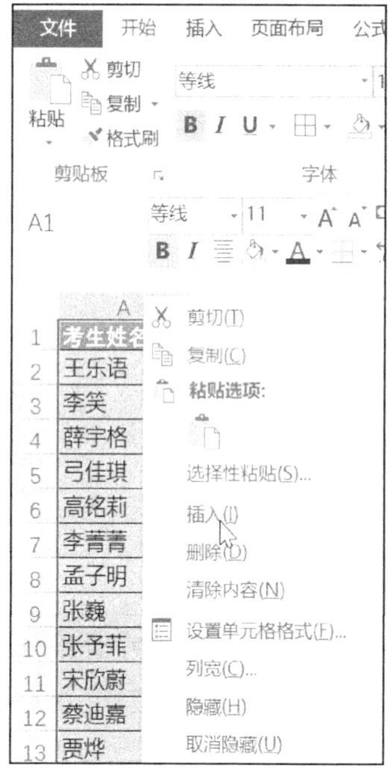

图 9-2　插入新列

图 9-3　使用格式刷复制格式

05 如图 9-4 所示，在单元格 A2 和 A3 中分别输入 1 和 2，双击单元格 A3 右下角的填充柄，可以将编号序列一直填充到数据列底部。

	A	B
1	编号	考生姓名
2	1	王乐语
3	2	李笑
4		[illegible]格
5		弓佳琪
6		高铭莉

图 9-4 填充编号序列

9.2 使用数据验证规范录入数据

在创建与编辑 Excel 单元格数据的时候，使用数据验证功能可以帮助用户快速准确地录入数据。本任务需要对“成绩清单”工作表的“科目”列中的数据应用数据验证规则，以便通过下拉菜单的方式来编辑单元格中的数据。

01 选中单元格区域 B2:B393，如图 9-5 所示，单击“数据”选项卡>“数据工具”组>“数据验证”下拉按钮，在菜单中单击“数据验证”命令。

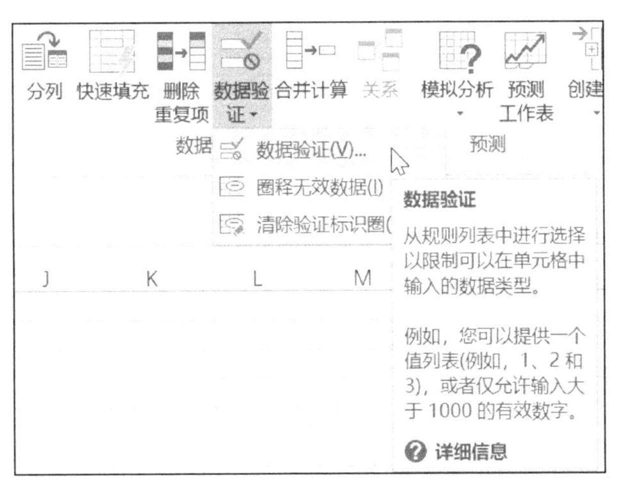

图 9-5 数据验证

02 在弹出的“数据验证”对话框中，如图 9-6 所示，在“允许”下拉列表中选择“序列”选项，在“来源”文本框中输入“=考试科目!$B$2:$B$8”（也可以直接在“考试科目”工作表中选择），单击“确定”按钮。

03 完成的效果如图 9-7 所示，此时在修改数据的时候无须再录入文本，而可以直接在下拉菜单中进行选择，如果在已经设置了数据验证规则的单元格中输入了错误数据，如图 9-8 所示，Excel 会自动弹出提示对话框，要求用户重新录入。

数据验证

设置　输入信息　出错警告　输入法模式

验证条件

允许(A):

序列

☑ 忽略空值(B)

☑ 提供下拉箭头(I)

数据(D):

介于

来源(S):

=考试科目!$B$2:$B$8

对有同样设置的所有其他单元格应用这些更改(P)

全部清除(C)　确定　取消

图 9-6　设置数据验证条件

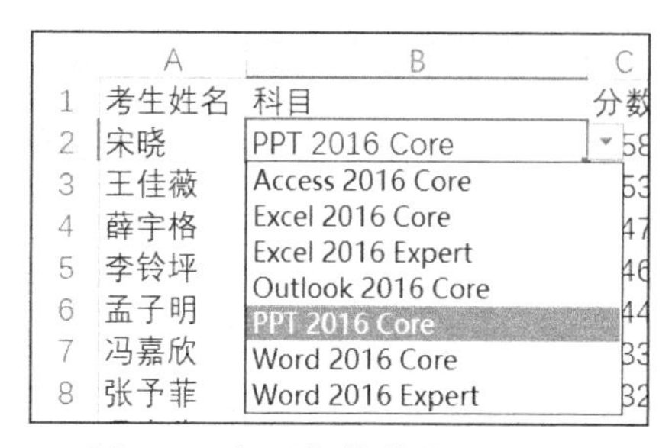

图 9-7　在下拉菜单中选择项目

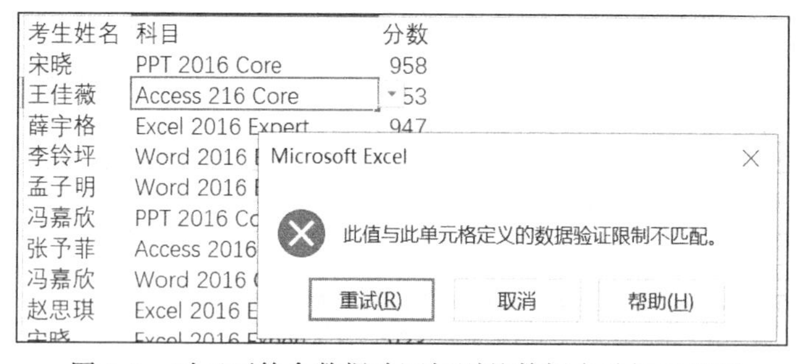

图 9-8　对于不符合数据验证规则的数据自动提示错误

9.3　通过设置单元格格式完善数据

在 Excel 中，可以通过设置单元格格式，修改单元格中数据的字体、填充色及底纹等格式。而除此之外，通过设置单元格数字格式还可以批量修改数据的显示方式，如修改日期格式，添加货币符号等。本任务需要统一“平均分”列所显示的小数位数，并使用短画线对科目进行分段。

01 在“学生成绩报告”工作表中选定单元格区域 I2:I57，按 Ctrl+1 快捷键，弹出“设置单元格格式”对话框，如图 9-9 所示。

02 在“设置单元格格式”对话框中，在左侧“分类”列表框中选择“数值”，将右侧“小数位数”设置为 1，其他保持默认，单击“确定”按钮。

图 9-9　设置小数显示位数

03 完成结果如图 9-10 所示，超过 1 位小数的以四舍五入的方式显示，不足 1 位的用 0 占位。但需要注意的是，通过设置单元格格式的方式将小数位数显示为 1 位，并没有将后面的数据真正删除。

平均分
673.6
733.9
741.3
716.9
732.1
699.0

图 9-10　将小数位数设置为显示小数点后 1 位的结果

04 在“考试科目”工作表中，如图 9-11 所示，选中单元格区域 A1:A8，单击“开始”选项卡>“数字”组扩展按钮，弹出“设置单元格格式”对话框。

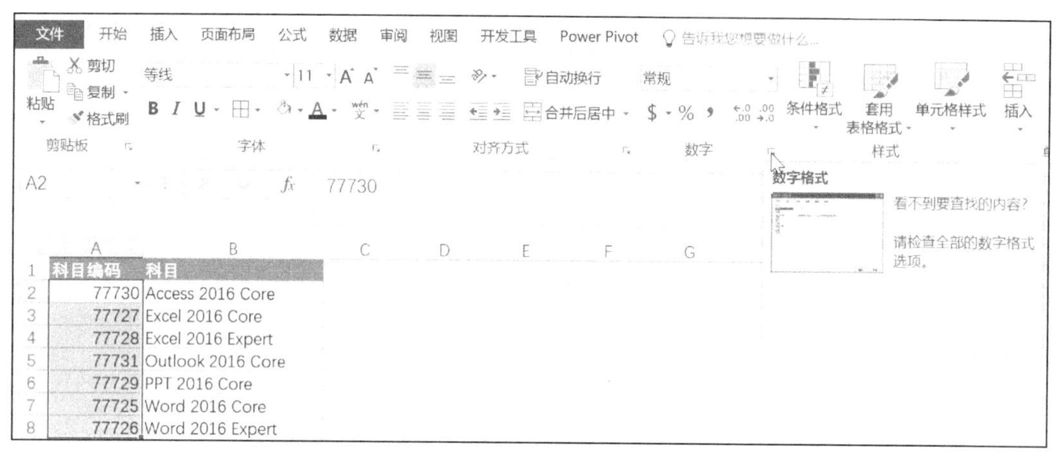

图 9-11　通过功能区开启“设置单元格格式”对话框

05 在“设置单元格格式”对话框中，如图 9-12 所示，在左侧“分类”列表框中选择“自定义”，在右侧“类型”文本框中输入代码“00"-"000”，单击“确定”按钮。注意，代码中的引号必须在英文半角模式下输入，否则内容将无法正确显示。

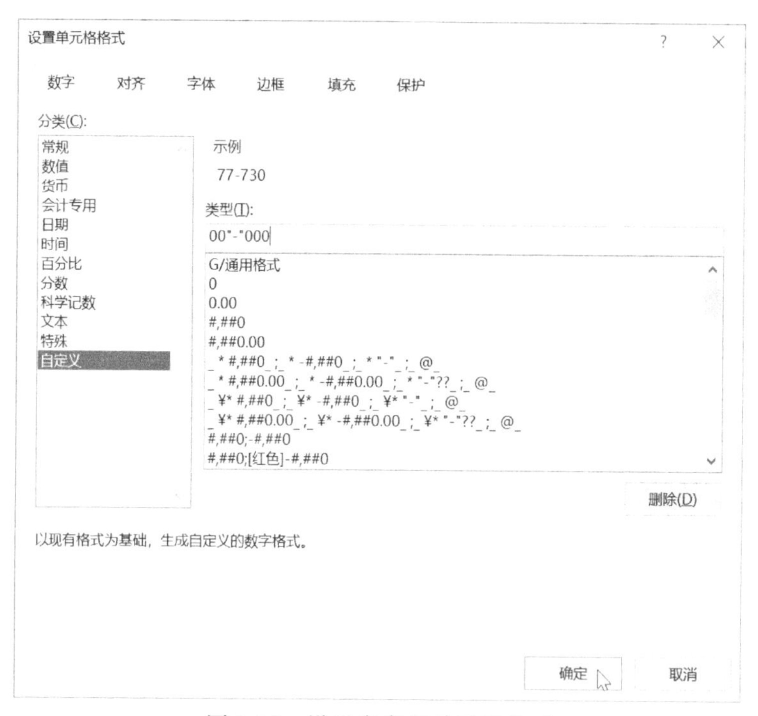

图 9-12　设置自定义单元格格式

9.4　使用条件格式发现重点数据

大量单元格中的数据并不便于用户快速找到所关注的重点数据，如高于平均值的数据、排名前十的数据及不同等级的数据等。本任务要求将小于 700 分的成绩进

行特殊标识，对不同的平均分显示不同的图标，并对通过了 Access 科目的考生姓名所在的单元格进行特殊的格式设置。

01 在“成绩清单”工作表中，如图 9-13 所示，选中 B 列标题下方的数据，单击“开始”选项卡>“样式”组>“条件格式”下拉按钮，在菜单中单击“突出显示单元格规则”命令，在级联菜单中单击“小于”命令。

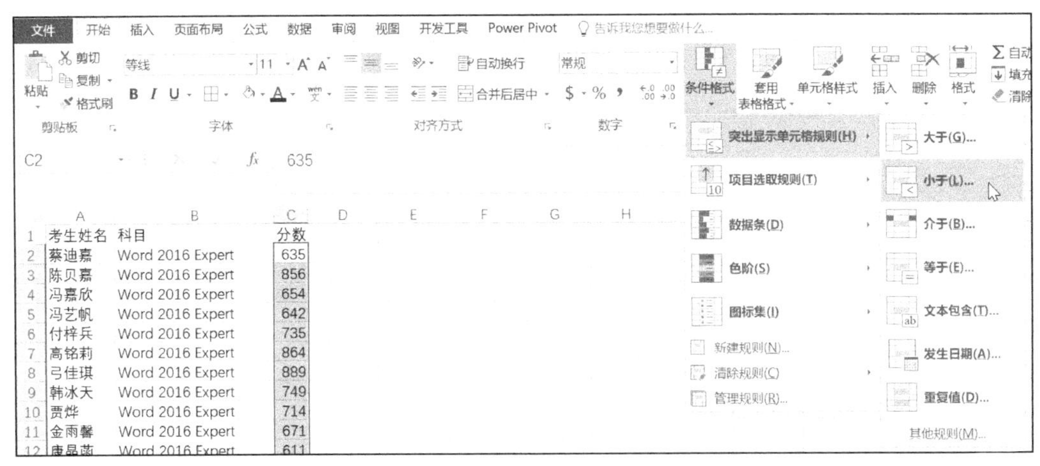

图 9-13 设置突出显示单元格规则

02 弹出“小于”对话框，如图 9-14 所示，在左侧文本框中输入“700”，在“设置为”下拉菜单中选择“绿填充色深绿色文本”，单击“确定”按钮。

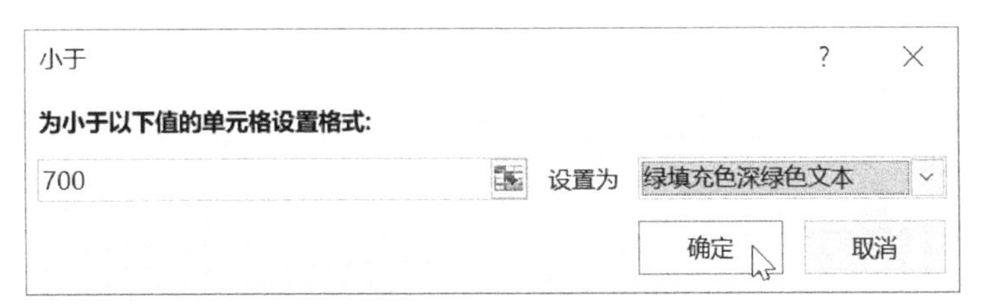

图 9-14 将低于特定数值的单元格设置为特殊格式

03 完成效果如图 9-15 所示，所有小于 700 分的成绩都被突出显示。

考生姓名	科目	分数
蔡迪嘉	Word 2016 Expert	635
陈贝嘉	Word 2016 Expert	856
冯嘉欣	Word 2016 Expert	654
冯艺帆	Word 2016 Expert	642
付梓兵	Word 2016 Expert	735
高铭莉	Word 2016 Expert	864
弓佳琪	Word 2016 Expert	889
韩冰天	Word 2016 Expert	749
贾烨	Word 2016 Expert	714
金雨馨	Word 2016 Expert	671
康晶菡	Word 2016 Expert	611
李涵安	Word 2016 Expert	854
李菁菁	Word 2016 Expert	560

图 9-15 突出显示条件格式完成效果

04 在“学生成绩报告”工作表中，选中“平均分”列标题下方的数据，单击“开始”选项卡>“样式”组>“条件格式”下拉按钮，在菜单中单击“新建规则”命令。

05 在弹出的“新建格式规则”对话框中，如图 9-16 所示，设置“选择规则类型”为“基于各自值设置所有单元格的格式”，“格式样式”为“图标集”，“图标样式”为“三色交通灯（无边框）”，勾选“仅显示图标”复选框。将图标的“类型”都修改为“数字”，且当值大于等于 800 时显示绿色圆圈，当值大于等于 700 时显示黄色圆圈，当值小于 700 时显示红色圆圈。设置完成后，单击“确定”按钮。

图 9-16 设置图标条件格式

06 完成效果如图 9-17 所示，用户通过不同的图标显示可以一目了然地知道考生的成绩等级。

H	I
Excel 2016 Expert	平均分
712	
782	
947	
652	
831	
709	
829	
773	
622	
850	
632	

图 9-17 图标条件格式完成效果

07 在“学生成绩报告”工作表中，选中“考生姓名”列标题下方的数据，单击“开始”选项卡>“样式”组>“条件格式”下拉按钮，在菜单中单击“新建规则”命令。

08 在弹出的“新建格式规则”对话框中，如图 9-18 所示，设置“选择规则类型”为“使用公式确定要设置格式的单元格”，在“为符合此公式的值设置格式”文本框中输入“=$F2>=700”，单击“格式”按钮。

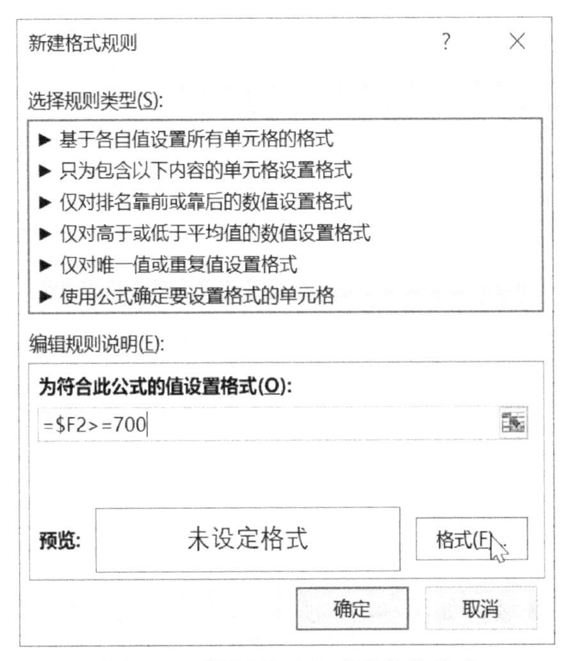

图 9-18　设置基于公式的条件格式

09 在弹出的“设置单元格格式”对话框中切换到“字体”标签，将字体颜色设置为蓝色，单击“确定”按钮，返回“新建格式规则”对话框。

10 单击“确定”按钮完成设置，效果如图 9-19 所示，所有通过了 Access 科目的考生姓名的颜色都显示为蓝色。

A	B	C	D	E	F
考生姓名	Word 2016 Core	Excel 2016 Core	PPT 2016 Core	Outlook 2016 Core	Access 2016 Core
王乐语	756	690	680	504	694
李笑	717	841	764	712	597
薛宇格	687	634	843	627	741
弓佳琪	620	698	916	547	696
高铭莉	823	792	599	532	684
李菁菁	626	655	889	761	693
孟子明	769	805	707	595	785
张巍	684	671	671	806	389
张予菲	643	707	657	543	932
宋欣蔚	685	680	580	596	831
蔡迪嘉	676	558	603	786	549
贾烨	801	547	740	703	788
许琬婷	821	906	627	647	719

图 9-19　基于公式的条件格式的完成效果

9.5 使用迷你图揭示数据变化趋势

条件格式可以帮助用户快速识别表格中的重点数据，迷你图的作用则是快速掌握数据的大致趋势或分布。本任务需要建立迷你图，从而快速知道所有考生科目最高分和最低分所在的位置。

01 在“学生成绩报告”工作表中，选中单元格区域 J2:J57，单击“插入”选项卡>“迷你图”组>“柱形图”命令。

02 在弹出的“创建迷你图”对话框中，如图 9-20 所示，将“数据范围”设置为“B2:H57”。因为事先已经选定单元格区域 J2:J57 作为迷你图放置的位置范围，所以这里会自动输入，单击“确定”按钮完成创建迷你图。

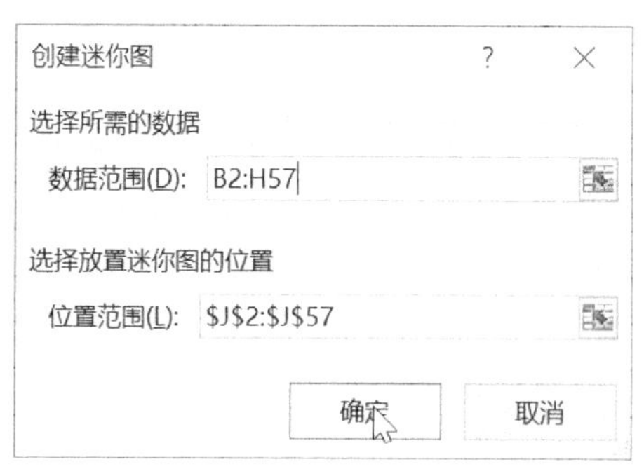

图 9-20 创建迷你图

03 选中迷你图所在区域，如图 9-21 所示，单击“迷你图工具：设计”选项卡>“分组”组>“坐标轴”下拉按钮，在菜单中分别勾选“纵坐标中的最小值选项”和“纵坐标轴的最大值选项”组中的“适用于所有迷你图”命令。

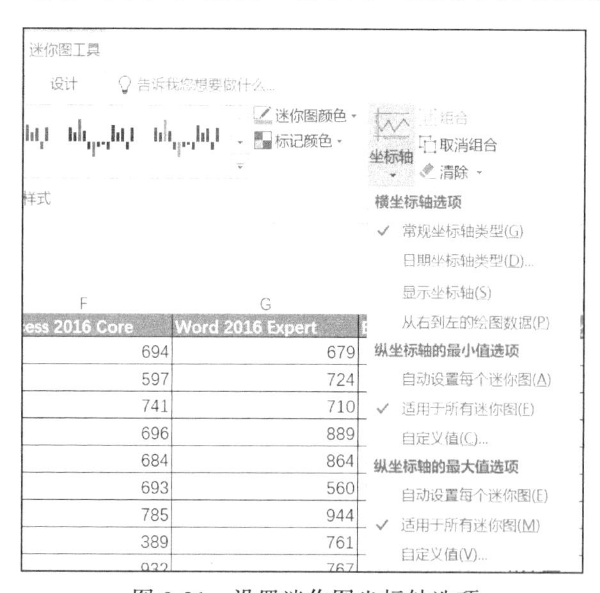

图 9-21 设置迷你图坐标轴选项

04 如图 9-22 所示，在“迷你图工具：设计”选项卡，勾选“高点”和“低点”复选框，然后在“样式”组单击“迷你图颜色”下拉按钮，将迷你图颜色设置为灰色，单击“标记颜色”下拉按钮，将高点和低点的颜色分别设置为红色和绿色。

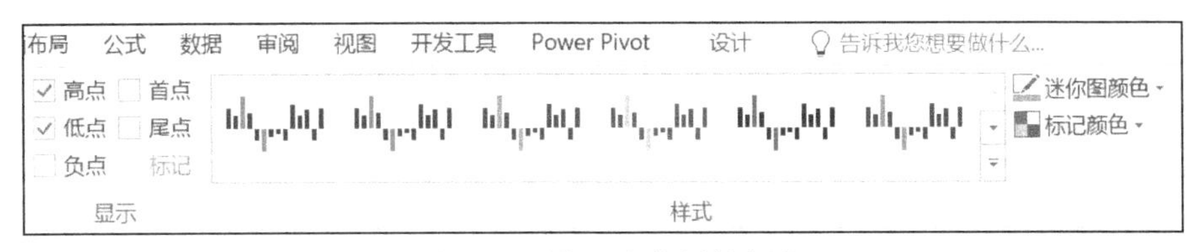

图 9-22　设置迷你图的颜色

05 最终完成效果如图 9-23 所示，通过这种微型图表可以快速识别哪个科目最强或最弱。

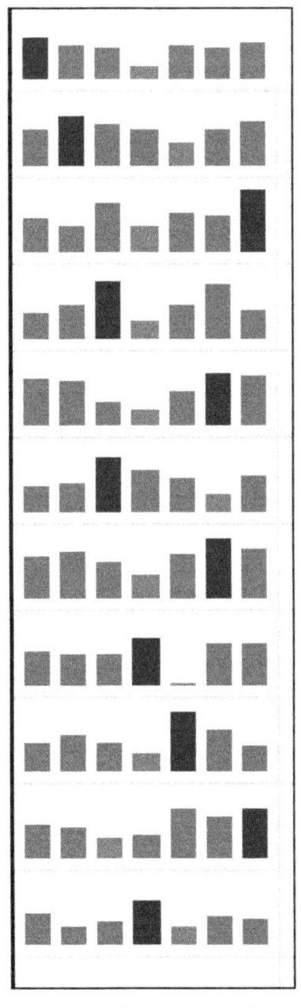

图 9-23　迷你图最终完成效果

9.6 课 后 习 题

1. 将所有的文本“苹果”一次性替换为文本“Apple”。

2. 金额等于价格乘以数量。在“销售记录”工作表中，在“金额”列的单元格中添加公式，计算每个订单的金额。不要改变该列的格式。

3. 在“销售记录”工作表中，复制单元格 G2 中的格式，将其填充到单元格区域 G3:G1039。

4. 在“销售记录”工作表中，应用数字格式，以 2 位小数显示“提成”列中的数值。

5. 在“图书销售情况”工作表中，设置“书名”列，使超过列宽的条目能够自动换行。

6. 在“会员抽样调查”工作表中，将单元格区域 A6:E6 修改为一个单元格，并居中对齐。

7. 在“哲学系学期成绩”工作表上，将选修课成绩的第 3～58 行合并成为一个包含 56 行的单列。

8. 在“各月销售汇总”工作表的“趋势”列中，在每个单元格中插入柱形迷你图，该图将显示从 1 月到 12 月销售额的变化趋势。

9. 在“销售记录”工作表上，为“金额”列中高于平均值的单元格设置“浅红填充色深红色文本”自动格式。若列中的数值改变，格式可以自动更新。

10. 在“销售记录”工作表中创建分类汇总，在“金额”列数据的下方汇总每家分店的销售额。为每组数据分页。“总计数”应当显示在单元格 G1046 中。

单元 10

创建和管理表对象
——管理在线学习网站会员数据

任务背景

你是某在线学习网站的工作人员，现在需要有效管理会员数据，包括进行简单的数据汇总、排序和筛选等。

任务分析

要完成本任务，可以先创建表格对象，在表格对象基础上对数据进行汇总及排序和筛选。

本任务涉及的技能点包括创建表格对象、修改表格样式、汇总表格数据及排序和筛选数据等。

案例素材

会员信息.xlsx。

实现步骤

10.1 创建表格对象

在 Excel 中可以把数据区域转换为表格对象，这里的表格对象类似于数据库中表的概念，专门用于存储数据及作为图表和数据透视表的数据源。本任务需要先创建表格对象，然后设置其样式。

01 在“会员信息”工作表中，如图 10-1 所示，选中数据区域的任意一个单元格，单击“插入”选项卡>“表格”组>“表格”命令。

02 在弹出的“创建表”对话框中，直接单击“确定”按钮，即可将数据区域转换为表格对象，效果如图 10-2 所示。当数据区域转换为表格对象后，自动应用一种表格样式。除了上述方法，也可以先选中数据区域中的任一单元格，然后在“开始”选项卡的“样式”组中为数据区域套用任意一种表格格式，在应用格式的同时，也会把数据区域转换为表格对象。对于习惯使用快捷键的用户，可以通过 Ctrl+T 或 Ctrl+L 组合键创建表格对象。

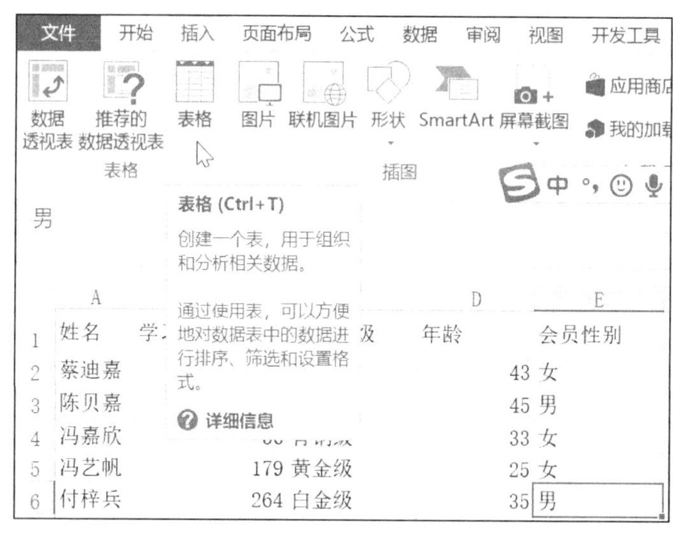

图 10-1　创建表格对象

	A	B	C	D	E
1	姓名	学习课时数	会员等级	年龄	会员性别
2	蔡迪嘉	41	青铜级	43	女
3	陈贝嘉	83	白银级	45	男
4	冯嘉欣	56	青铜级	33	女
5	冯艺帆	179	黄金级	25	女
6	付梓兵	264	白金级	35	男
7	高铭莉	21	青铜级	30	女
8	弓佳琪	20	青铜级	34	女
9	韩冰天	150	黄金级	37	男
10	贾烨	45	青铜级	38	女
11	金雨馨	132	黄金级	41	女
12	康晶菡	121	白银级	59	女
13	李涵安	74	白银级	55	女
14	李菁菁	27	青铜级	38	女
15	李铃坪	92	白银级	55	女

图 10-2　数据区域转换为表格对象的效果

03 在创建表格对象后，选中其中任一单元格，在功能区会出现“表格工具：设计”选项卡，和表格有关的设置都可以在其中找到。如图 10-3 所示，在“属性”组中可以将表名称修改为“会员信息表”。在以后的公式中，可以直接引用此名称，从而方便公式的输入。

04 如图 10-4 所示，在“表格工具：设计”选项卡>“表格样式选项”组中可以进行表格样式相关的各种设置，如给表格的标题行、第一列、最后一列设置单独的效果。注意，在此处取消选中“镶边行”复选框。

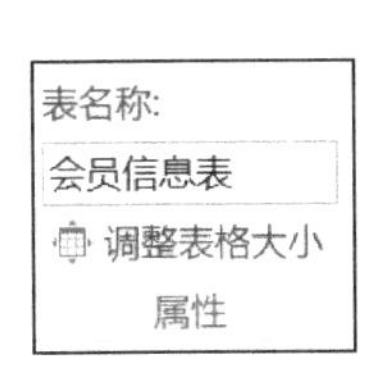

图 10-3　修改表格对象名称

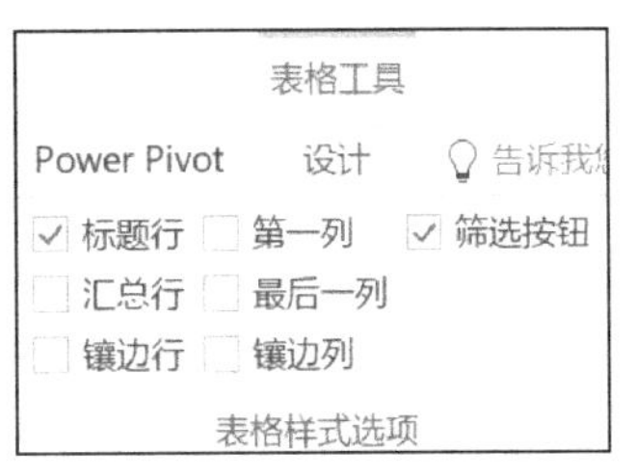

图 10-4　设置表格样式

10.2　汇总表格数据

当数据区域转换为表格对象后，用户不必使用公式就可以方便地对数据进行汇总，计算平均值、最大最小值及标准差等。

01 要在表格对象中计算汇总值，需要先显示汇总行，单击“表格工具：设计”选项卡>“表格样式选项”组，勾选“汇总行”复选框，如图 10-5 所示。

02 在表格底部会出现汇总行，默认会在最右侧显示汇总值，因为“会员性别”列为文本型数据，所以汇总方式为计数，结果为 56。选中单元格 B58，单击右侧下拉按钮，选择汇总方式为最大值，则得到计算结果为 365；再选中单元格 D58，单击右侧下拉按钮，选择汇总方式为平均值，得到所有会员的平均年龄为 41.821429 岁，结果如图 10-6 所示。

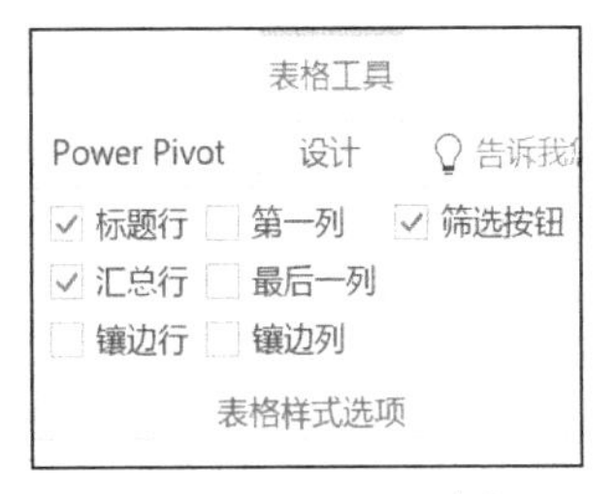

图 10-5　显示汇总行

	A	B	C	D	E
46	张佳钰	223	黄金级	45	女
47	张巍	32	青铜级	44	男
48	张馨	114	白银级	33	女
49	张予菲	35	青铜级	63	女
50	张喆	167	黄金级	32	女
51	赵世楠	72	白银级	45	女
52	赵思琪	168	黄金级	44	女
53	赵晓坤	153	黄金级	40	女
54	赵子绅	155	黄金级	30	男
55	郑昊	153	黄金级	57	男
56	周乐琪	128	黄金级	65	女
57	朱琳	74	白银级	27	女
58	汇总	365		41.821429	56

图 10-6　按照不同方式汇总表格数据

03 当对表格中的数据进行筛选的时候，汇总行中的值会根据筛选结果而自动发生变化。如图 10-7 所示，单击单元格 E1 右侧的筛选按钮，在下拉菜单中只勾选“男”复选框，单击“确定”按钮，将只显示男会员记录。

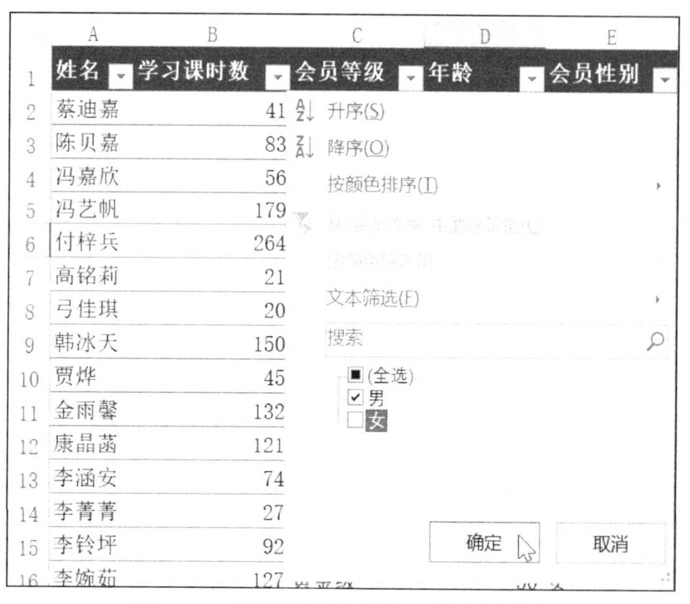

图 10-7 筛选数据为只显示男会员信息

04 如图 10-8 所示，在汇总行中，最大学习课时数变为 264，平均年龄变为 38.9，这些都是男会员的数据。

	A	B	C	D	E
1	姓名	学习课时数	会员等级	年龄	会员性别
3	陈贝嘉	83	白银级	45	男
6	付梓兵	264	白金级	35	男
9	韩冰天	150	黄金级	37	男
20	刘家行	152	黄金级	29	男
21	刘家旭	152	黄金级	30	男
26	孟冠政	189	黄金级	53	男
27	孟子明	31	青铜级	29	男
47	张巍	32	青铜级	44	男
54	赵子绅	155	黄金级	30	男
55	郑昊	153	黄金级	57	男
58	汇总	264		38.9	10

图 10-8 汇总值根据表格筛选而自动变化

10.3 排序和筛选数据

若在表格中需要从某个特定的维度来查看数据，如只希望查看男会员的数据，或者按照一定的顺序查看数据，如按照年龄由小到大的顺序查看数据，则需要使用筛选和排序功能。本任务需要按照会员级别由低到高的顺序排序数据，同一个会员等级则按照学习课时数升序排序；接着对数据进行筛选，显示50岁以下的黄金级会员的数据。

01 首先需要清除上一任务中对数据进行的筛选，如图10-9所示，单击“会员性别”单元格右侧的筛选按钮，在下拉菜单中单击“从‘会员性别’中清除筛选”命令，则可以显示全部数据。

图10-9 清除筛选

02 单击“数据”选项卡>“排序和筛选”组>“排序”命令，弹出“排序”对话框。

03 如图10-10所示，在“主要关键字”下拉列表中选择“会员等级”，“排序依据”为“数值”，“次序”为“自定义序列”。

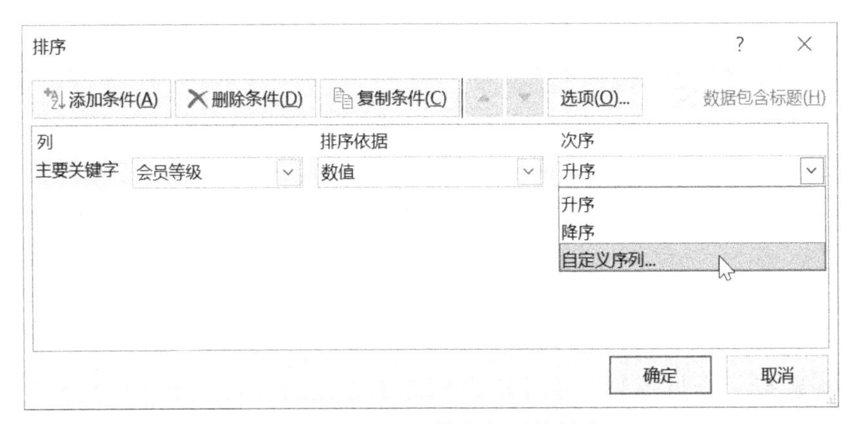

图10-10 设置排序主要关键字

04 在弹出的“自定义序列”对话框中，如图10-11所示，在“输入序列”文本框中依次输入4个级别名称，单击“添加”按钮，再单击“确定”按钮。

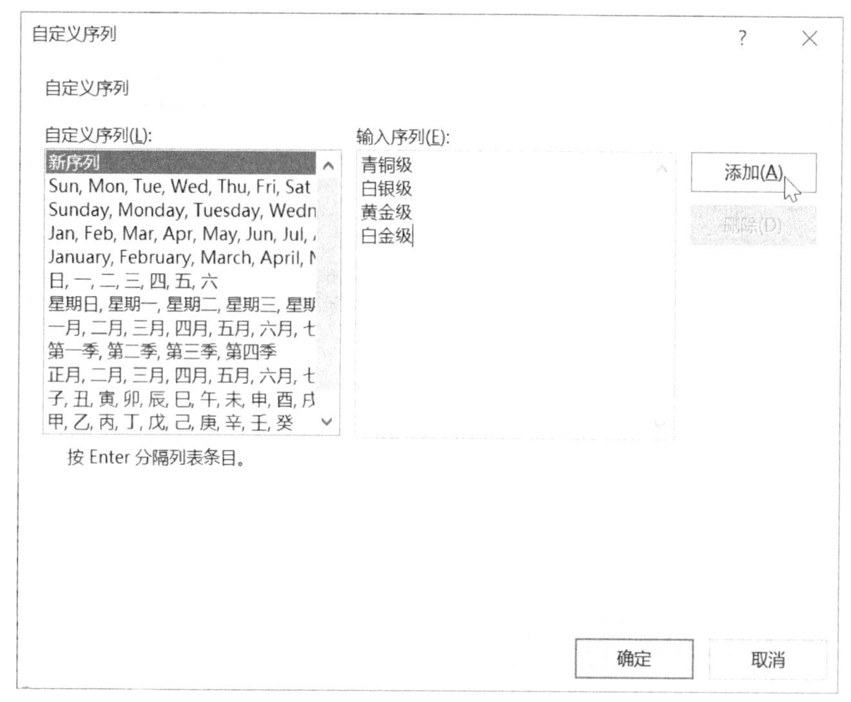

图 10-11　设置自定义排序序列

05 回到“排序”对话框，如图 10-12 所示，单击“添加条件”按钮，在“列”下方会出现“次要关键字”，选择“学习课时数”为“次要关键字”，“排序依据”为“数值”，“次序”为“升序”，单击“确定”按钮，完成排序。

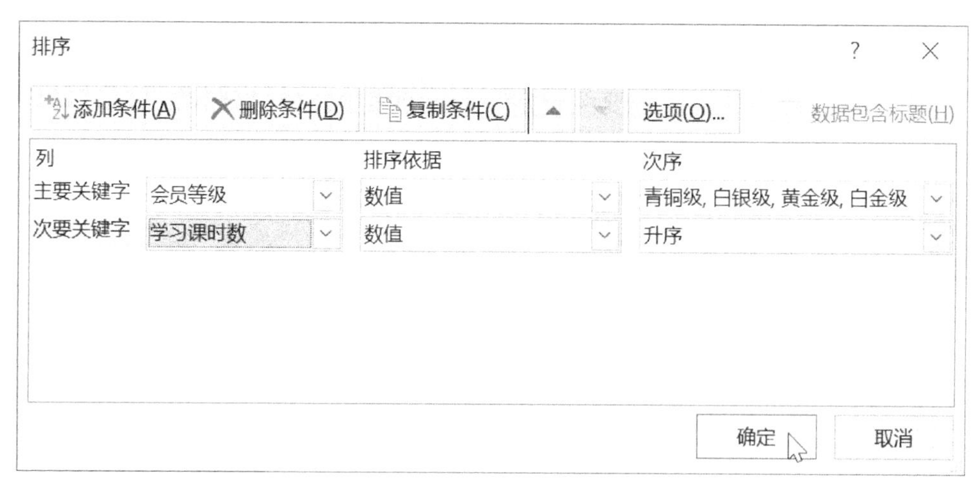

图 10-12　添加多个排序关键字

06 单击标题行“会员等级”单元格右侧的筛选按钮，在下拉菜单中只勾选“黄金级”复选框，单击“确定”按钮，将只显示黄金级会员记录。

07 如图 10-13 所示，单击标题行“年龄”单元格右侧的筛选按钮，在下拉菜单中单击“数字筛选”命令，在级联菜单中单击“小于”命令。

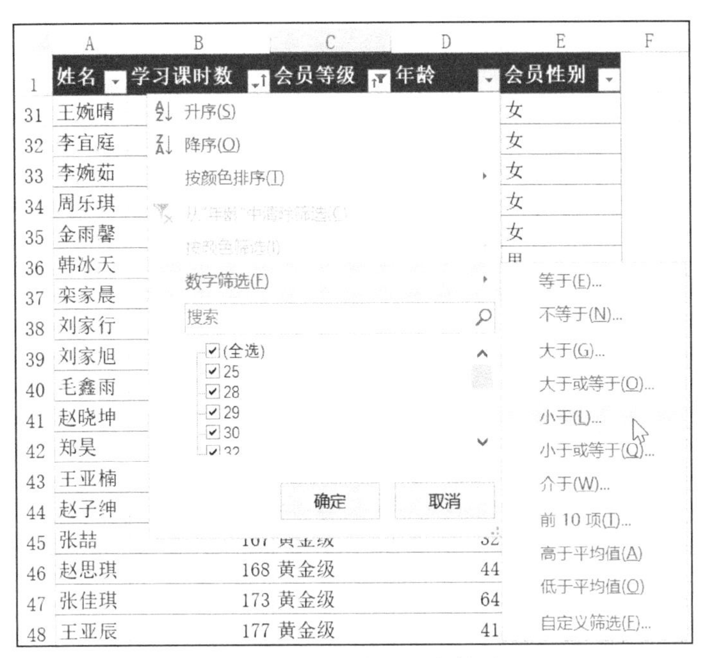

图 10-13　对数字进行筛选

08 在弹出的“自定义自动筛选方式”对话框中，如图 10-14 所示，将“年龄”设置为小于 50，单击“确定”按钮。此时显示的记录为黄金级小于 50 岁的会员。

图 10-14　自定义自动筛选方式

09 使用筛选按钮对数据进行筛选后，存在不易直接看出筛选条件的缺点。在表格对象中，还可以使用切片器对数据进行筛选，首先单击“数据”选项卡>“排序和筛选”组>“筛选”按钮（当前状态为高亮显示），取消表格中的所有筛选。

10 选中表格任一单元格，单击“表格工具：设计”选项卡>“工具”组>“插入切片器”命令。

11 在弹出的“插入切片器”对话框中，如图 10-15 所示，勾选“会员等级”和“会员性别”复选框，单击“确定”按钮。

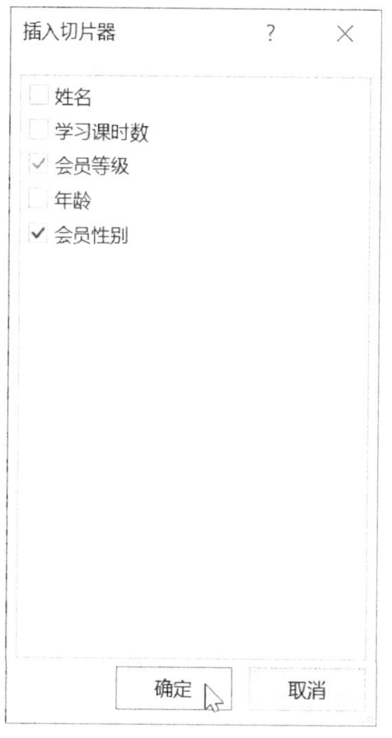

图 10-15 插入切片器

12 如图 10-16 所示，插入“会员等级”和“会员性别”两个切片器，适当调整位置，单击“会员等级”切片器中的“黄金级”和“会员性别”切片器中的“女”两个按钮，此时左侧表格会显示黄金级的女性会员记录，和使用筛选按钮达到的效果是一致的，但更为直观。

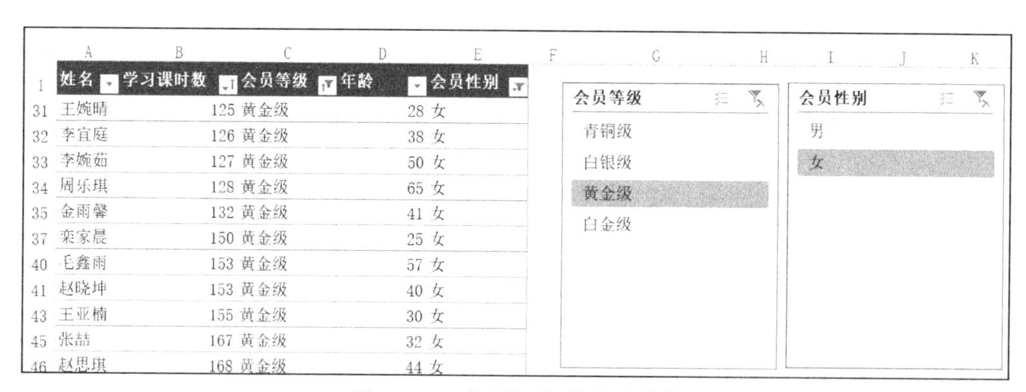

	姓名	学习课时数	会员等级	年龄	会员性别
31	王婉晴	125	黄金级	28	女
32	李宜庭	126	黄金级	38	女
33	李婉茹	127	黄金级	50	女
34	周乐琪	128	黄金级	65	女
35	金雨馨	132	黄金级	41	女
37	栾家晨	150	黄金级	25	女
40	毛鑫雨	153	黄金级	57	女
41	赵晓坤	153	黄金级	40	女
43	王亚楠	155	黄金级	30	女
45	张喆	167	黄金级	32	女
46	赵思琪	168	黄金级	44	女

图 10-16 使用切片器筛选数据

10.4 课后习题

1. 在“会员抽样调查”工作表中，为单元格区域 A7:E63 创建表，第 7 行作为标题。

2. 在“会员抽样调查”工作表中，将表转换为区域。保留单元格格式和数据位置不变。

3．对“会员抽样调查”工作表应用“表样式浅色 9”样式。

4．在“会员抽样调查”工作表中，为表隔行添加底纹；而且若插入新的行，可自动应用此效果。

5．为“会员抽样调查”工作表添加可选文字，标题为“抽样清单”。

6．在“会员抽样调查”工作表的末尾添加行，自动计算抽样会员的平均年龄。

7．在“会员抽样调查”工作表中，对该表排序。首先，按“性别”字段排序，女士排第一，男士排第二；然后，按“学习课时数”字段降序排序；最后，按“年龄”字段升序排序。

8．在“会员抽样调查”工作表中，使用 Excel 数据工具删除该表中“年龄”值重复的所有记录；不要删除任何其他记录。

单元 11 使用公式和函数处理数据——手机销售情况数据处理

任务背景

你在一家手机销售企业工作，现在需要对一段时间内的销售数据运用 Excel 做统计与分析，从而对过去的经营状况有所了解，并为企业的经营者未来的决策提供借鉴。

任务分析

要完成本任务，首先需要使用函数对数据进行汇总和统计，然后使用逻辑函数、文本与日期函数及查找与引用函数对数据进行扩展和合并。此外，在本任务中还需要使用财务函数及查询功能对数据进行深层次的计算与转换。

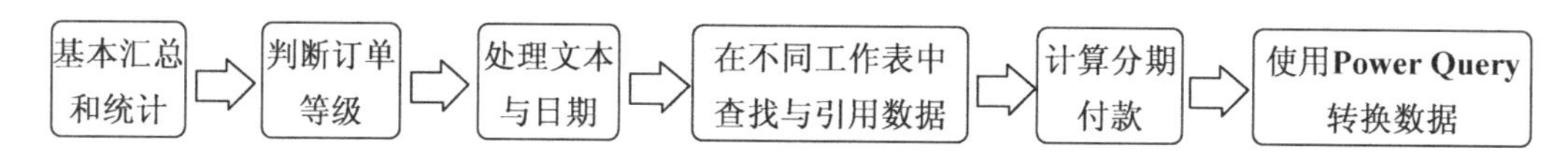

本任务涉及的技能点包括数学和统计函数、逻辑函数、文本与日期函数、查找与引用函数、财务函数和查询工具。

案例素材

手机销售情况.xlsx。

实现步骤

11.1 使用函数汇总和统计数据

Excel 最重要的功能之一是进行数据的计算和统计，因此 Excel 提供了种类丰富的函数。本任务分别需要统计全年总计销售金额、小米手机总计销售金额及小米手机在某分店总计销售金额。

01 打开“手机销售情况.xlsx”工作簿，先计算某企业全年的总计销售金额，在“销售记录”工作表中选中单元格 L1，输入公式“=SUM(G2:G1040)”，结果为¥13,056,879。

02 若要了解某个业务员或某个品牌的销售情况，如此处需要计算小米手机的总计销售金额，则可以使用条件求和函数 SUMIF，选中单元格 L2，单击“公式”选项卡>“函数库”组>“数学和三角函数”下拉按钮，在菜单中单击“SUMIF”命令，弹出“函数参数”对话框。

03 SUMIF 函数包含 3 个参数，其中第一个参数“Range”为条件所在区域，第二个参数“Criteria”为求和的条件，第三个参数“Sum_range”为实际求和的区域。如图 11-1 所示，输入对应的参数，单击“确定”按钮完成计算。在单元格 L2 中的公式为“=SUMIF(B2:B1039,"小米",G2:G1039)”，计算结果为¥1,228,671。

图 11-1 使用 SUMIF 函数进行条件求和

04 如果在汇总数据时条件不止一个，可使用多条件求和函数 SUMIFS，该函数和 SUMIF 函数类似，但最多支持 127 组条件，选中单元格 L3，输入公式“=SUMIFS(G2:G1039,B2:B1039,"小米",I2:I1039,"王府井")”并回车，得到计算结果为¥186,805。SUMIFS 函数参数较多，也可以使用对话框来输入参数，单击“公式”选项卡>“函数库”组>“数学和三角函数”下拉按钮，在菜单中单击“SUMIFS”命令，弹出“函数参数”对话框，如图 11-2 所示，输入相应参数，单击“确定”按钮。

05 完成结果如图 11-3 所示。

06 在 Excel 中，与 SUM 函数、SUMIF 函数和 SUMIFS 函数类似，可以使用 AVERAGE 函数、AVERAGEIF 函数和 AVERAGEIFS 函数分别进行平均值、

单条件平均值和多条件平均值的统计。若要进行计数，则可以使用 COUNT 函数、COUNTA 函数、COUNTIF 函数和 COUNTIFS 函数，这 4 个函数统计的内容分别为数值计数、非空单元格计数、单条件计数和多条件计数。例如，要在某个单元格中统计业务员胡明宇在全年一共销售了多少笔订单，则可以输入公式“=COUNTIF(H2:H1039,"胡明宇")”并回车，得到的结果为 32。

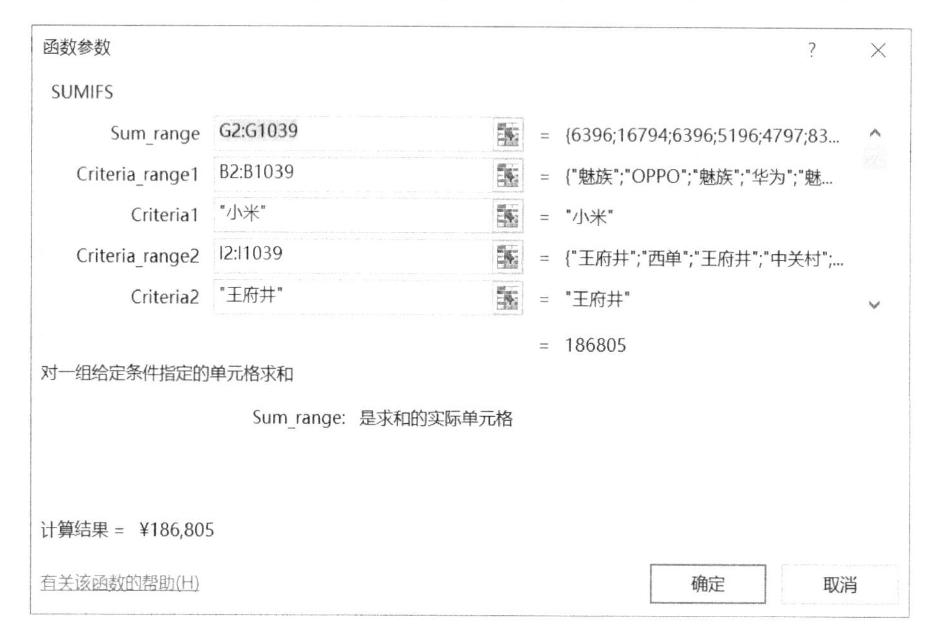

图 11-2　使用 SUMIFS 函数进行多条件求和

K	L
全年总计销售金额	¥13,051,879
小米手机总计销售金额	¥1,228,671
小米手机在王府井分店总计销售金额	¥186,805

图 11-3　销售汇总结果

11.2　使用函数进行逻辑判断

逻辑函数是 Excel 中最常用的函数类别之一。本任务需要依据不同准则判断哪些订单是大额订单。

01 假设某个订单的销售金额在 30000 元以上被认为是大额订单。选中单元格 J2，单击“公式”选项卡>“函数库”组>“逻辑”下拉按钮，在菜单中单击“IF”命令，弹出“函数参数”对话框。

02 如图 11-4 所示，IF 函数包含 3 个参数，第一个参数“Logical_test”为逻辑判断的表达式，这里输入“G2>30000”，第二、三个参数“Value_if_true”和“Value_if_false”分别表示逻辑判断表达式为真或为假时返回的内容，这里输入“"是"”和“""”。注意，在“函数参数”对话框中，如果返回的内容为文本，就需要添加一对英文半角的引号；此外，第三个参数为一对空的英文半角引号，含义是显示为空。在所有参数都输入完成后，单击“确定”按钮，完成计算，然后双击单元格 J2 右下角的填充柄，将公式填充到整个 J 列。

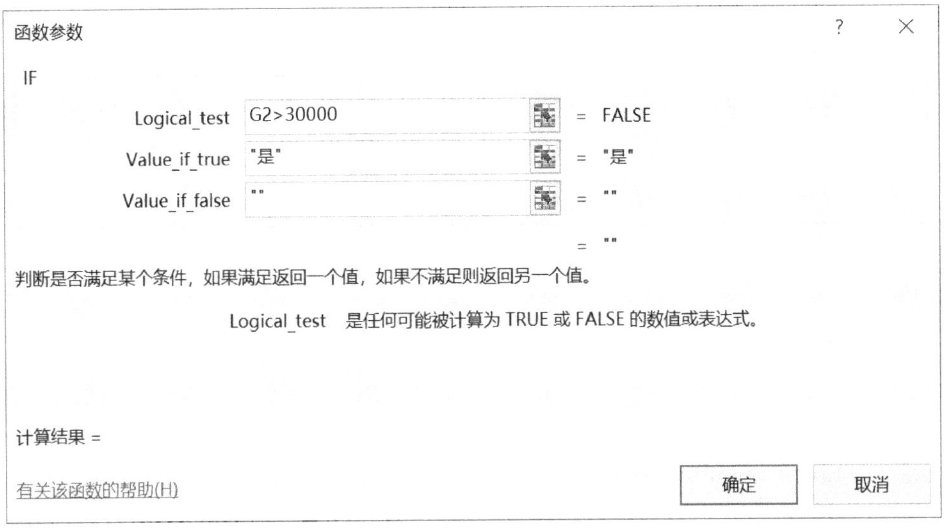

函数参数

IF

Logical_test	G2>30000	=	FALSE
Value_if_true	"是"	=	"是"
Value_if_false	""	=	""

= ""

判断是否满足某个条件，如果满足返回一个值，如果不满足则返回另一个值。

Logical_test 是任何可能被计算为 TRUE 或 FALSE 的数值或表达式。

计算结果 =

有关该函数的帮助(H)　　确定　　取消

图 11-4　使用 IF 函数进行逻辑判断

03 如果对大额订单的条件稍加修改，当某笔订单的销售额在 30 000 元以上或某笔订单的销售数量在 6 个以上，即两个条件有一个符合时即可被认为是大订单。要完成这一判断，需要在 IF 函数中嵌套 OR 函数，OR 函数可对多个分支进行逻辑判断，只要有一个分支为真，最终结果就返回 TRUE。选中单元格 J2，然后使用上一步骤中的方法，在 IF 函数的“函数参数”对话框中，如图 11-5 所示，输入对应的参数，单击“确定”按钮，然后将公式填充到整列。可以看到，在本例 IF 函数的第一个参数中，嵌套了“OR(G2>30000,F2>6)”函数。

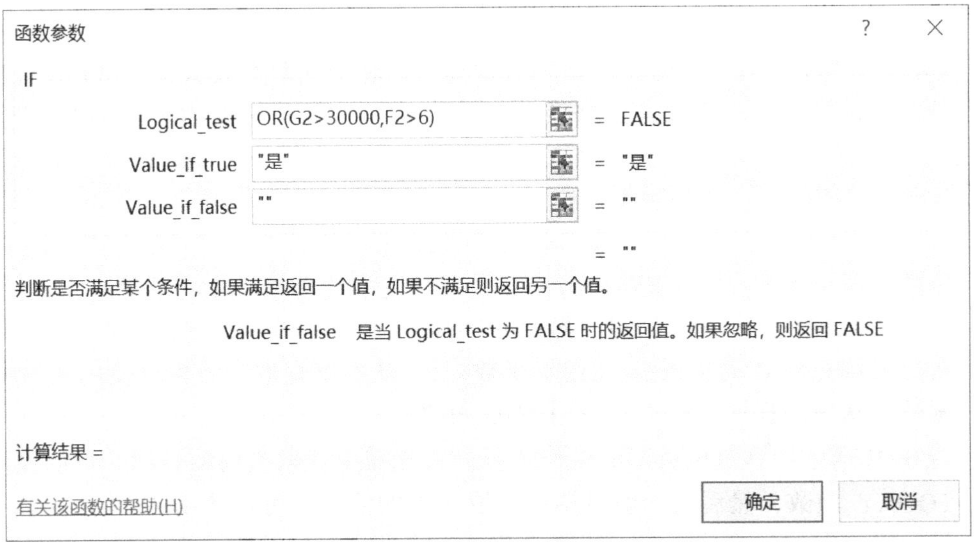

函数参数

IF

Logical_test	OR(G2>30000,F2>6)	=	FALSE
Value_if_true	"是"	=	"是"
Value_if_false	""	=	""

= ""

判断是否满足某个条件，如果满足返回一个值，如果不满足则返回另一个值。

Value_if_false 是当 Logical_test 为 FALSE 时的返回值。如果忽略，则返回 FALSE

计算结果 =

有关该函数的帮助(H)　　确定　　取消

图 11-5　使用 IF 函数和 OR 函数嵌套进行逻辑判断

04 在 Excel 中，和 IF 函数经常搭配使用进行逻辑判断的还有 AND 函数。例如，在判断某个订单是否被认为是大额订单的时候，条件修改为需要同时满足销售额在 30 000 元以上并且销售数量大于 6 个，则单元格 J2 的公式应修改为“=IF(AND(G2>30000,F2>6),"是","")”。

05 假设销售额在 50 000 以上为特大订单，在 30 000 以上为大额订单，又该如何判断呢？可调出 IF 函数的“函数参数”对话框，如图 11-6 所示，输入对应的参数，单击“确定”按钮。在这里涉及多重判断，因为在 IF 函数中又嵌套了一个 IF 函数。

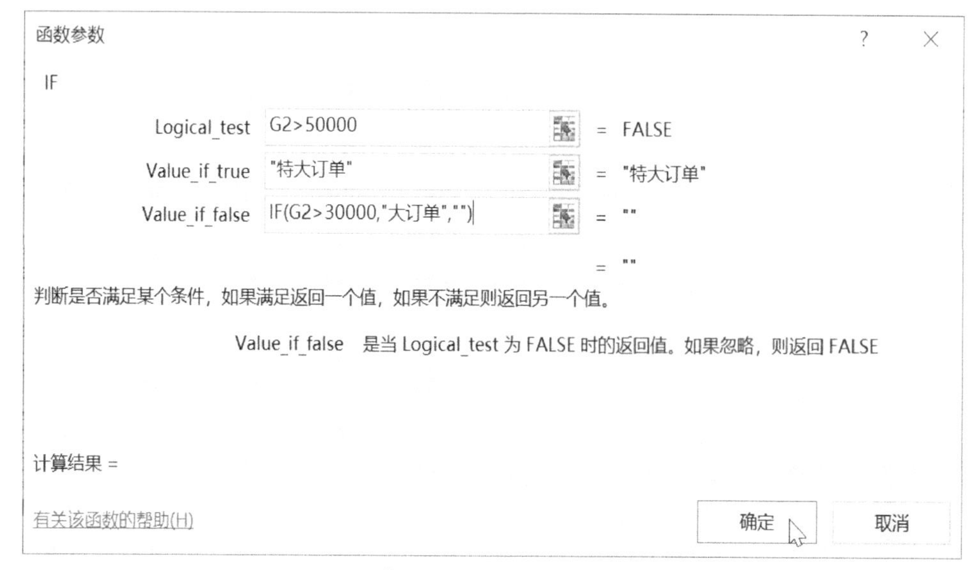

图 11-6 使用多重 IF 函数进行逻辑判断

11.3 使用函数处理文本与日期

文本与日期是 Excel 中常见的两种数据类型。对于这两类数据，分别有专门的函数对之进行处理。对于文本数据经常要做的是从左侧、右侧或中间提取字符。对于日期数据，则经常需要从中提取年月日等信息。本任务需要从“员工编号”列提取首字符的代码，还要根据入职年份计算每个员工的工作年限。

01 在“员工信息”工作表中，选中单元格 D2，输入公式“=LEFT(B2,1)”。LEFT 函数有两个参数，第一个参数为需要处理的文本或文本所在的单元格，如 B2；第二个参数为从左侧开始需要提取的字符个数，此处为 1。完成输入后，可以将公式填充到 D 列末尾。与 LEFT 函数类似，从右侧提取字符可以使用 RIGHT 函数，从中间提取字符可以使用 MID 函数。

02 若在 E 列中计算每位员工的工作年限，首先需要获取当前的日期，可以使用 TODAY 函数；然后从当前日期中提取年份的信息，可以使用 YEAR 函数；最后将提取的年份信息和入职年份相减，得到最终的结果。选中单元格 E2，输入公式“=YEAR(TODAY())-C2”，将公式填充到E列末尾，完成效果如图11-7所示。注意，TODAY函数并不需要参数，它返回的是当前系统的日期，因此E列的计算结果并不是固定不变的，而会随时间自动更新。

	A	B	C	D	E
1	业务员	员工编号	入职年份	员工编号开头字母	工作年限
2	刘宇翔	D3577	1998	D	21
3	夏胜东	E4786	2002	E	17
4	何优优	B9579	2004	B	15
5	崔雨祺	A5775	2005	A	14
6	胡明宇	E3657	2002	E	17
7	王金辉	C5515	1998	C	21
8	龚芯蕊	A9548	2006	A	13
9	胡健平	A8617	1998	A	21
10	武睿婕	A4246	1998	A	21
11	胡梓涵	C9241	2001	C	18
12	胡天宇	A8718	1998	A	21
13	孙晓磊	E9708	2008	E	11
14	罗永强	A4178	2010	A	9
15	黄玉婷	A9615	1995	A	24
16	胡美娟	D9045	2000	D	19
17	陈俊杰	E9418	1993	E	26
18	童敏茹	D4975	1999	D	20
19	龚俊熙	E1772	2013	E	6
20	崔嘉豪	E4273	1997	E	22
21	孙浩楠	C3269	2006	C	13

图11-7　使用函数处理文本与日期

11.4　使用函数查找与引用

在Excel中，如果有关联的数据存放在不同的工作表或区域，可以使用查找与引用函数进行关联。

01 在“销售记录”工作表中，每个订单中的产品价格都可以从“产品信息”工作表中根据产品编号进行查询。在原始素材中，价格是手工输入的，效率低而且容易出错，尤其是当某种产品价格需要修改的时候，无法做到批量更新。要解决这个问题，可以使用VLOOKUP函数直接从“产品信息”工作表中查询产品的价格。首先删除“销售记录”工作表中E列的数据，然后选中单元格E2，单击“公式”选项卡>“查找与引用”下拉按钮，单击“VLOOKUP”命令。

02 在弹出的“函数参数”对话框中，如图11-8所示，输入对应的参数，单击“确定”按钮，得到结果，并填充到E列末尾。第一个参数“Lookup_value”为需要查询的内容，它应当可以在第二个参数所划定区域的首列中找到；第二个参数“Table_array”为查询的区域，这里需要使用绝对引用，即在行标和列标前都添加$符号；在第三个参数“Col_index_num”文本框中输入4，代表结果应当返回第4列中的价格数值；在第四个参数“Range_lookup”文本框中输入0，代表精确匹配。

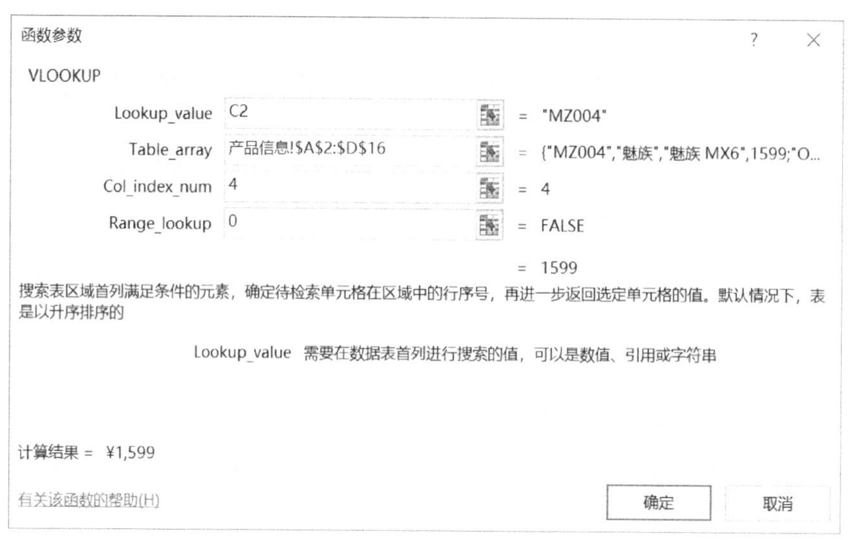

图 11-8 使用 VLOOKUP 函数进行查询

03 在“利润”工作表的单元格 B3 中，要根据“成本”工作表中的数据计算对应产品的利润。首先选中单元格 B3，输入公式“=INDEX(成本!C2:C16,MATCH(B1,成本!A2:A16,0))-INDEX(成本!B2:B16,MATCH(B1,成本!A2:A16,0))”并确认，即可得到结果，如图 11-9 所示。在这个公式中，“MATCH(B1,成本!A2:A16,0)”的含义为，计算单元格 B1 中的产品名称在“成本”工作表的单元格区域 A2:A16 中的位置，参数 0 代表精确匹配。产品名称在 A 列中的排位意味着成本或价格在 B 列和 C 列中的排位，以第一个 INDEX 函数“INDEX(成本!C2:C16,MATCH(B1,成本!A2:A16,0))”为例，它的含义是在 C 列数据中，已知排名，返回对应的数值。

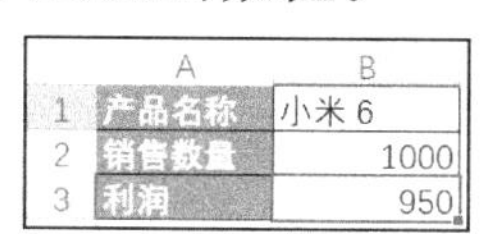

	A	B
1	产品名称	小米 6
2	销售数量	1000
3	利润	950

图 11-9 使用 MATCH 函数和 INDEX 函数组合进行查询

11.5 使用函数进行财务与金融计算

如果购买手机需要分期付款，那么在贷款利率和贷款期限都确定的情况下，如何计算每月的还贷金额呢？在 Excel 中可以使用 PMT 函数进行计算。

01 在“贷款计算”工作表中选中单元格 E5。

02 单击“公式”选项卡>“财务”下拉按钮，单击“PMT”命令，在弹出的“函数参数”对话框中，如图 11-10 所示，输入对应的参数。需要注意的是，第一个参数“Rate”为利率，第二个参数“Nper”为贷款期限，都是以年为单位进行计算的，因此要使用公式将其转换为年；第三个参数“Pv”为贷款金额，第四个参数“Fv”保持为空即可；第五个参数“Type”为 0，意味着在月末付款，为 1 则在月初付款。

函数参数

PMT

Rate E2/12 = 0.00375

Nper E4*12 = 36

Pv B4 = 7698.9

Fv = 数值

Type 0 = 0

= -229.0185969

计算在固定利率下，贷款的等额分期偿还额

Rate 各期利率。例如，当利率为 6% 时，使用 6%/4 计算一个季度的还款额

计算结果 = ¥-229.02

有关该函数的帮助(H)

确定 取消

图 11-10 使用 PMT 函数计算每月还贷金额

03 如果希望最终的计算结果显示为正数，可以在 PMT 函数的第 3 个参数“Pv”文本框中的“B4”前添加一个负号。

11.6 使用 Power Query 对数据进行转换和清洗

在 Excel 2016 中，集成了最新的 Power BI 模块。Power BI 模块由 Power Query、Power Pivot、Power View 和 Power Map 四部分组成。本节以最常用的 Power Query 为例进行介绍。Power Query 的主要功能为对数据做预处理，即在对数据进行分析前，对数据进行清洗、转换与合并等一系列操作。本例要从日期数据中提取星期的信息及从产品编号提取其中的字母，这个功能使用 Excel 的函数也可以完成，但使用 Power Query 更为简便。

01 在“销售记录”工作表中，选定单元格区域 A1:J1039，如图 11-11 所示，单击“数据”选项卡>“获取和转换”组>“从表格”命令。

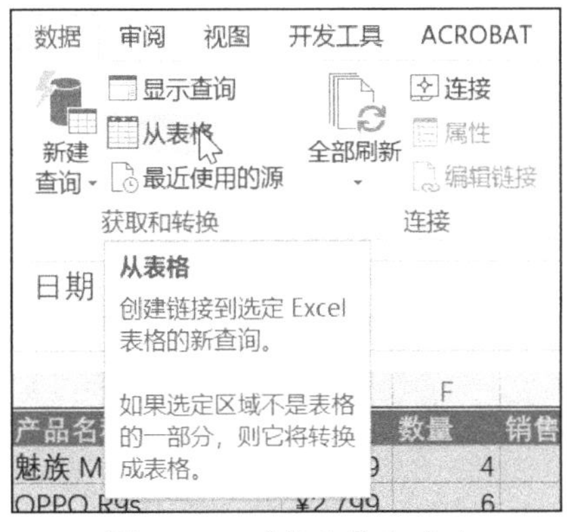

图 11-11 “从表格”命令

02 在弹出的“创建表”对话框中，直接单击“确定”按钮。

03 在弹出的“Power Query 编辑器”窗口中，如图 11-12 所示，选择“日期”列，单击“添加列”选项卡>“从日期和时间”组>“日期”下拉按钮，在菜单中单击“天”命令，在级联菜单中单击“星期几”命令。

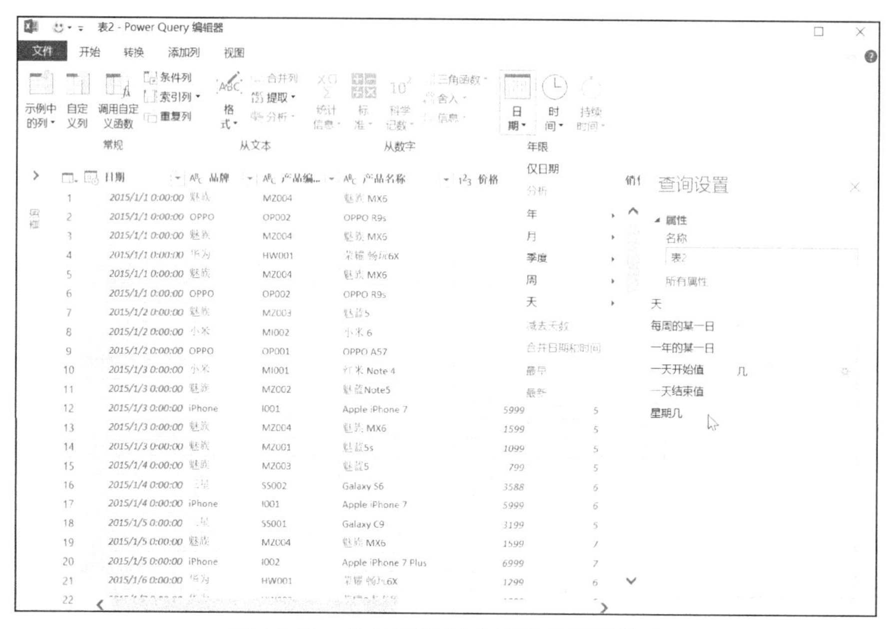

图 11-12　从日期数据中提取星期几信息

04 单击“添加列”选项卡>“常规”组>“自定义列”命令。

05 在弹出的“自定义列”对话框中，如图 11-13 所示，将新列的名称设置为“产品编号-字母”，在“自定义列公式”文本框中，输入公式“=Text.Remove([产品编号],{"0".."9"})”，单击“确定”按钮。

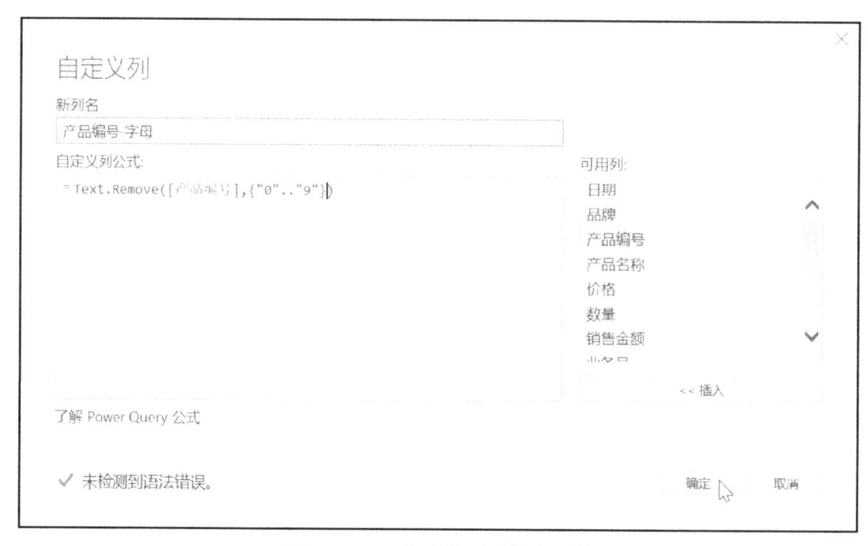

图 11-13　在查询中使用函数

06 在查询的最右侧，如图 11-14 所示，会出现两个新列，分别从原有数据中提取了星期几的信息和产品编号中的字母信息。

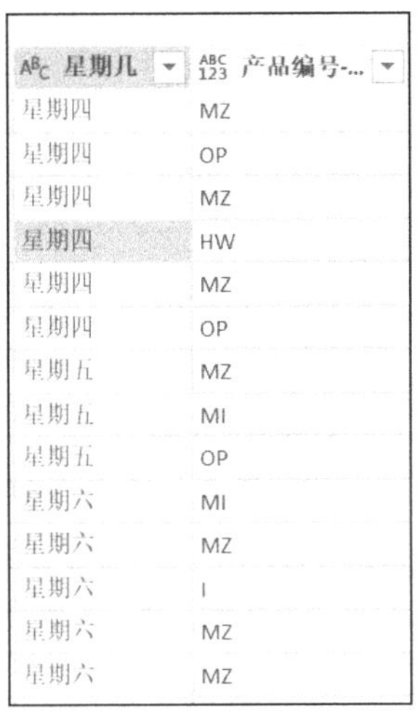

星期几	产品编号-...
星期四	MZ
星期四	OP
星期四	MZ
星期四	HW
星期四	MZ
星期四	OP
星期五	MZ
星期五	MI
星期五	OP
星期六	MI
星期六	MZ
星期六	I
星期六	MZ
星期六	MZ

图 11-14 新建列效果

07 要将使用查询工具处理后的数据加载回工作表，可以单击“开始”选项卡>“关闭”组>“关闭并上载”下拉按钮，在菜单中单击“关闭并上载至”命令。

08 在弹出的“加载到”对话框中，如图 11-15 所示，选择应上载数据的位置为“新建工作表”，单击“加载”按钮，可以将数据加载到 Excel 一张新建的工作表中。

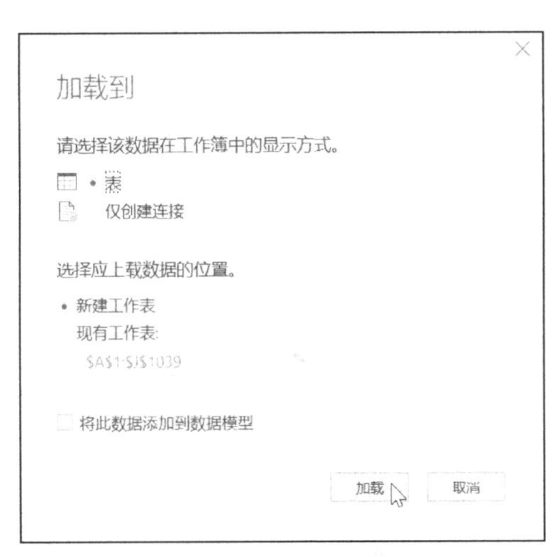

图 11-15 加载查询结果到新工作表中

11.7 课后习题

1. 在“会员抽样调查”工作表的单元格 H13 中输入公式，根据“年龄”列的值，使用 Excel 函数计算会员平均年龄。

2. 在“会员抽样调查”工作表的单元格 H13 和 H14 中分别输入公式，使用 Excel 函数计算“年龄”列中的最大值和最小值。

3. 在“图书销售”工作表的“销售情况”列中，创建显示以下内容的公式：若合计销量大于等于 200 000，则显示“畅销书”；若合计销量低于 200 000，则显示“ 一般”。

4. 在“年度销售汇总”工作表的“姓名”中插入函数，以将员工的姓名连接起来，以空格分隔。示例：李东阳。

5. 在 C 列中添加函数，以大写字母的形式显示 B 列中的地名。

6. 在 C 列中添加函数，显示 B 列中的地名，仅首字母大写。

7. 在 C 列中添加函数，返回 B 列地名最左侧的 2 个字。

8. 在“Office 课程学习情况”工作表上，在 E 列中添加公式，使用 AND 函数，在学习者参加所有三个课程时显示 TRUE，否则显示 FALSE。

9. 在“选修课参加情况”工作表的单元格区域 D2:D57 中，创建公式显示考生是否参加了选修课。如果参加了，显示“已参加”，否则显示“未参加”。

10. 在“会员信息”工作表上的 E 列中，插入公式，在会员学习课时数超出免费额度的时候，显示 TRUE，否则显示 FALSE。公式必须使用 AND 函数和 OR 函数。

11. 在“1-2 月销售数据”工作表的 G 列中，插入公式，如果目的地为柏林或维也纳，并且产品为“手机”，显示“费率 1”，否则显示“费率 2”。

12. 在“图书销售”工作表上的单元格 K2 中，使用公式计算 6 月售出超过 35 000 本的“文学”类书籍的品种数。

13. 在“会员学习时长”工作表上的单元格区域 G8:H10 中，使用条件平均函数计算不同等级、不同性别会员的平均学习课时数。

14. 在“销售记录”工作表的单元格 L2 中，计算所有在国贸分店以大于¥3 500 的价格售出的手机数量。

15. 在“物流信息系统”工作表上的单元格 B5 中，使用单个函数显示在“课程-讲师”工作表上负责“物流信息系统”课程的人名。

16. 在“销售记录”工作表的 D 列中，添加使用单一函数的公式，针对“销售记录”工作表 C 列中的产品编号，在“产品编号”工作表中查找对应的产品名称。

17. 项目利润的计算公式为：（价格–可变成本）× 销售量–固定成本。“固定成本”、“价格”和“可变成本”的值位于“投资项目列表”工作表上。在“利润预测”工作表上的单元格 B4 中添加公式，使用 INDEX 函数检索“固定成本”、“价格”和“可变成本”的值，并计算“项目利润”。

18. 在“销售记录”工作表的单元格 G1 中，使用函数添加当前日期和时间。

19. 在“会员列表”工作表的 F 列中，插入使用函数的公式，显示每个会员的年龄（当前年份与出生年份之差）。

20. 在“图书销售”工作表上，将单元格区域 D3:F39 命名为“季度 1”，范围为工作簿。删除名为“销售量”的名称。

21．在“会员抽样调查”工作表上，修改表名称为“会员列表”。

22．在“ABC 电脑销售统计”工作表上，追踪在公式中直接或间接引用了单元格 D3 值的所有单元格。

23．在“销售记录”工作表上，将单元格 G1040 的值添加到监视窗口中。

24．在“贷款计算”工作表的单元格 E7 中，添加公式计算每月还贷金额，假定付款日期为月末，从本金中减去“首付款”金额。

25．在“按年份和车型统计”工作表的单元格 F3 中，添加使用多维数据集函数和数据模型的公式，检索 2017 年最畅销的电动汽车车型。

26．在“会员信息”工作表上，从单元格 A1 开始，使用查询从“文档”文件夹中的“会员数据.xlsx”工作簿加载数据，仅包含“姓名”、“学习课时数”和“会员等级”列。

27．在“项目分析”工作表上，使用 Excel 预测功能计算项目 1 的“价格”，使得“盈亏平衡点”的值为 4 200。

使用图表可视化数据
——探索年龄、身高和鞋码的关系

任务背景

你是某医疗机构的工作人员，现在要使用抽样数据，分析未成年人年龄、身高和鞋码等因素之间的关系。

任务分析

在这个任务中，要使用图表展示不同性别的未成年人身高与年龄的关系，对于时间序列，可以使用折线图。接着要分析身高和鞋码的关系，在要分析自变量和因变量之间关系的时候，通常使用散点图。最后要使用统计图表分析身高的分布情况。

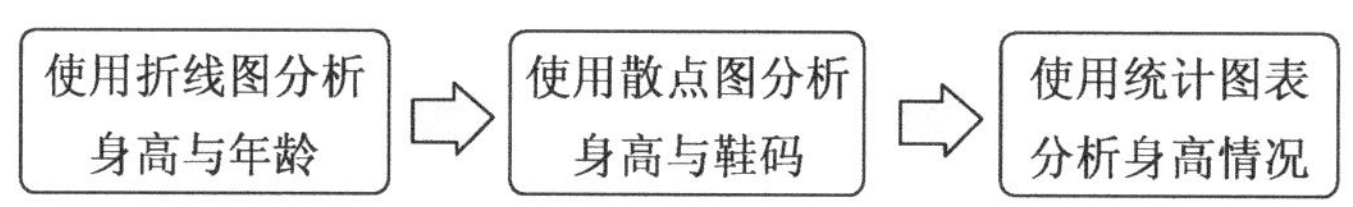

本任务涉及的技能点包括创建图表、设置图表样式、修改图表元素、使用趋势线进行预测等。

案例素材

发育情况调查.xlsx。

实现步骤

12.1　使用折线图分析身高与年龄

在本任务中要创建折线图，分析随着年龄的增长身高的增长情况，并比较不同性别的身高差异。

01 在“年龄与身高”工作表，如图 12-1 所示，选择数据区域任一单元格，单击“插入”选项卡>“图表”组>“插入折线图或面积图”下拉按钮，在菜单中单击“带数据标记的折线图”。

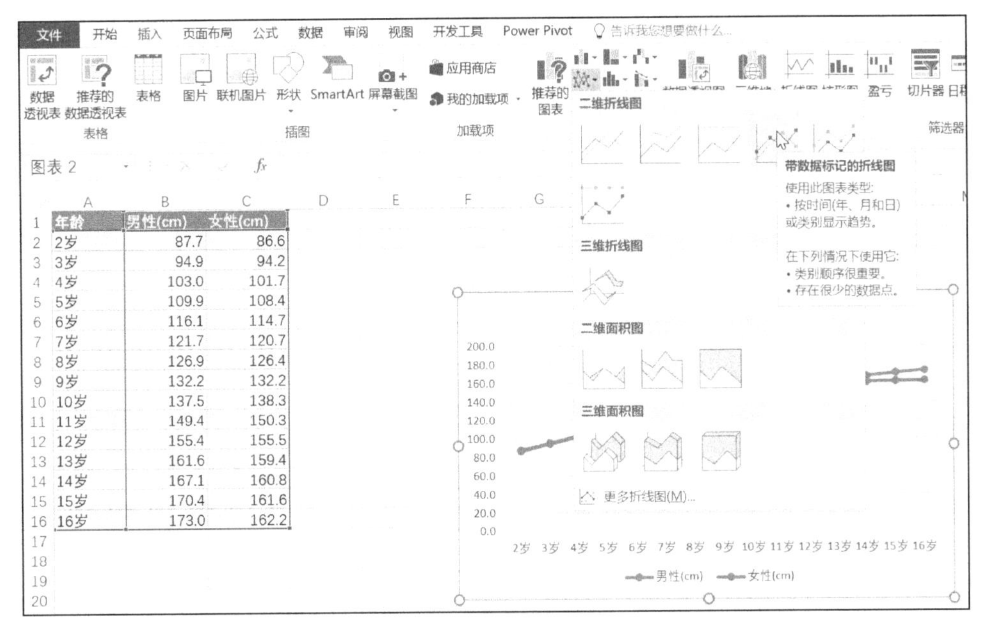

图 12-1 插入折线图

02 双击图表的纵坐标轴，如图 12-2 所示，在窗口右侧会出现“设置坐标轴格式”任务窗格，将坐标轴的边界“最大值”和“最小值”分别设置为“180”和“80”，主要单位设置为“20”。

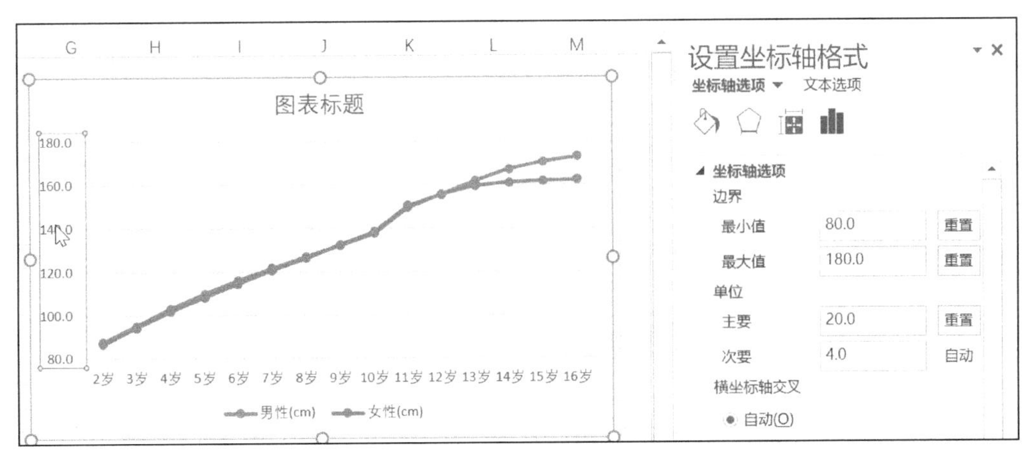

图 12-2 修改坐标轴刻度

03 右键单击男性数据系列，在弹出的快捷菜单中单击“设置数据系列格式”命令，如图 12-3 所示，在窗口右侧出现“设置数据系列格式”任务窗格，切换到“填充与线条”标签>“标记”组，选择内置数据标记选项，“类型”为“圆圈”，“大小”为“6”；在“填充”区域选择“纯色填充”单选按钮，将“颜色”设置为“白色，背景 1”。

04 右键单击女性数据系列，在弹出的快捷菜单中单击“设置数据系列格式”命令，如图 12-4 所示，在窗口右侧出现“设置数据系列格式”任务窗格，切换到“填充与线条”标签>“线条”组，选择实线线条，“颜色”为“橙色，个性色 2”，“宽度”为“1.5 磅”，“短画线类型”[①]为“短画线”；接着切换到“标记”组，在“数据标记选项”区域选择“无”单选按钮。

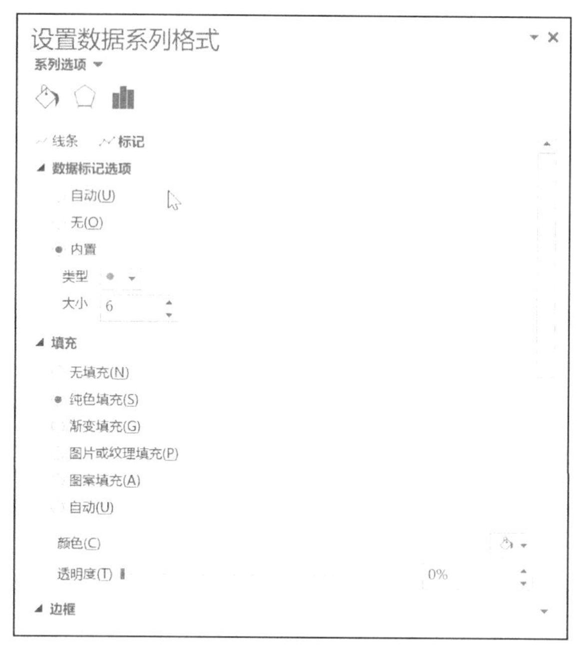

图 12-3　设置男性数据系列

图 12-4　设置女性数据系列

① 软件图中“短划线”的正确写法应为“短画线”。

05 选中男性数据系列，如图 12-5 所示，单击鼠标右键，在弹出的快捷菜单中单击“添加数据标签”命令，在级联菜单中单击“添加数据标签”命令。

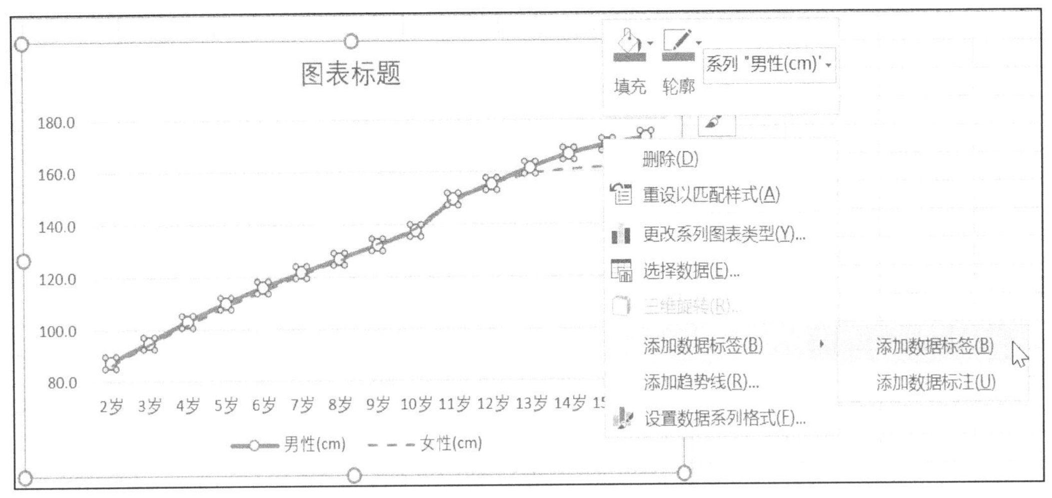

图 12-5 添加数据标签

06 选中数据标签，单击鼠标右键，在弹出的快捷菜单中单击“设置数据标签格式”命令，如图 12-6 所示，在窗口右侧会出现“设置数据标签格式”任务窗格，将“标签位置”修改为“靠上”。

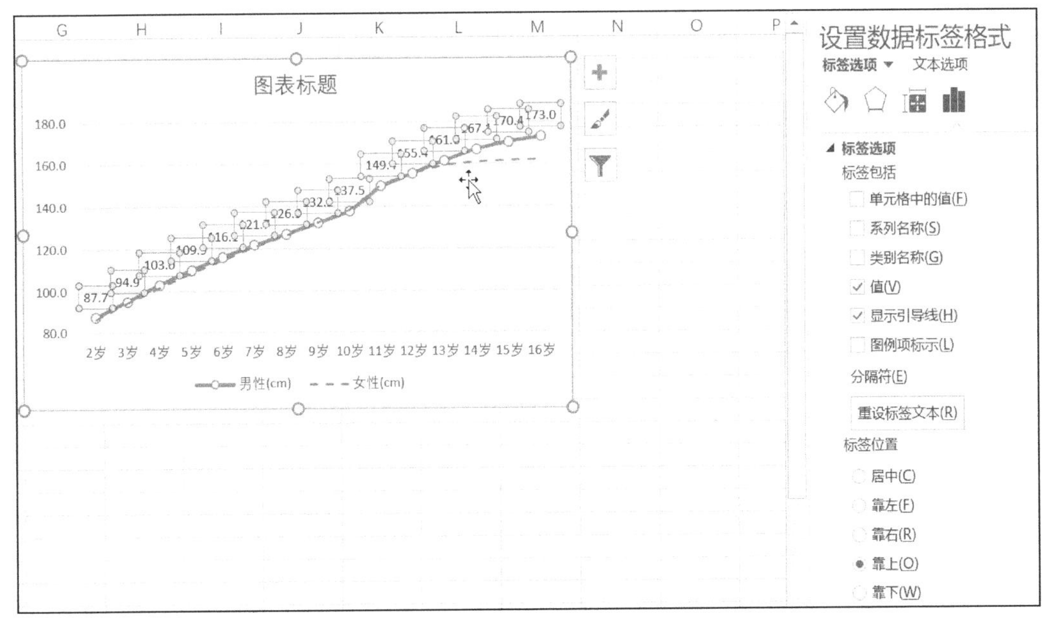

图 12-6 设置数据标签格式

07 分别选中图表标题和网格线，按 Delete 键将其删除，完成效果如图 12-7 所示。可以看到随着年龄的增高，不管男性还是女性，身高都在增长，但大约从 13 岁左右，男性身高明显超过了女性身高。

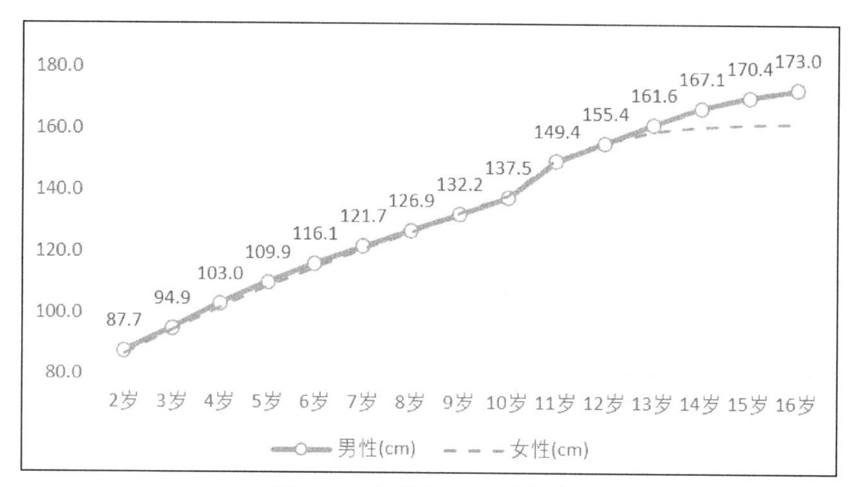

图 12-7　年龄与身高图表效果

12.2　使用散点图分析身高与鞋码

在本任务中要使用散点图分析身高与鞋码的关系，并添加趋势线进行定量分析。

01 在“鞋码与身高”工作表中选中“高度（cm）”和“鞋码”两列数据区域，单击“插入”选项卡>“图表”组>“插入散点图（X、Y）或气泡图”下拉按钮，在菜单中单击“散点图”。

02 双击图表的垂直轴，如图 12-8 所示，在窗口右侧出现“设置坐标轴格式”任务窗格，设置坐标轴的边界“最小值”为“30”，“最大值”为“45”，主要单位为“5”。

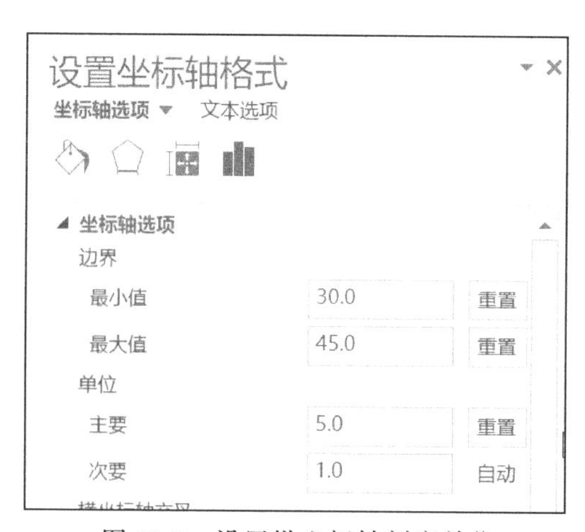

图 12-8　设置纵坐标轴刻度单位

03 双击图表的平行轴，如图 12-9 所示，在窗口右侧出现“设置坐标轴格式”任务窗格，设置坐标轴的边界“最小值”为“145”，“最大值”为“185”，主要单位为“5”。

图 12-9　设置横坐标轴刻度单位

04 如图 12-10 所示，将图表标题修改为“鞋码与身高”，单击图表外侧右上方的加号图标，在菜单中单击“坐标轴标题”右侧的三角，在级联菜单中勾选“主要横坐标轴”和“主要纵坐标轴”复选框。

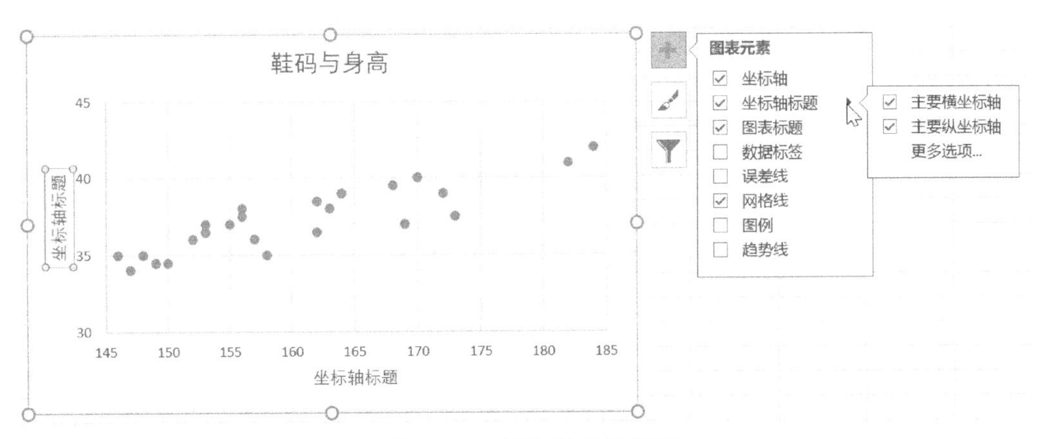

图 12-10　添加坐标轴标题

05 在图表的左侧和底端分别出现了对应的坐标轴标题文本框，分别填入文本“鞋码”和“身高”。

06 单击图表外侧右上方的加号图标，在菜单中单击“趋势线”右侧的三角，在级联菜单中单击“更多选项”命令。

07 如图 12-11 所示，在窗口右侧出现“设置趋势线格式”任务窗格，选择趋势线选项为“线性”，勾选“显示公式”和“显示 R 平方值”复选框。

08 完成效果如图 12-12 所示，在趋势线上方可以看到公式“y=0.1745x+9.2725”，这个公式是趋势线的轨迹方程，输入 x（身高）值，求得的 y 值就是鞋码的期望值。R^2 代表身高和鞋码的相关关系，此值范围在 0～1 之间，如果更接近于 1 就说明两个变量之间有较强的相关性。

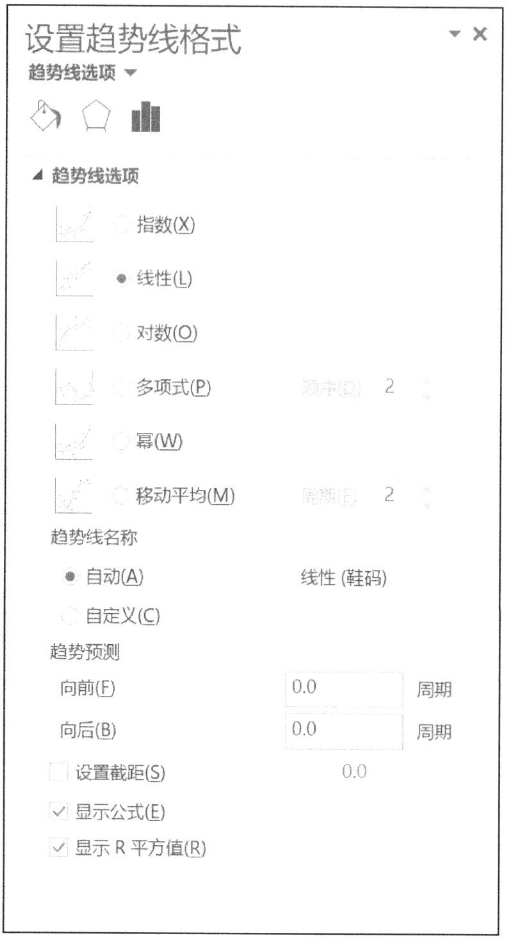

设置趋势线格式

趋势线选项

趋势线选项

指数(X)

线性(L)

对数(O)

多项式(P) 顺序(D) 2

幂(W)

移动平均(M) 周期(E) 2

趋势线名称

自动(A) 线性 (鞋码)

自定义(C)

趋势预测

向前(F) 0.0 周期

向后(B) 0.0 周期

设置截距(S) 0.0

显示公式(E)

显示 R 平方值(R)

图 12-11 设置趋势线选项

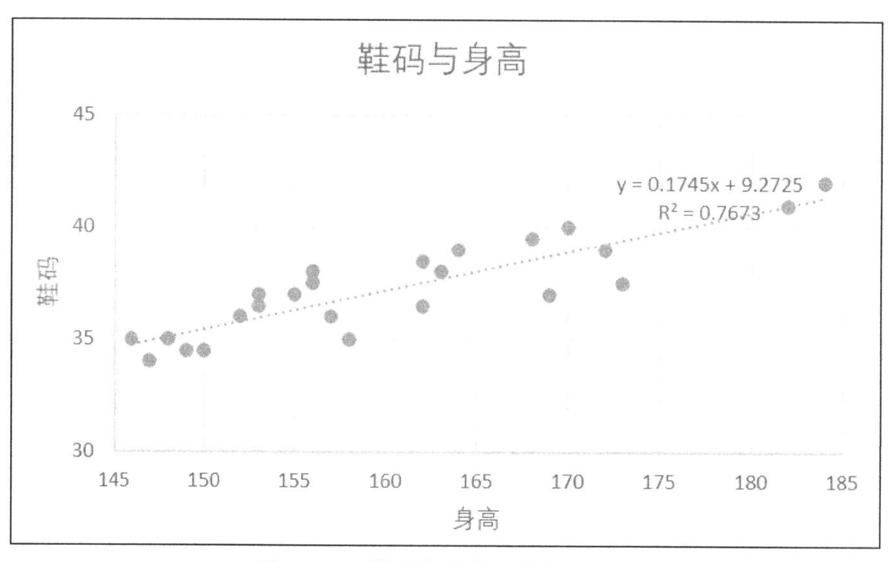

图 12-12 鞋码与身高图表完成效果

12.3 使用统计图表分析身高分布情况

直方图和箱型图是在进行统计分析时常用的两类图表，主要用于分析数据的分布情况。在之前的 Excel 版本中创建这两类图表是比较复杂的，从 Excel 2016 开始，这两类图表已经成为预设图表，可以直接调用。

01 在“统计图表”工作表中，选中“身高”列的标题及下方的数据，单击“插入”选项卡>“图表”组>“插入统计图表”下拉按钮，在菜单中单击“直方图”系列中的“直方图”，如图 12-13 所示。

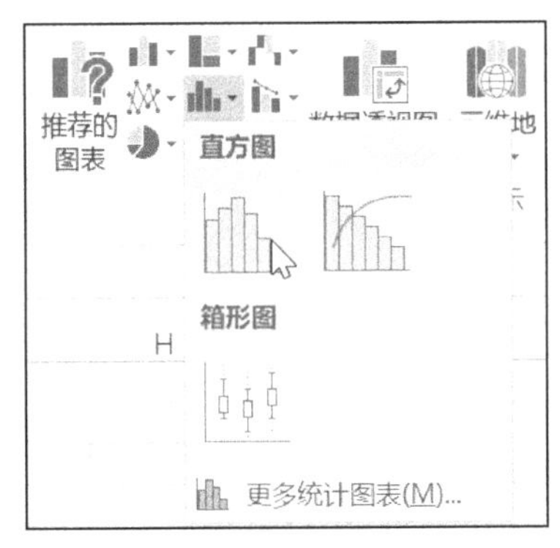

图 12-13 插入直方图

02 在“图表工具：设计”选项卡中为直方图应用恰当的样式，删除图表标题，完成效果如图 12-14 所示。通过直方图可以看出，身高呈正态分布，平均身高大约在 155 厘米。

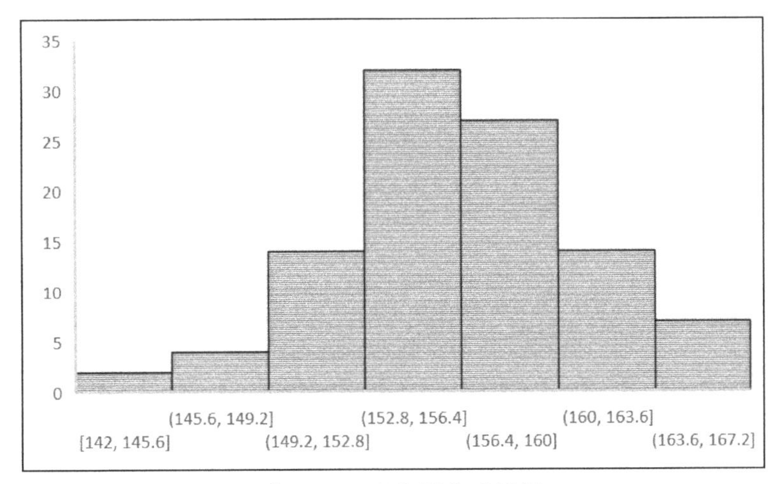

图 12-14 直方图完成效果

03 在“统计图表”工作表中，选中“身高”列的标题及下方的数据，单击“插入”选项卡>“图表”组>“插入统计图表”下拉按钮，在菜单中单击“直方图”系列中的“排列图”。

04 在“图表工具：设计”选项卡中为直方图应用恰当的样式，删除图表标题。双击水平轴，如图 12-15 所示，在窗口右侧会出现“设置坐标轴格式”任务窗格，选择“箱数”单选按钮，在右侧文本框中输入“10”，按 Enter 键确认。

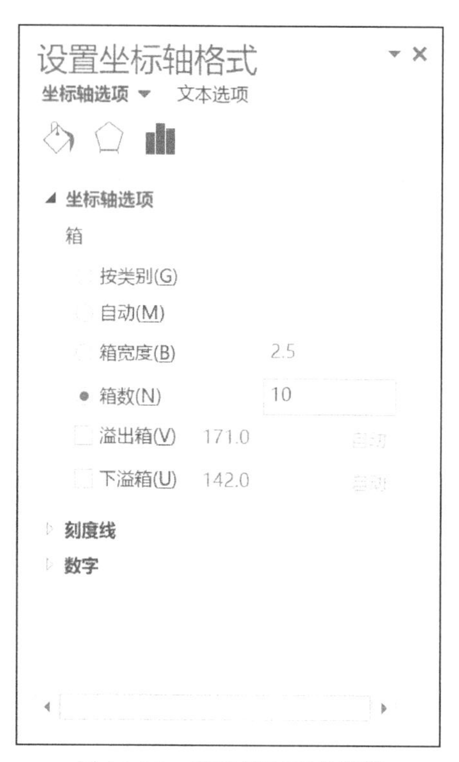

图 12-15　调整排列图的箱数

05 完成效果如图 12-16 所示，数据被分为 10 组，并且按照每组的人数从多到少降序排序，折线则显示累计百分比。

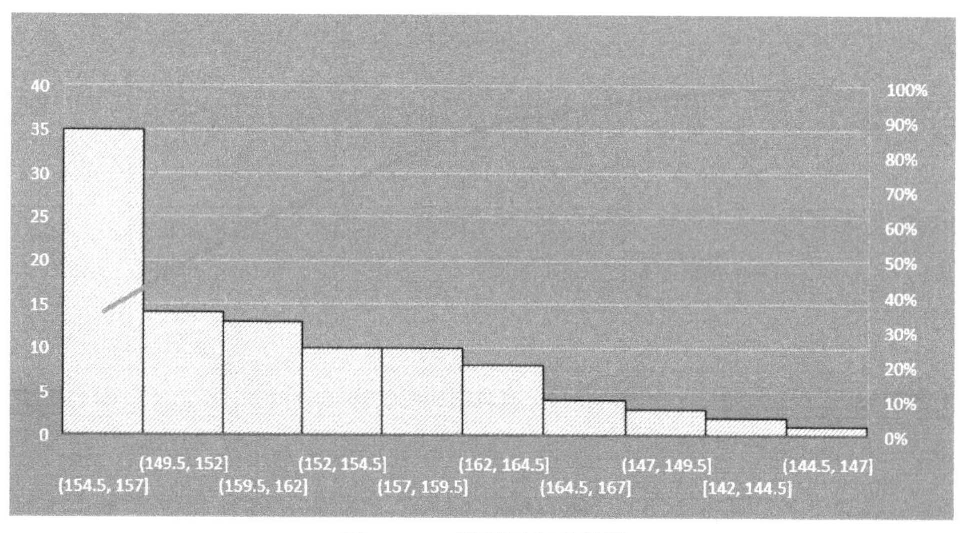

图 12-16　排列图完成效果

06 在“统计图表”工作表中，选中“身高”列的标题及下方的数据，单击“插入”选项卡>“图表”组>“插入统计图表”下拉按钮，在菜单中单击“箱形图”。

07 如图 12-17 所示，单击“图表工具：设计”选项卡>“添加图表元素”下拉按钮，在菜单中单击“数据标签”命令，在级联菜单中单击“右对齐”命令，为图表添加数据标签。

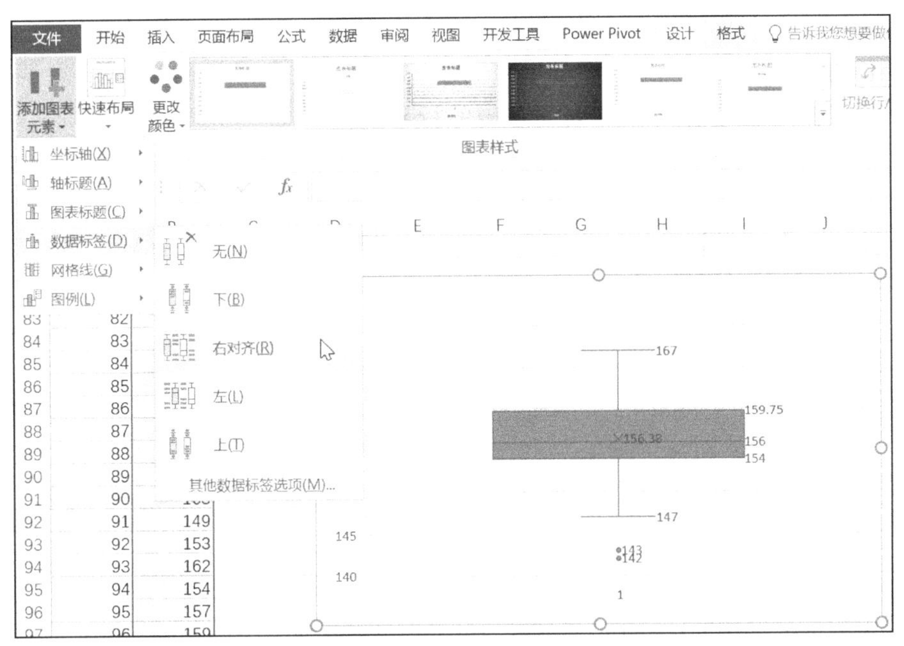

图 12-17 为图表添加数据标签

08 删除图表标题和水平轴标签，将垂直轴的刻度调整为 140～170，完成效果如图 12-18 所示。图表的含义是：最大值和最小值为 167 和 147（142 和 143 为极端值），平均值为 156.38，中位数为 156，上下四分位数分别为 159.75 和 154，即所有身高的数据中，有 75%的人在 154～159.75 范围内。

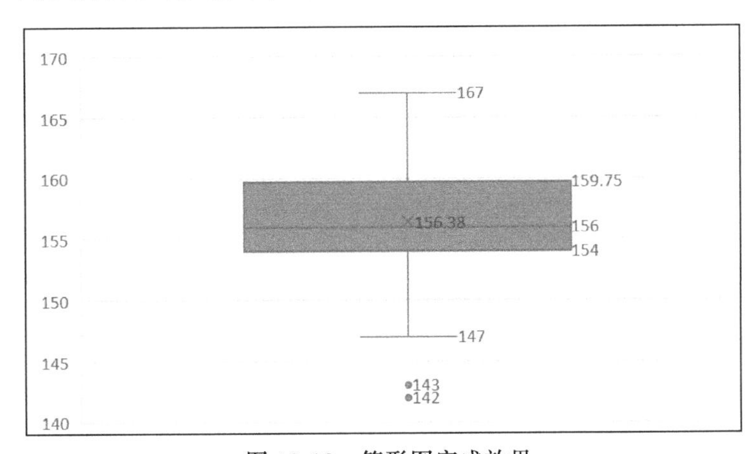

图 12-18 箱形图完成效果

12.4 课后习题

1. 在数据下方，使用“分店”和“总计”列中的数据创建三维饼图。使用第一季度销售数据插入堆积柱形图，该图显示每个分店 1～3 月的销售额，分店显示在水平轴上，月份显示为图例。使用“第一季度销售额”作为图标题，放在三维饼图右侧。

2. 将单元格区域 C10:N10 添加到“全年销售统计”图表中，将此序列命名为“平均销售额”。

3. 切换“销售汇总”工作表中图表的行和列。

4. 在“销售汇总”工作表中，插入排列图，以描述仅王府井分店 1～12 月的销售分布。将图表标题更改为“王府井分店全年销售情况”。

5. 为垂直轴添加轴标题，内容为“鞋码”；为水平轴添加轴标题，内容为“身高”；将图表移动到名为“相关性分析”的工作表上。

6. 对饼图应用“布局 6”和“样式 10”。

7. 在图表底部显示标识数据序列的图例。

8. 将“图片”文件夹的“手机.png”图片添加到图表右侧，并适当调整其大小。

9. 将工作表中的图像旋转更改为 0°，重新调整其尺寸，使其仅覆盖单元格区域 K14:N28。

10. 对图片应用“小纸屑”图案填充。

单元 13

数据透视分析
——食品销售数据分析

任务背景

你是某食品销售企业负责人，现在要对企业的销售数据、产品数据和客户数据进行综合分析，从而支持未来决策。

任务分析

要完成本任务，使用简单的图表和公式已经无法满足需求，数据透视表则是最佳的选择。在 Excel 2016 中，除了可以通过单独的数据源创建数据透视表，还可以使用 Power Pivot 从多个不同的数据源进行数据透视分析。

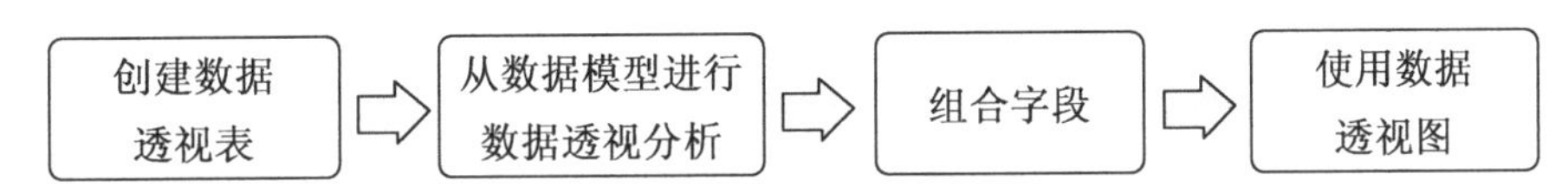

本项目涉及的技能点包含数据透视表、数据透视图及数据模型。

案例素材

食品销售数据.xlsx。

实现步骤

13.1 创建数据透视表

数据透视表是快速汇总大量数据的有效工具，本任务需要使用数据透视表分析不同地区和城市客户的比例。

01 选定“客户信息”工作表中任意一个存放数据的单元格，单击“插入”选项卡>“表格”组>“数据透视表”命令。

02 在弹出的“创建数据透视表”对话框中，直接单击“确定”按钮，会出现一个新的工作表，数据透视表将创建于此，双击工作表标签，修改名称为“客户地区分析”。

03 如图 13-1 所示，在窗口右侧出现“数据透视表字段”任务窗格，如果没有出现此任务窗格，可以单击“数据透视表工具：分析”选项卡>“显示”组>“字段列表”命令将其调出。将上方字段列表中的“地区”字段拖曳到下方的“行”区域，将“客户名称”字段拖曳到“值”区域，因为客户名称为文本类型数据，所以汇总方式默认为计数。拖曳完成后，在左侧工作表区域可以看到每个地区的客户数量。

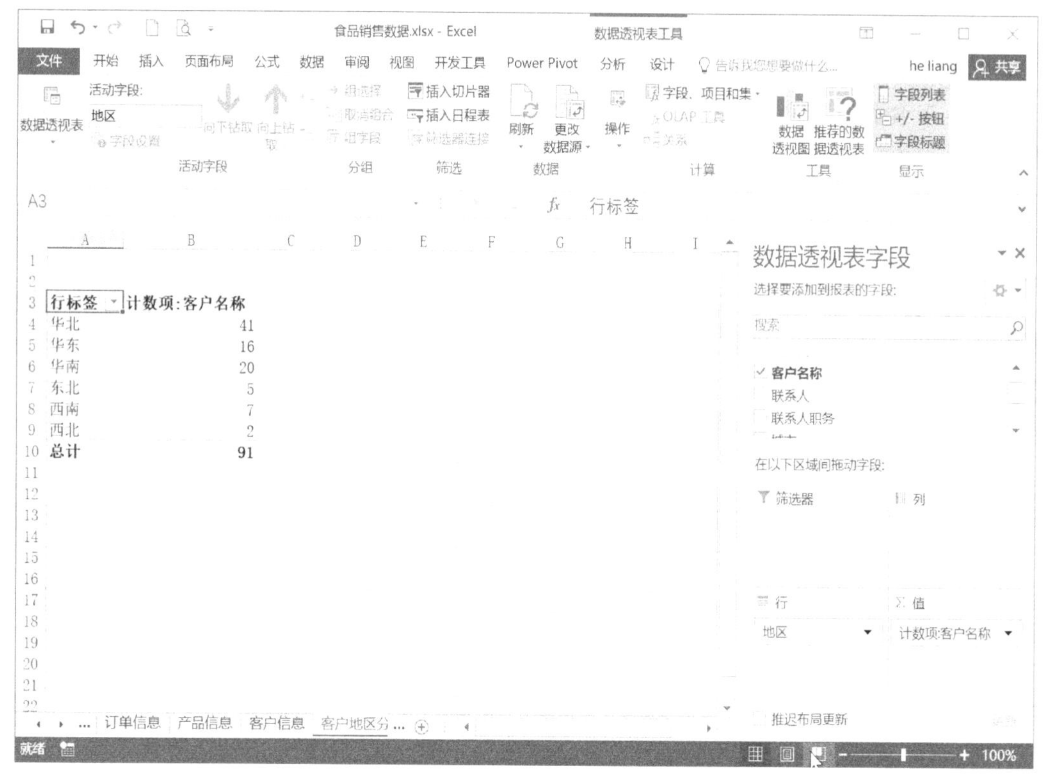

图 13-1　创建数据透视表

04 若希望看到每个地区的客户占总客户数量的百分比，则可以再次将“客户名称”字段拖曳到下方“值”区域，如图 13-2 所示，此时会在该区域出现“计数项:客户名称 2”，单击该汇总字段，在弹出的快捷菜单中，单击“值字段设置”命令。

05 弹出“值字段设置”对话框，设置“自定义名称”为“占总计百分比”，在下方切换到“值显示方式”标签，将“值显示方式”修改为“总计的百分比”，单击“确定”按钮。

06 完成效果如图 13-4 所示，可以看到每个地区的客户数量和百分比。

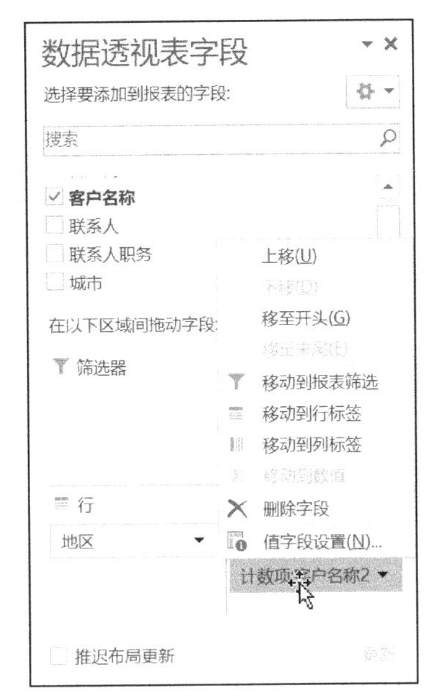

图 13-2　设置值字段

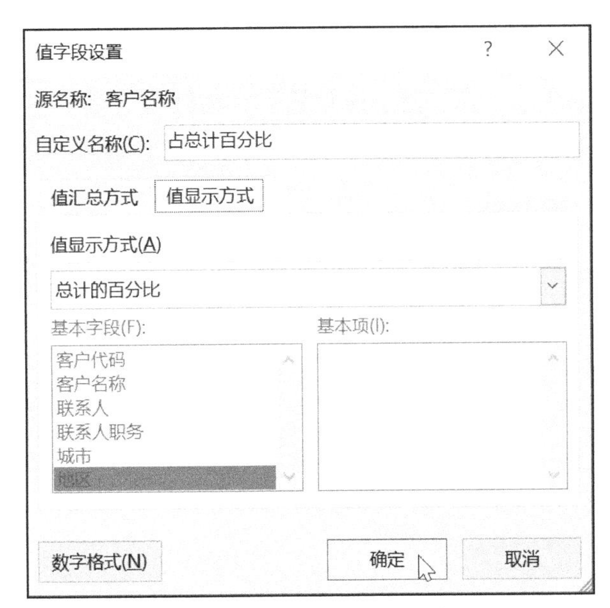

图 13-3　设置值显示方式

	A	B	C
1			
2			
3	**行标签**	**计数项:客户名称**	**占总计百分比**
4	华北	41	45.05%
5	华东	16	17.58%
6	华南	20	21.98%
7	东北	5	5.49%
8	西南	7	7.69%
9	西北	2	2.20%
10	**总计**	**91**	**100.00%**

图 13-4　按地区统计客户数量和百分比完成效果

07 若查看每个地区不同城市的客户数量，如图 13-5 所示，在右侧“数据透视表字段”任务窗格中，将“城市”字段拖曳到下方“行”区域“地区”字段的下方，在左侧会出现每个地区不同城市客户的数量和百分比。

行标签	计数项:客户名称	占总计百分比
- 华北	41	45.05%
北京	3	3.30%
秦皇岛	3	3.30%
石家庄	6	6.59%
天津	26	28.57%
张家口	3	3.30%
- 华东	16	17.58%
常州	4	4.40%
南昌	1	1.10%
南京	7	7.69%
青岛	2	2.20%
上海	1	1.10%
温州	1	1.10%
- 华南	20	21.98%
海口	3	3.30%
厦门	3	3.30%
深圳	14	15.38%
- 东北	5	5.49%

数据透视表字段
选择要添加到报表的字段:
搜索
✓ 客户名称
联系人
联系人职务
✓ 城市
在以下区域间拖动字段:
筛选器 | 列
数值
行 | 值
地区 | 计数项:客户名称
城市 | 占总计百分比

图 13-5　查看每个地区不同城市的客户数量

08 在上一步骤中所计算出的每个城市的百分比，为该城市占所有地区的百分比，如果希望显示该城市占所属地区的百分比，可以再次将“客户名称”字段拖曳到“值”区域，单击该汇总字段，在弹出的快捷菜单中，单击“值字段设置”命令，如图 13-6 所示，在“值字段设置”对话框中，将“自定义名称”修改为“占本地区百分比”，设置“值显示方式”为“父行汇总的百分比”。

图 13-6　设置值显示方式为父行汇总百分比

09 在“数据透视表工具：设计”选项卡中可以修改数据透视表的样式和布局，单击“报表布局”下拉按钮，在菜单中单击“以表格形式显示”命令，数据透视表的“地区”字段和“城市”字段分为 2 列显示。

10 单击“数据透视表工具：分析”选项卡>“选项”下拉按钮，在菜单中单击“选项”命令。

11 在弹出的“数据透视表选项”对话框中，如图 13-7 所示，切换到“布局和格式”标签，勾选“合并且居中排列带标签的单元格”复选框，单击“确定”按钮。

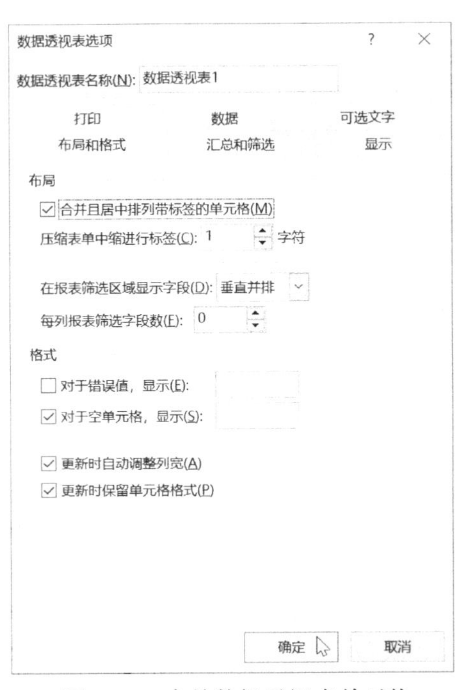

图 13-7 合并数据透视表单元格

12 最终的完成效果如图 13-8 所示。在“数据透视表选项”对话框中还可以做更多的设置。例如，在“数据”标签，如果勾选“打开文件时刷新数据”复选框，那么当数据透视表数据源中的数据发生变化时，数据透视表每次打开都会自动进行更新。

地区	城市	计数项:客户名称	占总计百分比	占本地区百分比
华北	北京	3	3.30%	7.32%
	秦皇岛	3	3.30%	7.32%
	石家庄	6	6.59%	14.63%
	天津	26	28.57%	63.41%
	张家口	3	3.30%	7.32%
华北 汇总		**41**	**45.05%**	**45.05%**
华东	常州	4	4.40%	25.00%
	南昌	1	1.10%	6.25%
	南京	7	7.69%	43.75%
	青岛	2	2.20%	12.50%
	上海	1	1.10%	6.25%
	温州	1	1.10%	6.25%
华东 汇总		**16**	**17.58%**	**17.58%**
华南	海口	3	3.30%	15.00%
	厦门	3	3.30%	15.00%
	深圳	14	15.38%	70.00%
华南 汇总		**20**	**21.98%**	**21.98%**

图 13-8 不同地区和城市客户数量及百分比统计最终完成效果

13.2 从数据模型进行数据透视分析

如果 Excel 中的数据位于不同的工作表，在 Excel 2016 之前版本中，只有先使用如 VLOOKUP 函数在多表间进行匹配，将所有需要的数据都关联到一个工作表中，才可以使用数据透视表进行分析。而在 Excel 2016 中，使用 Power Pivot 数据模型功能可以直接对多个工作表进行联合分析。

01 单击“文件”后台视图>“选项”按钮，打开“Excel 选项”对话框。

02 如图 13-9 所示，在左侧导航区选择“加载项”，在右侧“管理”下拉列表中选择“COM 加载项”，单击“转到”按钮。

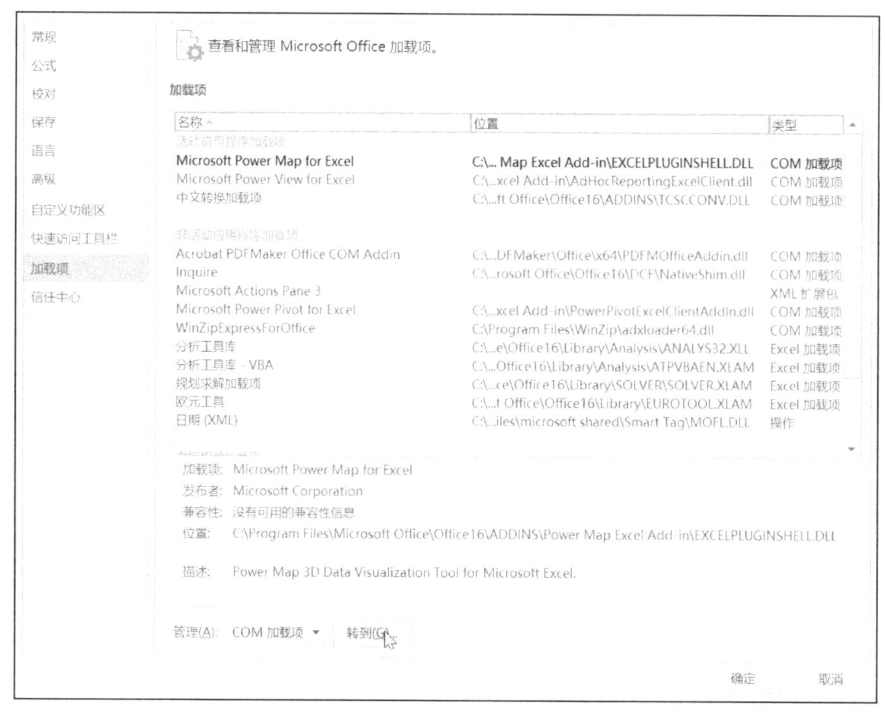

图 13-9　管理 Excel 加载项

03 弹出“COM 加载项”对话框，如图 13-10 所示，勾选“Microsoft Power Pivot for Excel”复选框，单击“确定”按钮。此时在功能区会出现“Power Pivot”选项卡。

04 切换到“订单明细”选项卡，单击“Power Pivot”选项卡>“表格”组>“添加到数据模型”命令，在弹出的“创建表”对话框中，勾选“表包含标题”复选框，单击“确定”按钮，如图 13-11 所示。

05 使用相同的方法，将“订单信息”、“产品信息”和“客户信息”工作表中的数据都添加到数据模型中。右键单击下方标签，修改其名称，将“表 1”到“表 4”依次修改为“订单明细”、“订单信息”、“产品信息”和“客户信息”。完成效果如图 13-12 所示。

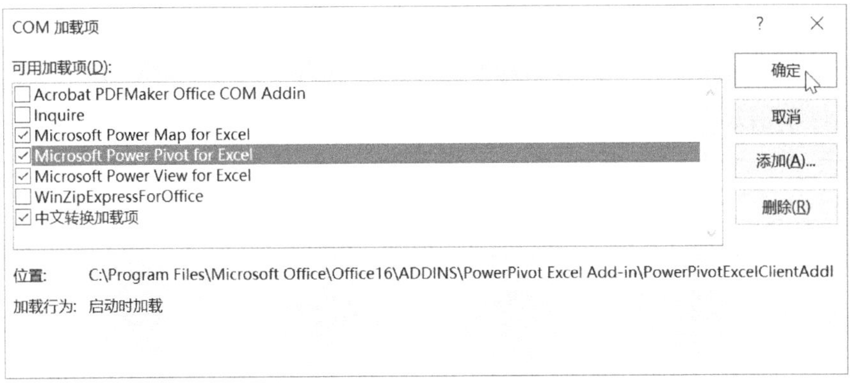

COM 加载项

可用加载项(D):

- Acrobat PDFMaker Office COM Addin
- Inquire
- ☑ Microsoft Power Map for Excel
- ☑ Microsoft Power Pivot for Excel
- ☑ Microsoft Power View for Excel
- WinZipExpressForOffice
- ☑ 中文转换加载项

确定 取消 添加(A)... 删除(R)

位置: C:\Program Files\Microsoft Office\Office16\ADDINS\PowerPivot Excel Add-in\PowerPivotExcelClientAddI

加载行为: 启动时加载

图 13-10 启动 Power Pivot 数据模型功能

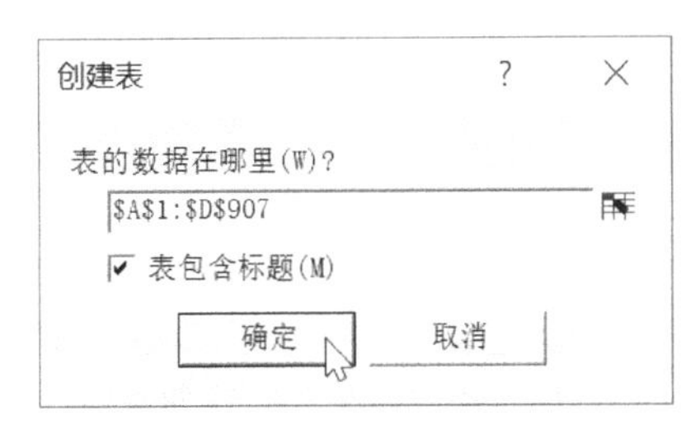

图 13-11 添加数据到数据模型

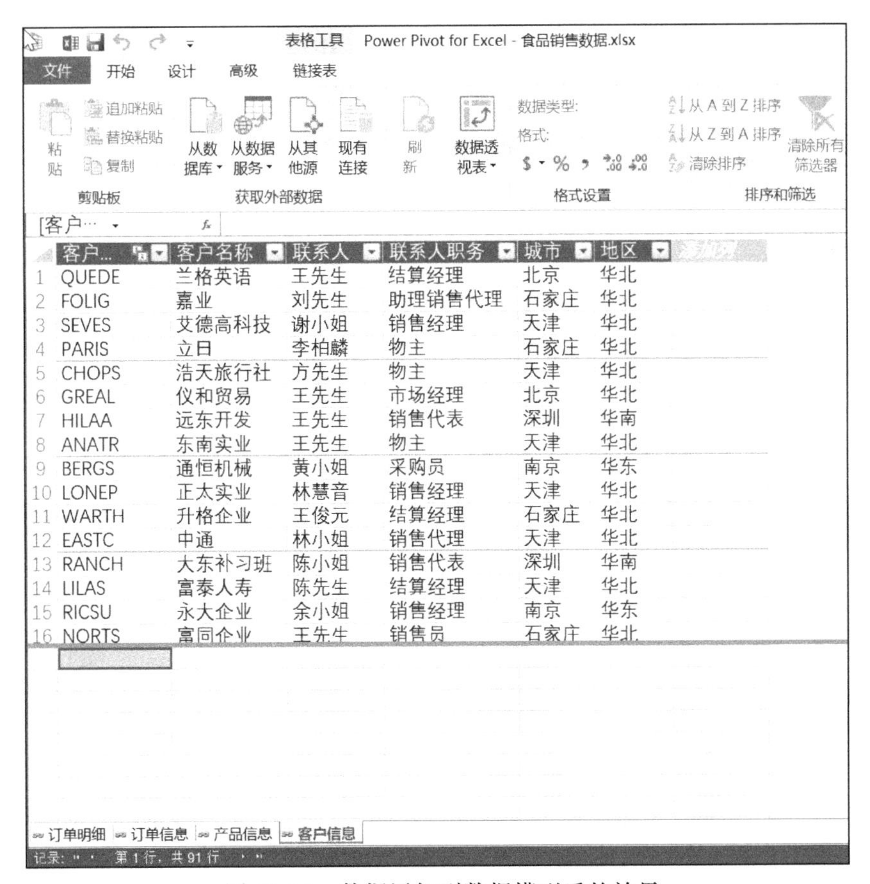

图 13-12 数据添加到数据模型后的效果

06 在 Power Pivot 中，单击“开始”选项卡>“查看”组>“关系图视图”命令，如图 13-13 所示，在“订单明细”列表框中选择“订单编号”字段，将其拖曳到“订单信息”列表框的“订单编号”字段，建立两个表之间的关联。

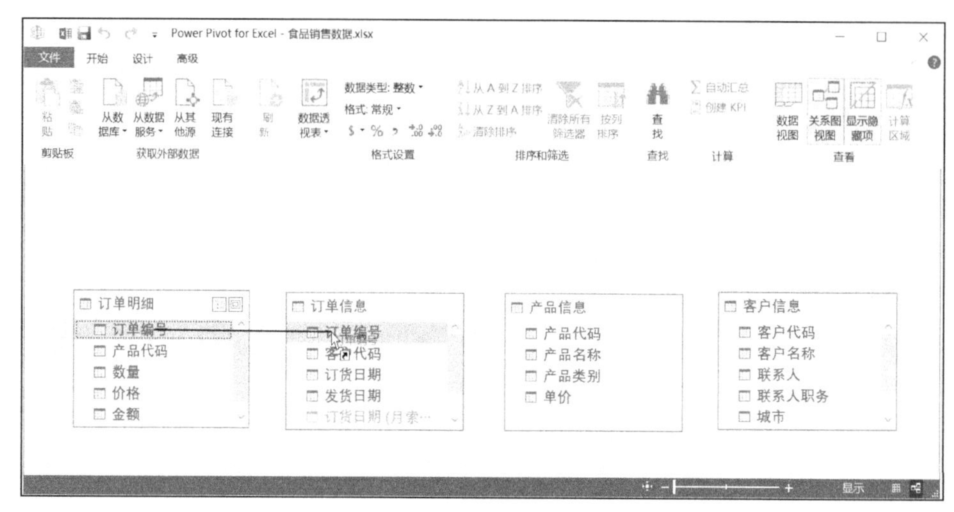

图 13-13　建立两个表之间的关联

07 使用相同方法将“产品信息”和“订单明细”工作表用“产品代码”字段进行关联，将“订单信息”和“客户信息”工作表用“客户代码”字段进行关联，并适当调整每个表的位置，完成效果如图 13-14 所示。

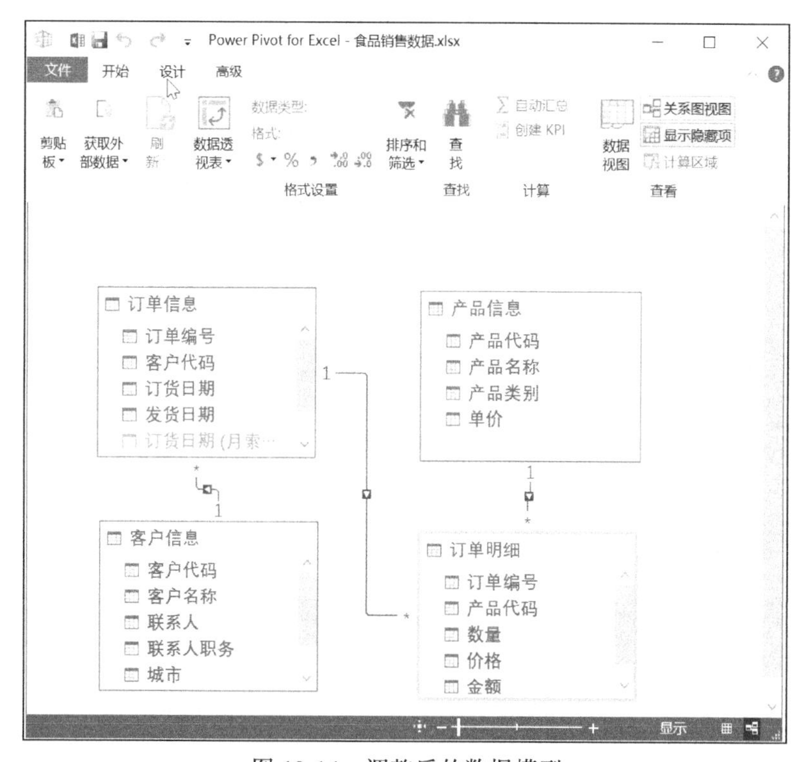

图 13-14　调整后的数据模型

08 在 Power Pivot 的“开始”选项卡中单击“数据透视表”下拉按钮，在菜单中单击“数据透视表”命令。

09 在弹出的“创建数据透视表”对话框中，创建位置默认的新工作表，直接单击“确定”按钮。

10 与普通数据透视表不同的是，使用数据模型创建的数据透视表，在右侧“数据透视表字段”任务窗格中不只显示某个工作表，而会把已经创建好关系的所有表都显示出来。在这里，将“产品信息”工作表的“产品类别”字段拖曳到下方的“行”区域，将“客户信息”工作表的“地区”字段拖曳到“列”区域，将“订单明细”工作表的“金额”字段拖曳到“值”区域，完成效果如图 13-15 所示。这个数据透视表所使用的 3 个字段分别来自 3 个不同的表格。

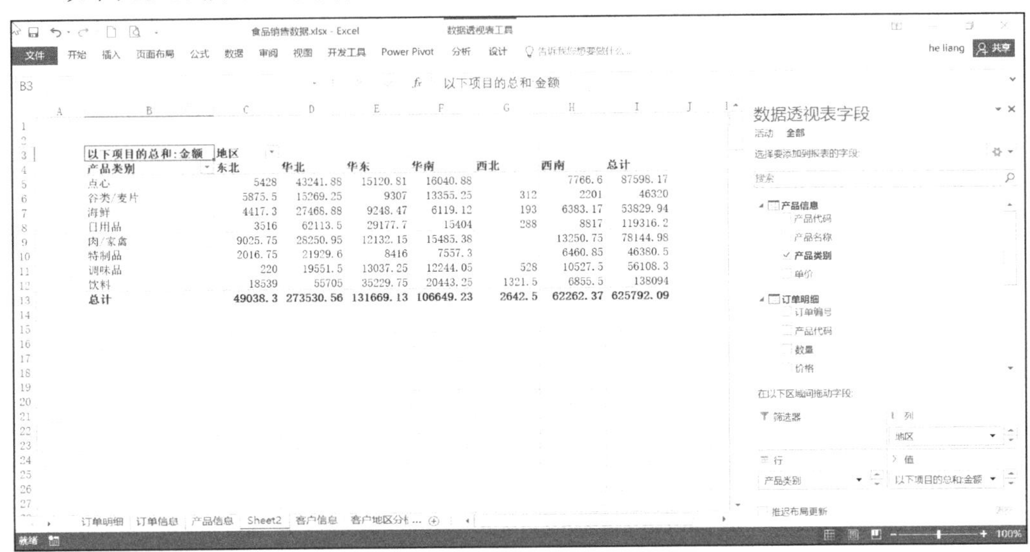

以下项目的总和:金额	地区						
产品类别	东北	华北	华东	华南	西北	西南	总计
点心	5428	43241.88	15120.81	16040.88		7766.6	87598.17
谷类/麦片	5875.5	15269.25	9307	13355.25	312	2201	46320
海鲜	4417.3	27466.88	9248.47	6119.12	193	6383.17	53829.94
日用品	3516	62113.5	29177.7	15404	288	8817	119316.2
肉/家禽	9025.75	28250.95	12132.15	15485.38		13250.75	78144.98
特制品	2016.75	21929.6	8416	7557.3		6460.85	46380.5
调味品	220	19551.5	13037.25	12244.05	528	10527.5	56108.3
饮料	18539	55705	35229.75	20443.25	1321.5	6855.5	138094
总计	49038.3	273530.56	131669.13	106649.23	2642.5	62262.37	625792.09

图 13-15 在数据模型中创建数据透视表

13.3 对字段进行分组

在原始数据中可以查看每天的销售情况，但用户经常需要按月份或季度来分析销售情况的变化。要实现这个目的，需要对字段进行分组。本任务将对日期字段进行分组分析。

01 创建新的工作表，并将名称修改为“按月份和季度分析”，选中任一单元格，如 A1，单击“插入”选项卡>“表格”组>“数据透视表”命令，如图 13-16 所示，在弹出的“创建数据透视表”对话框中，选择“使用此工作簿的数据模型”单选按钮，将其作为要分析的数据，单击“确定”按钮。

02 如图 13-17 所示，在右侧“数据透视表字段”任务窗格中，将“订单信息”工作表中的“订货日期”字段拖曳到“行”区域，将“订单明细”工作表的“金额”字段拖曳到“值”区域，在左侧数据区域选中 A 列任一单元格，如 A2，单击“数据透视表工具：分析”选项卡>“分组”组>“组字段”命令。

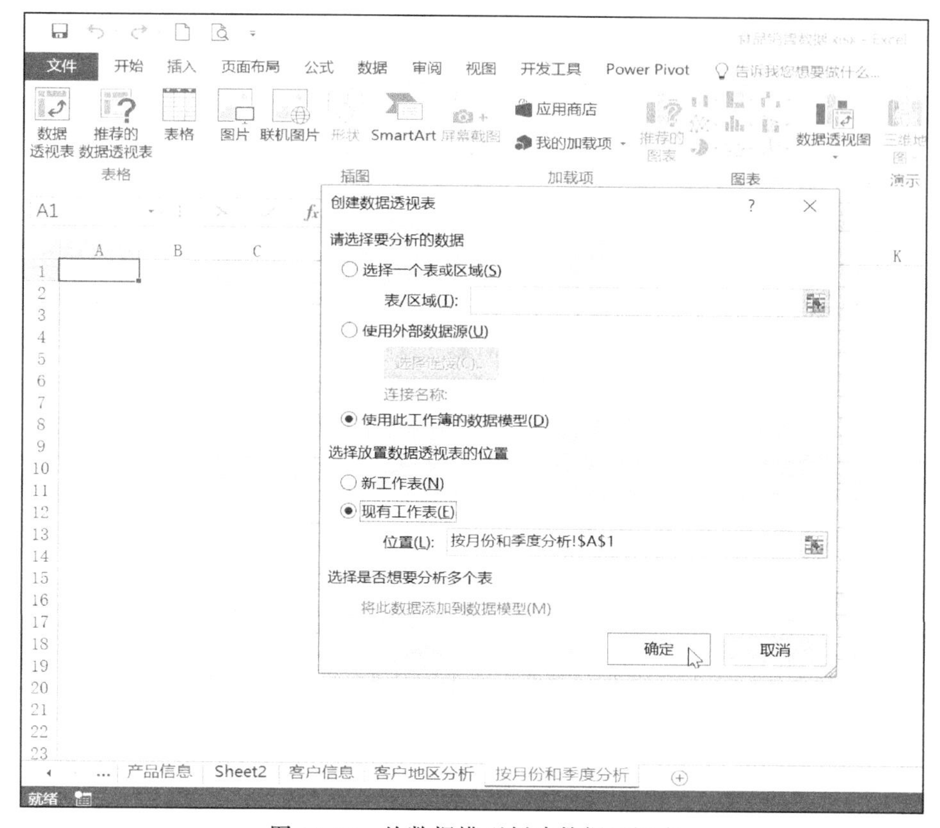

图 13-16　从数据模型创建数据透视表

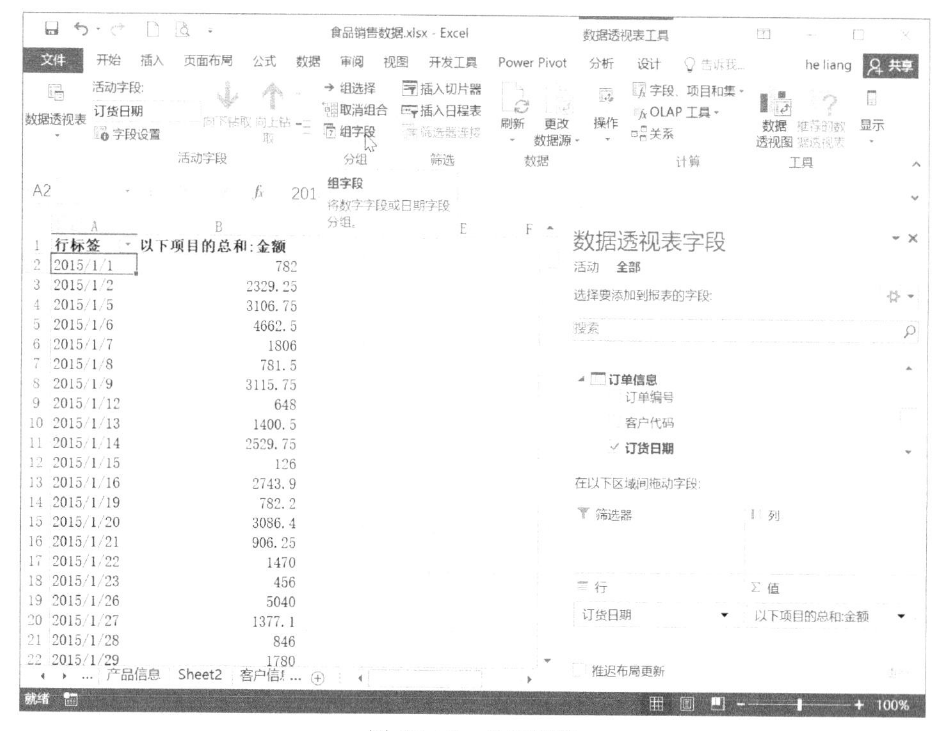

图 13-17　分组字段

03 弹出“组合”对话框，如图 13-18 所示，同时选中“步长”列表框中的“月”和“季度”，单击“确定”按钮。

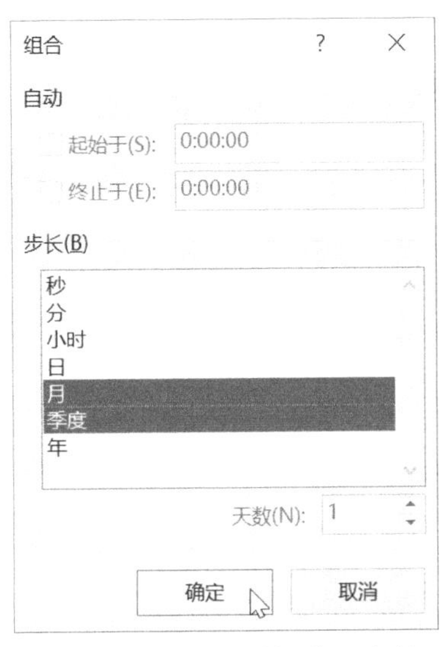

图 13-18 设置时间分组步长

04 完成效果如图 13-19 所示。

	A	B
1	行标签	以下项目的总和:金额
2	⊟季度1	106147.94
3	⊞1 月	41597.05
4	⊞2 月	29684.29
5	⊞3 月	34866.6
6	⊟季度2	177112.91
7	⊞4 月	51227.69
8	⊞5 月	62163.99
9	⊞6 月	63721.23
10	⊟季度3	188059.87
11	⊞7 月	83400.47
12	⊞8 月	51756.06
13	⊞9 月	52903.34
14	⊟季度4	154471.37
15	⊞10 月	60436.34
16	⊞11 月	53749.65
17	⊞12 月	40285.38
18	总计	625792.09

图 13-19 按照月份和季度进行数据透视分析完成效果

13.4 使用数据透视图

在使用数据透视表分析的基础上，还可以快速生成数据透视图，从而使数据分析的结果以更直观的形式呈现。本任务将使用数据透视图分析全年的销售变化趋势。

01 在“按月份和季度分析”工作表中选中数据透视表任一单元格，单击“数据透视表工具：分析”选项卡>“工具”组>“数据透视图”命令。

02 弹出“插入图表”对话框，如图 13.20 所示，在左侧导航栏中选择“折线图”，在右侧选择“带数据标记的折线图”，单击“确定”按钮。

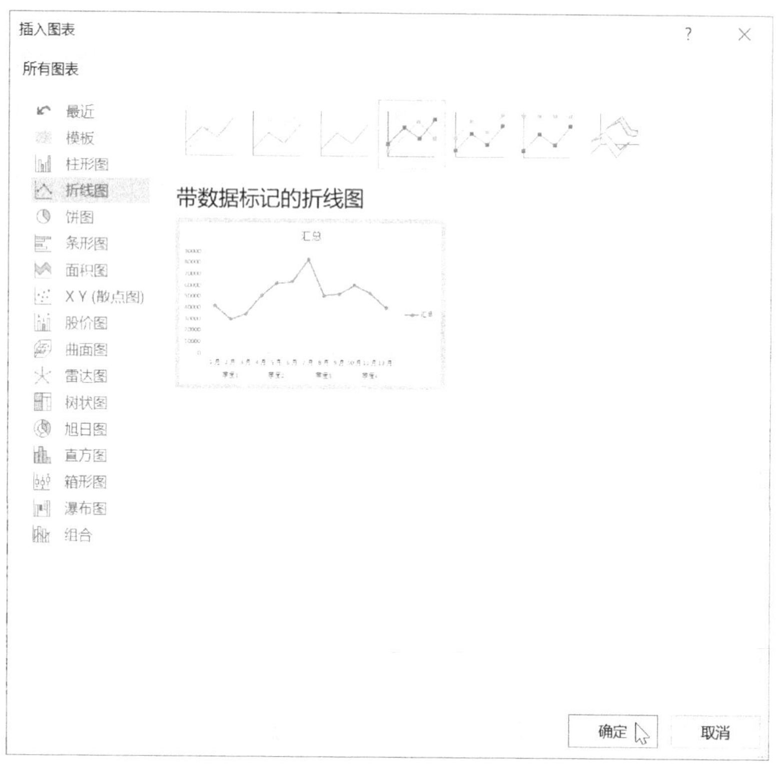

图 13-20　创建折线图数据透视图

03 选中图表中的标题、图例和网格线，按 Delete 键将其删除，右键单击图表中的任一字段按钮，如“订货日期”，在弹出的快捷菜单中单击“隐藏图表上的所有字段按钮”命令，如图 13-21 所示。

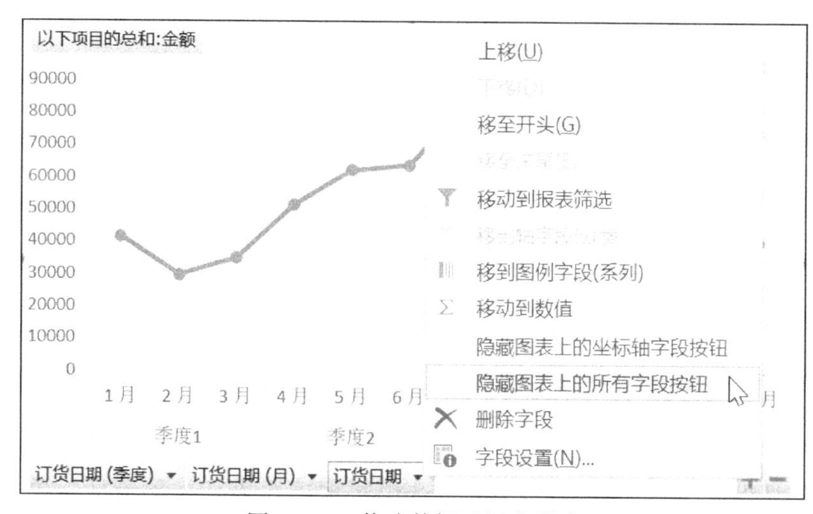

图 13-21　修改数据透视表样式

04 如果只希望按季度查看，可选中左侧数据透视表中的单元格 A2，单击“数据透视表工具：分析”选项卡>“活动字段”组>“折叠字段”命令，如图 13-22 所示。

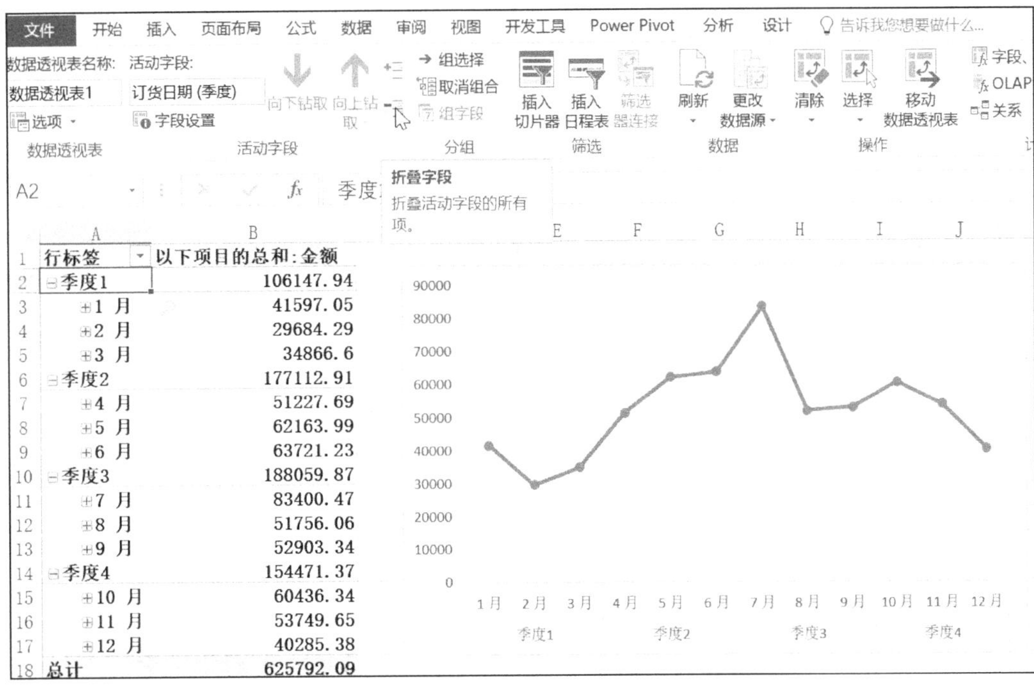

图 13-22 折叠数据透视表字段

05 完成效果如图 13-23 所示。

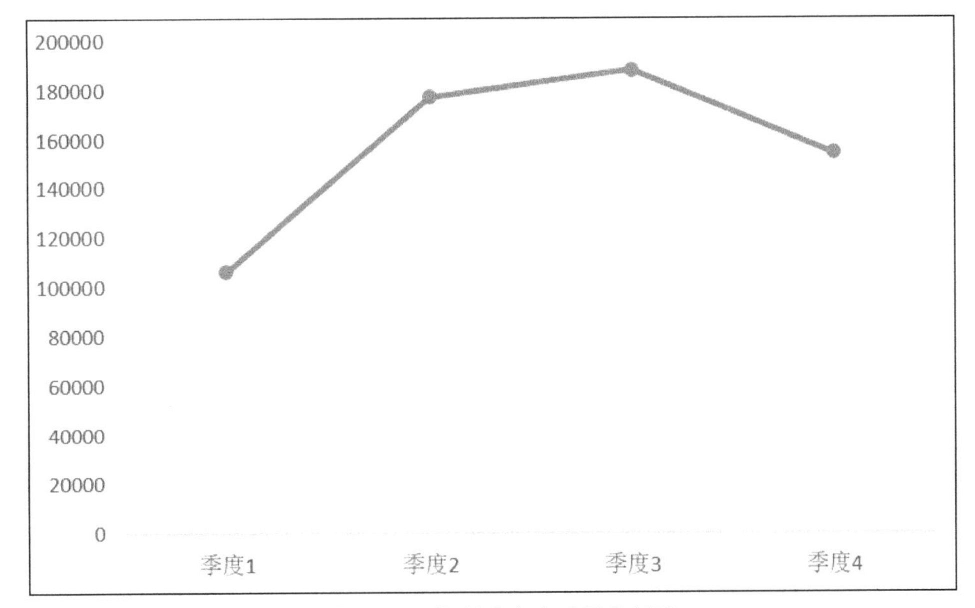

图 13-23 按照季度查看销售情况

13.5 课后习题

1. 在新的工作表上，使用“会员抽样调查”工作表上的数据创建数据透视表，显示每个会员等级的学习课时数。更改数据透视表的设置，从而在每次打开文件时都刷新数据透视表的数据。

2. 在“与上月比较”工作表的 D 列后添加一列内容，显示每种类型图书 6 月的平均销量。

3. 在“按类别汇总”工作表上，添加切片器，以便用户能够对数据透视表进行交互式筛选，只显示特定月份的销售数据。

4. 在“按类别汇总”工作表上，删除数据透视表的总计行和分类汇总行。

5. 设数据透视表已添加到数据模型。在“销售汇总”工作表上的单元格 E4 中，使用 GETPIVOTDATA 函数计算发往罗马的平板电脑的收入金额。

6. 在“会员学习状况汇总”工作表上，使用“会员抽样调查”工作表上的数据创建“数据透视图”来显示平均学习课时数。在水平轴上，显示“性别”及每个性别中各个“会员等级”的情况。

7. 在“销售汇总”工作表上，创建簇状柱形图形式的数据透视图，显示发往不同城市的平板电脑和笔记本电脑的收入金额。将发货日期作为筛选器添加到数据透视图上。

8. 在“图书销售汇总”工作表上，修改图表，使其显示宗教哲学类图书每种书籍的逐月数据。

全真模拟题

项目1　汽车销售统计

你是某汽车销售企业的管理人员，现在需要根据2015年～2017年的销售数据完成下列工作。

1．在“按年份和车型统计”工作表的单元格F3中，添加使用多维数据集函数和数据模型的公式，检索2017年最畅销的电动汽车车型。

2．在“贷款计算”工作表的单元格 E7 中，添加公式计算每月还贷金额，假定付款日期为月末。从本金中减去“首付款”金额。

3．在“库存”工作表的G列中添加公式，若平均库存量超过了“12月销量”，或超过“年度销量”月平均值的1.5倍，显示“是”，否则显示“否”。

4．在“库存”工作表上，对数据所在行应用格式，若“12月销量”超过“平均库存量”的110%，则粗体显示文本，同时将文本颜色更改为RGB=“255,80,80”。

5．在“贷款计算”工作表上，为单元格E6添加数据验证，以便在输入小于1或大于10的值，或输入包含小数位的数字时显示“停止”出错警告，标题为“无效输入”，错误信息为“1到10”。

6．在“年末促销分析”工作表上，修改图表以便按照每个年份分组显示车型。

项目2　汇总哲学讲座参与情况

你作为大学哲学系的行政助理，需要统计在一段时间内哲学系所开设讲座的参与人员情况，完成以下任务。

1．在“讲座举办情况”工作表上，设置C列的格式，使该列中所有的时间值都显示为“h AM/PM”。不要显示分钟。

2．在“讲座举办情况”工作表的H列中，插入OR函数，若本系学生出席人数超过所有讲座本系学生平均出席人数，或外系出席人数超过10人，显示为TRUE；否则，显示为FALSE。

3．在“讲座举办情况”工作表的B列中添加公式，根据同一行A列中日期对应的星期数值，显示1～7的数字。星期一以数字1表示，星期日以数字7表示。

4．在“主讲人-出席人数”工作表中添加切片器，以便能够仅显示特定时间提供的讲座的数据。时间值应精确到小时、分钟和秒。

5．在新的工作表上创建类型为“带数据标记的折线图”的数据透视图，显示每个讲座的最大本系学生出席人数和最大外系学生出席人数。

项目3　统计校园歌曲大奖赛评分及获奖数据

你是学生会的工作人员，现在需要统计学校校园歌手大奖赛前五名选手的评分和获奖情况，完成以下任务。

1．在“奖金数额”工作表的单元格B16中，使用“汇总行”中结构化引用的公式计算所有赞助商为每位选手提供的平均奖金赞助。

2. 修改 Excel 选项，防止在更改数据时自动重新计算公式数值，但在保存工作簿时要重新计算公式数值。

3. 在“奖金数额”工作表的单元格区域 A2:A11 中添加条件格式规则，对承诺赞助超过 20 000 元的所有赞助商名称应用 RGB=“255,230,180”的填充颜色。

4. 在“成绩公告”工作表上，使用“成绩图表”的名称将图表作为模板保存到 Charts 文件夹中。

5. 除非输入密码“MicroMacro”，否则阻止其他用户修改“评委投票”工作表中的数据。用户可以选择和格式化单元格、列及行，而不必输入密码。

项目 4　统计和分析贸易销售数据

你在总部位于德国法兰克福的电子产品贸易公司工作，现在需要按照如下要求对公司 1～2 月的销售数据进行统计和分析。

1. 在“1-2 月销售数据”工作表上，使用格式“14.Mrz.2012”将 A 列格式化为“德语（德国）”日期。

2. 在错误检查规则中，启用标记列内不一致公式的选项。

3. 在“1-2 月销售数据”工作表上创建图表，在横轴上显示“发货日期”。每次发货的“合计成本”显示为簇状柱形图，每次发货的“合计收入”显示为折线图。

4. 在“按城市和产品汇总”工作表上，首先按目的地分组数据，然后按产品类型分组数据，最后按月分组数据。

5. 在“按城市和产品汇总”工作表上，以表格形式显示数据，并在每个项目后插入一个空白行。

项目 5　计算销售人员奖金

你是 Micro Macro 公司的管理人员，现在需要计算公司各个地区销售人员的奖金分发数额，完成下列任务。

1. 修改“表格标题行”样式，使其单元格填充颜色为橙色。

2. 在“年度销售汇总”工作表的单元格区域 L3:L11 中，使用条件求和函数计算每个地区获得奖金员工的总销售额。

3. 在“年度销售汇总”工作表的 H 列中，使用 VLOOKUP 函数从“奖金提成比例”工作表检索每位员工对应的奖金比例。不要更改引用列中的任何值。

4. 在“年度销售汇总”工作表上，将单元格区域 C3:C52 命名为“地区”。名称创建在工作簿范围内。

5. 修改工作簿中的名称“销售摘要”，使其仅包含单元格区域 K3:L11。

第三篇

PowerPoint 演示文稿

PowerPoint 简称 PPT，是目前世界上使用最为广泛的制作和演示幻灯片的工具之一。PowerPoint 2016 支持的媒体格式非常丰富，编辑、修改和演示幻灯片都很方便，并且可以和 Office 套件中的其他软件无缝衔接，如将 Word 的大纲一键生成演示文稿。

本篇内容依据微软办公软件国际认证（MOS）标准设计，MOS-PowerPoint 2016 的考核标准的主要内容包含母版与版式设计、文字设计、图形设计、使用表格或图表展示数据、使用 SmartArt 图形展示概念、添加影音多媒体元素、设置动画和切换效果及演示与共享等。

单元 14 创建和管理演示文稿——互联网营销的现状和发展

任务背景

你是某大学“物流企业管理概述”课程的教授助理，现在要根据 Word 格式的教案，制作授课用的 PowerPoint 演示文稿，并进行编辑和完善。

任务分析

要完成本任务，首先需要导入外部内容，然后使用母版统一演示文稿的风格，再对幻灯片进行适当的编辑和管理。

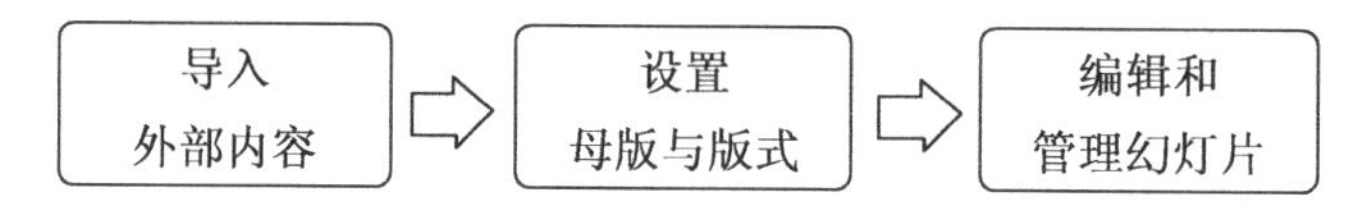

本任务涉及的技能点包括创建幻灯片、设置母版、设置版式、设置页眉和页脚、移动和删除幻灯片、分组幻灯片等。

案例素材

1-2 节.docx；3 节.pptx。

实现步骤

14.1 导入外部文档内容

在制作 PowerPoint 演示文稿的过程中，如果所需要的内容已经存在于其他文档，如 Word 或 PowerPoint 中，用户就不需要逐段进行复制和粘贴，而可以直接将内容导入当前的 PowerPoint 演示文稿中。

01 开启 PowerPoint 软件，新建一个空白文档。单击“开始”选项卡>“新建幻灯片”命令，在菜单中单击“幻灯片（从大纲）”命令，如图 14-1 所示。

02 在弹出的“插入大纲”对话框中，定位到案例素材单元 14 文件夹，选中“1-2 节.docx”文档，单击“插入”按钮，即可插入 Word 文档中的大纲内容。

03 选中最后 1 张幻灯片，单击“开始”选项卡>“新建幻灯片”命令，在菜单中单击“重用幻灯片”命令。

04 在窗口右侧的“重用幻灯片”任务窗格中，单击“浏览”按钮，在弹出的“浏览”对话框中，定位到案例素材单元 14 文件夹，选中“3 节.pptx”文档，单击“打开”按钮。

05 返回窗口右侧的“重用幻灯片”任务窗格，依次单击 4 张幻灯片，将其插入演示文稿的末尾，如图 14-2 所示。

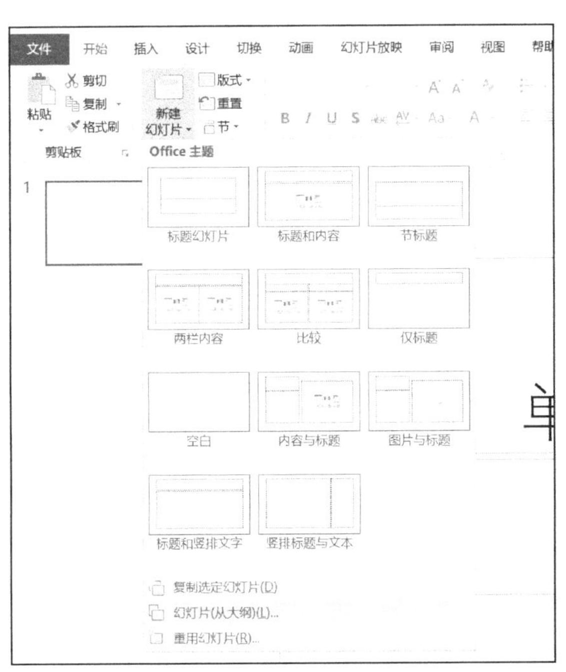

图 14-1 在演示文稿中导入 Word 大纲内容

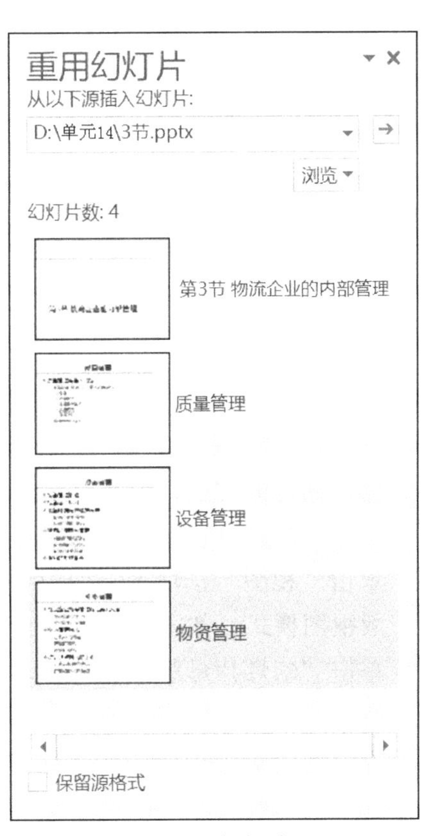

图 14-2 重用幻灯片

06 单击“重用幻灯片”任务窗格右上角 × 按钮，关闭任务窗格。

14.2 设置版式和修改母版

在编辑和美化 PowerPoint 演示文稿的过程中，通常需要为幻灯片快速设置统一的风格，从而使演示文稿的外观更加专业。为了达到这个目的，PowerPoint 提供了母版和版式功能，可以减少对幻灯片中内容逐一设置格式或修改所带来的大量工作量。

01 选中标题为“物流企业管理概述”的第 2 张幻灯片，单击“开始”选项卡>“幻灯片”组>“版式”下拉按钮，在菜单中选择“节标题”版式，如图 14-3 所示。

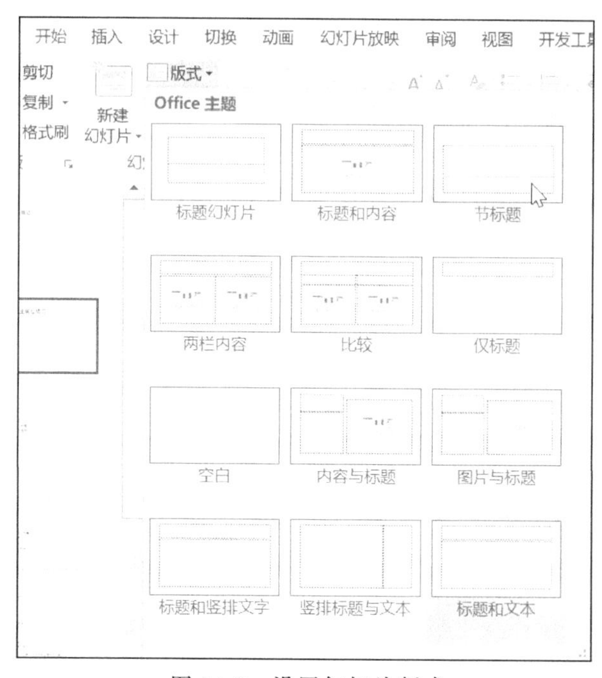

图 14-3　设置幻灯片版式

02 使用同样的方法，将第 6、11 张幻灯片的版式设置为“节标题”，将第 1 张幻灯片的版式设置为“标题幻灯片”。

03 单击“视图”选项卡>“母版视图”组>“幻灯片母版”命令，进入幻灯片母版视图模式，如图 14-4 所示。

04 单击“幻灯片母版”选项卡>“编辑母版”组>“插入版式”命令，如图 14-5 所示。

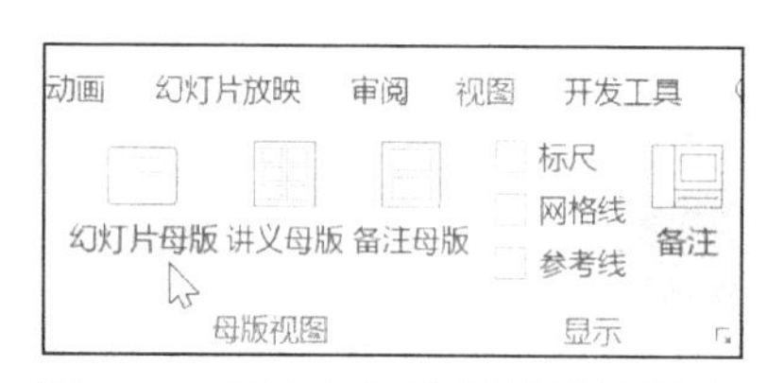

图 14-4　进入幻灯片母版视图模式

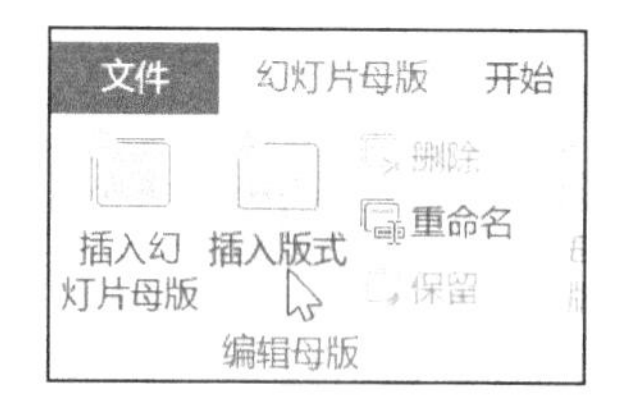

图 14-5　插入版式

05 在左侧窗格中，选中新创建的版式，单击鼠标右键，在弹出的快捷菜单中单击“重命名版式”命令，如图 14-6 所示。

06 在弹出的“重命名版式”对话框中，将版式名称修改为“图表”，单击“重命名”按钮。

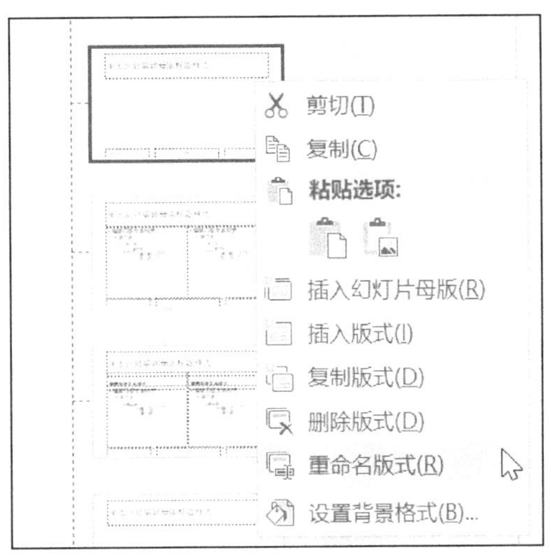

图 14-6 重命名版式

07 选中“图表”板式，如图 14-7 所示，单击“幻灯片母版”选项卡>“母版版式”组>“插入占位符”下拉按钮，在菜单中单击“图表”命令。

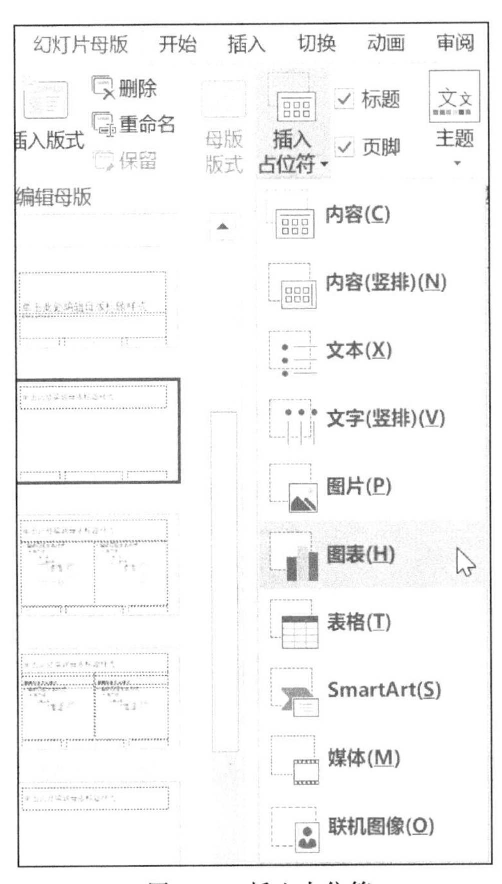

图 14-7 插入占位符

08 此时光标会变为十字形，在母版的标题占位符下方拖曳一个“图表”占位符，插入后可以拖曳形状的左右边缘，通过对比自动出现的参考线，确保其左右边缘与上方标题占位符对齐，如图 14-8 所示。

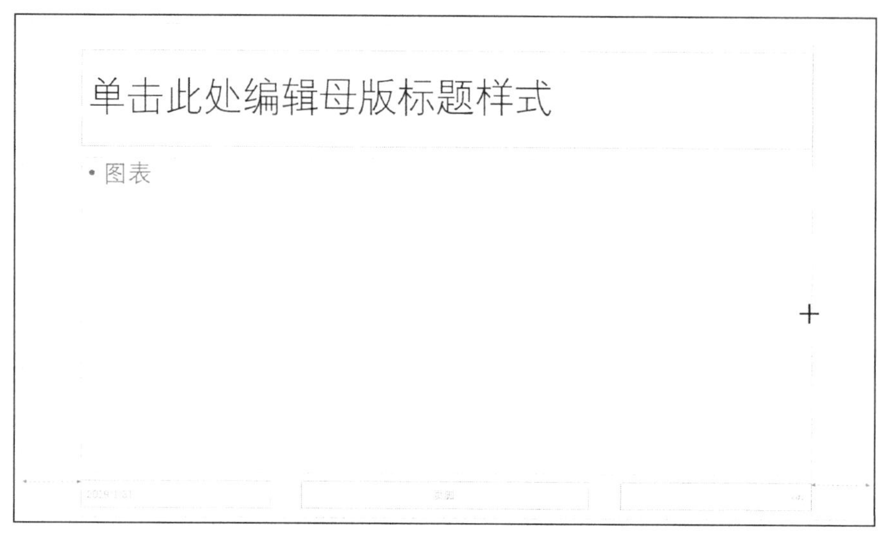

图 14-8　图表占位符

09 单击“幻灯片母版”选项卡>“主题”下拉按钮，在菜单中单击“镶边”主题，如图 14-9 所示。

图 14-9　设置母版主题

10 单击“幻灯片母版”选项卡>“字体”下拉按钮，在菜单中单击“Arial”字体，如图 14-10 所示。在完成上述设置后，单击“幻灯片母版”选项卡>“关闭母版视图”命令，退出对幻灯片母版的编辑状态。

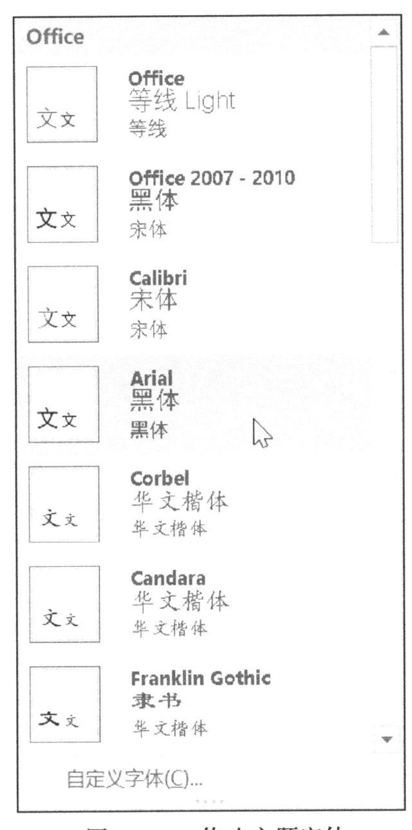

图 14-10 修改主题字体

11 除了修改幻灯片母版，还可以对讲义母版和备注母版进行设置。如果修改讲义母版，可以单击“视图”选项卡>“母版视图”组>“讲义母版”命令，进入讲义母版设置状态，在这里可以设置讲义母版的页眉、页脚及背景格式等。例如，可以在左上角页眉文本框中输入“初稿”，如图 14-11 所示。在完成所有设置后，单击“讲义母版”选项卡>“关闭母版视图”命令，退出讲义母版编辑状态。

12 修改备注母版的方法与修改讲义母版类似。单击“视图”选项卡>“母版视图”组>“备注母版”命令，进入备注母版设置状态。如果修改幻灯片下方正文占位符的填充颜色，可以单击“备注母版”选项卡>“背景样式”命令，在菜单中单击“设置背景格式”命令，此时在窗口右侧会打开“设置背景格式”任务窗格，在这里可以为选定的对象使用纯色、渐变色、图片及图案等进行填充。

13 选择“渐变填充”单选按钮，设置“类型”为“线性”，“方向”为“线性向上”，如图 14-12 所示。

图 14-11 修改讲义母版

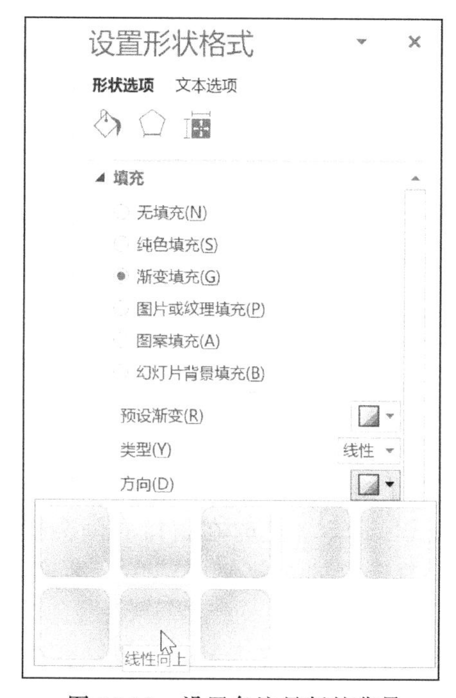

图 14-12 设置备注母版的背景

14.3 编辑和管理幻灯片

在 PowerPoint 中，可以方便地对幻灯片进行编辑和管理，如添加、删除、复制和移动幻灯片等。本任务需要将演示文稿分节，使整个演示文稿的结构更加清晰。

01 选中第 2 张名为“第 1 节 物流企业管理模式”的幻灯片，单击鼠标右键，在弹出的快捷菜单中单击“新增节”命令，如图 14-13 所示。

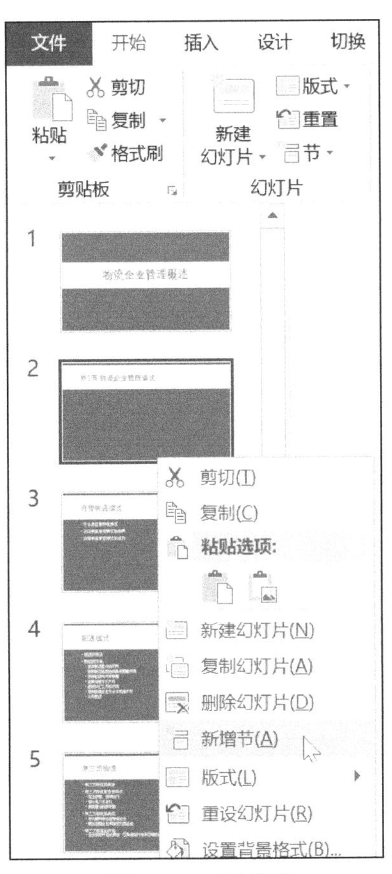

图 14-13 新增节

02 在弹出的“重命名节”对话框中，输入该节的名称为“第一节”，单击“重命名”按钮，如图 14-14 所示。

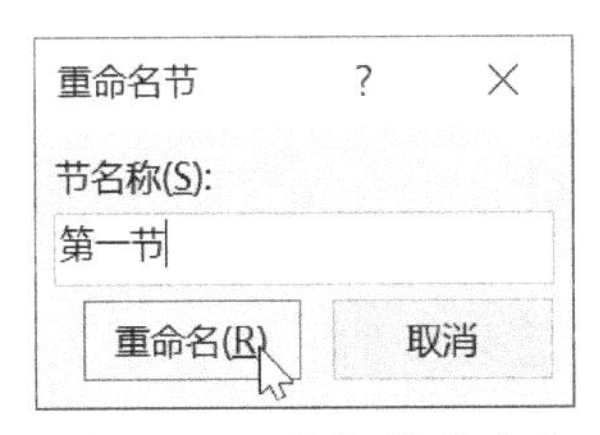

图 14-14 为新增节命名

03 使用同样的方法分别在第 6、11 张幻灯片前新建名为“第二节”和“第三节”的节。

04 下面将第 1 张幻灯片前的默认节重命名为“标题节”。先选中第 1 张幻灯片前的“默认节”，单击鼠标右键，在弹出的快捷菜单中单击“重命名节”命令，再输入需要更改的名字即可。

05 分节完成效果如图 14-15 所示，单击节标题就可以选中该节的所有幻灯片，进而可以对该节设置格式或移动位置。

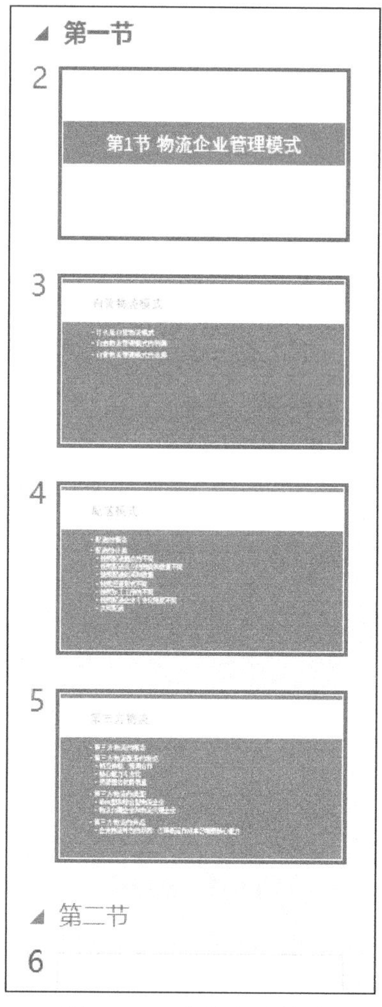

图 14-15　分节完成效果

14.4 课后习题

1. 在第 11 张幻灯片“设备管理”后，将标题为“物资管理.docx”的 Word 文档大纲中导入新幻灯片。

2. 将“物流企业业务管理.pptx”中所有幻灯片按顺序添加到 PowerPoint 演示

文稿标题为“第 2 节 物流企业业务管理”第 6 张幻灯片后。

3. 复制第 5 张幻灯片，删除标题为“物流企业的营销管理”的第 10 张幻灯片；再对标题为“第 3 节 物流企业的内部管理”的幻灯片应用“节标题”版式。

4. 仅在最后 1 张幻灯片上，添加含有“联系电话：010-12345678”文本的页脚。

5. 将“图片”占位符添加到“图片与标题”版式，对位置没有要求；再新建名为“图片与解说”的幻灯片版式，图片占位符位于上方，文本占位符位于下方；保留所有默认占位符，并适当调整各个占位符的位置。

6. 将母版的主题更改为“镶边”，字体更改为“Arial”。

7. 对第 1 张幻灯片应用默认的“填充渐变”背景，将主题颜色设置为“蓝色 背景 2 淡色 40%”。

8. 设置“讲义母版”，将左侧页脚的内容修改为“初稿”。

9. 将幻灯片“物资管理”移动到名为“质量管理”和“设备管理”的两张幻灯片之间，再在名为“第 3 节 物流企业的内部管理”的幻灯片前面添加名为“第三节 物流企业的内部管理”的节。

10. 将幻灯片大小更改为 20 厘米宽和 25 厘米高；缩放内容，以确保适合新幻灯片；再将 PowerPoint 设置为显示网格线，沿网格自动对齐对象。

11. 将打印选项设置为仅打印“第三节 物流企业的内部管理”节；设置打印选项为打印所有幻灯片的“备注页”；将打印选项配置为打印 3 份演示文稿，每页 3 张幻灯片，打印完第 1 页所有副本后，再打印第 2 页的所有副本。

12. 创建名为“第一节”的自定义幻灯片放映，仅包含第 2～5 张幻灯片；再将放映类型设置为“观众自行浏览”，换片方式为“手动”。

单元 15 插入与格式化文本、形状和图片——科技与生活

任务背景

你要做一场主题为“科技与生活”的主题报告，现在已经做出一个 PowerPoint 演示文稿的半成品，但不够完善和美观，现在需要对演示文稿中的文本及图形元素做进一步的处理，以便能够更好地表达主题。

任务分析

此任务需要分别对文本、形状和图片进行创建和格式化操作，以使演示文稿能够更生动地展示信息。

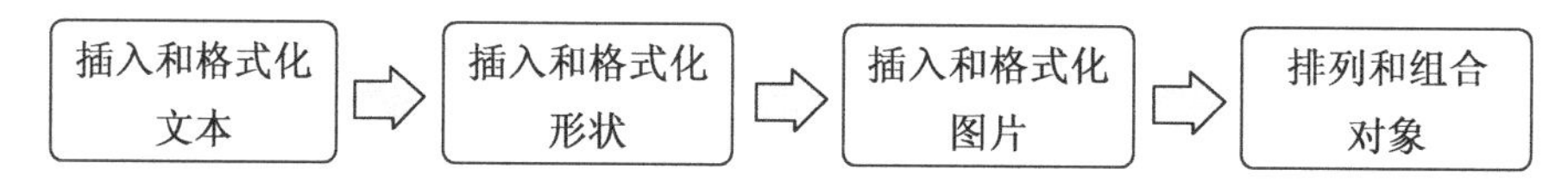

本任务主要涉及的技能点包括修改文本框中文字段落的格式、添加超链接、修改项目符号、插入和格式化形状、插入和格式化图片及多个图形元素的排列与组合。

案例素材

科技与生活.pptx；星星符号.png；钻木取火.png。

实现步骤

15.1 插入和格式化文本

文字是演示文稿中最基本的内容，本任务将通过对文本字体和段落进行设置使演示文稿内容的表达更加清晰。

01 打开“科技与生活.pptx”演示文稿，在最后 1 张幻灯片中选中文本“更多信息请访问：”，单击“开始”选项卡>“字符间距”下拉按钮，在菜单中单击“稀疏”命令，如图 15-1 所示。

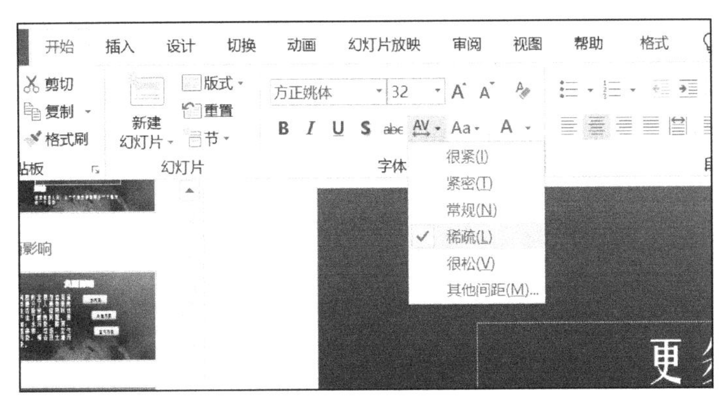

图 15-1 字体间距

02 单击“开始”选项卡>“文字阴影”命令，如图 15-2 所示。

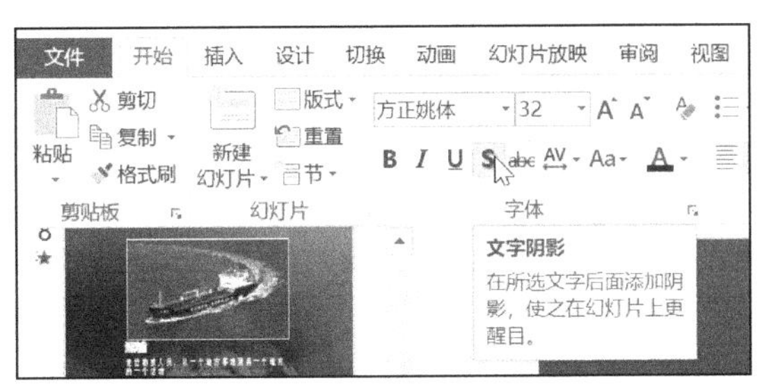

图 15-2 文字阴影

03 选中需要添加超链接的文本部分“https://baike.baidu.com/”，单击“插入”选项卡>“链接”组>“超链接”命令；也可以在选中文本后，单击鼠标右键，在弹出的快捷菜单中单击“超链接”命令。然后在弹出的“编辑超链接”对话框的“地址”文本框中输入需要链接到的网址“https://www.baike.baidu.com/”，单击“确定”按钮，如图 15-3 所示。

图 15-3 编辑超链接

04 有时需要对幻灯片中某些文本的段落和字体进行调整，以使这些文本符合格式要求且更加美观。选中第 1 张幻灯片中的“Science and Technology”文本，单击“开始”选项卡>“段落”组>“对齐文本”下拉按钮，在菜单中单击“顶端对齐”命令，如图 15-4 所示。

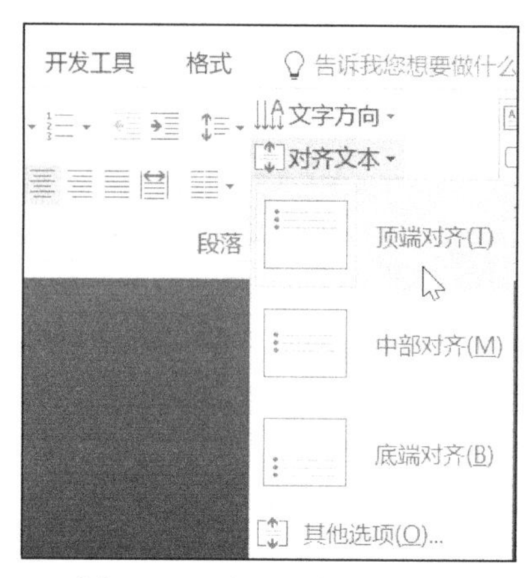

图 15-4　设置文本顶端对齐

05 单击“开始”选项卡>“字体”组中右下角的按钮，弹出“字体”对话框，勾选“小型大写字母”复选框，单击“确定”按钮，如图 15-5 所示。

图 15-5　小型大写字母

06 可以根据需要使用一张图片作为项目符号的样式。单击“视图”选项卡>“母版视图”组>“幻灯片母版”命令，选中最上方的母版后，将光标定位在最顶层的项目符号旁边，如图 15-6 所示。

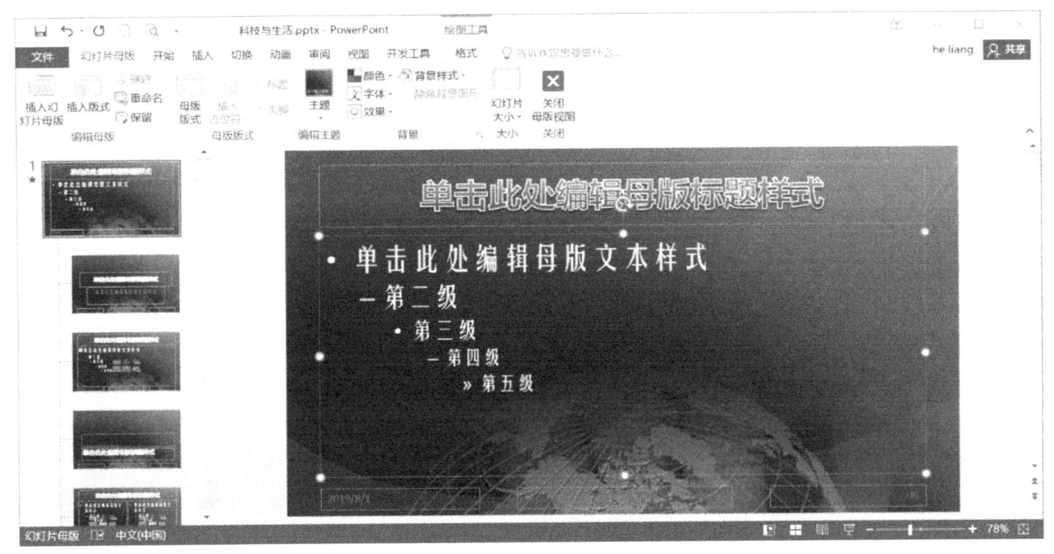

图 15-6 幻灯片母版视图

07 单击“开始”选项卡>“项目符号”命令右侧的下拉按钮，在菜单中单击“项目符号和编号”命令，在弹出的“项目符号和编号”对话框中，如图 15-7 所示，选择带小圆点的“项目符号”样式，单击“图片”按钮，打开素材单元 15 文件夹中的“星星符号.png”文件，将其设置为项目符号。

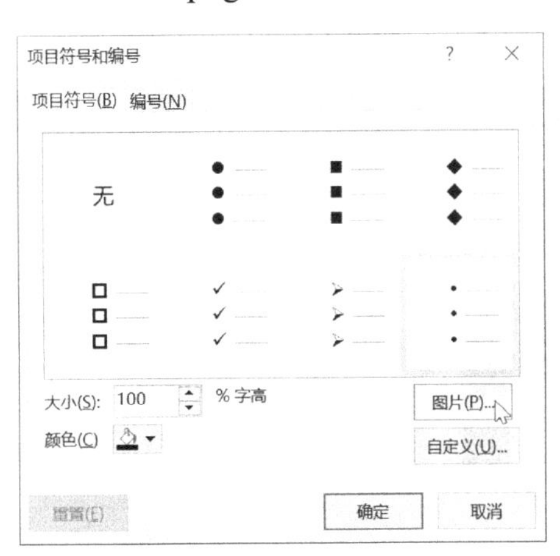

图 15-7 设置图片项目符号

08 单击“幻灯片母版”选项卡>“关闭母版视图”命令，退出幻灯片母版编辑状态。

09 除可使用自选图片做项目符号外，也可以将项目符号更改为 PowerPoint 中内置的形状，操作方法与上面步骤一样，即在“开始”选项卡>“项目符号”组中选择即可。

10 在第 9 张幻灯片中，选中左侧文本框。单击“开始”选项卡>“添加或删除栏”下拉按钮，在菜单中单击“一栏”命令，如图 15-8 所示，这样可以把原来的两栏显示更改为一栏显示，使幻灯片更加美观。

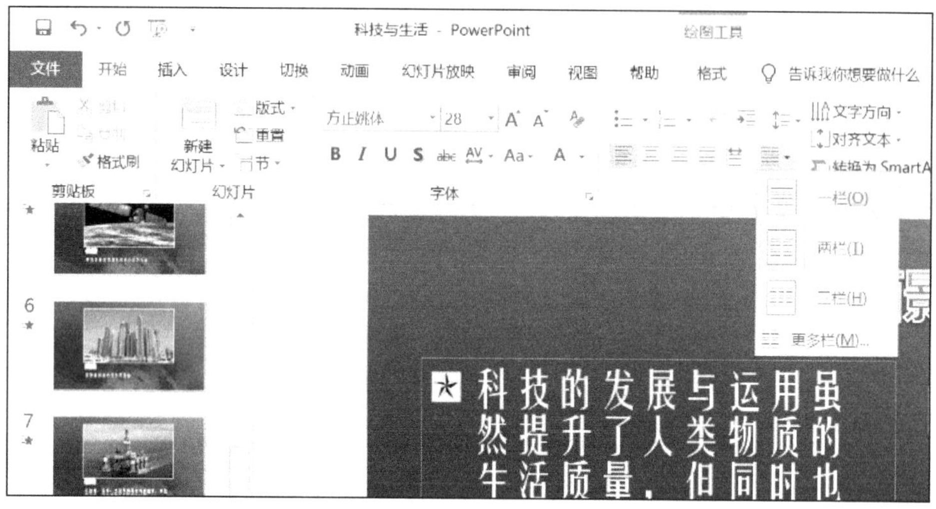

图 15-8　分栏显示内容

15.2　插入和格式化形状

PowerPoint 内置了丰富的形状，对这些形状的合理使用可以使演示文稿更加生动。

01 在第 4 张幻灯片中选中“矩形圆角”形状，在“SmartArt 工具”中，单击“格式”选项卡>“形状样式”下拉按钮，单击“细微效果-蓝色，强调颜色 1”样式，如图 15-9 所示。

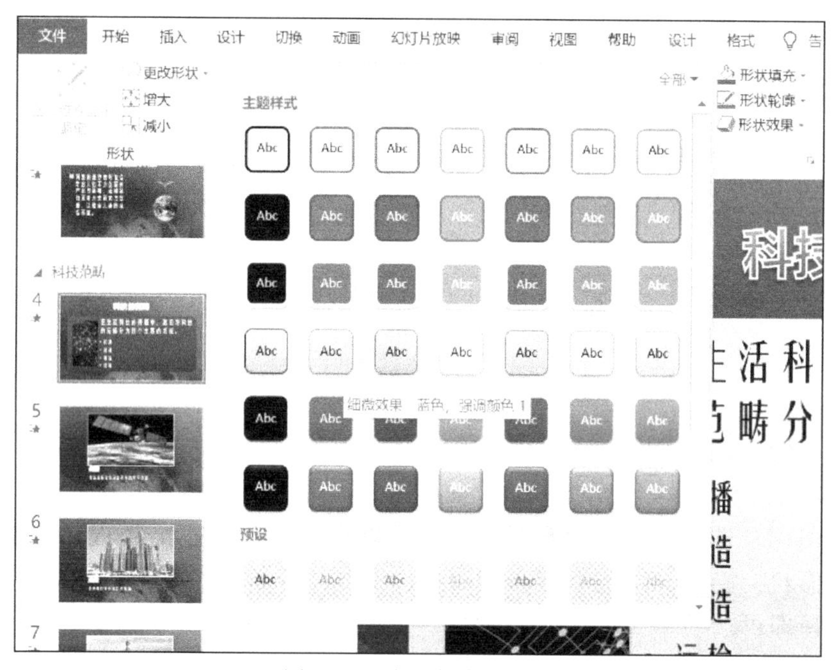

图 15-9　为形状应用样式

02 在第 3 张幻灯片的文本框中有一个黄色的边框，不太美观，需要去掉这个边框。若要去掉边框，则先选中形状边框，单击“绘图工具：格式”选项卡>“形状轮廓”下拉按钮，在菜单中单击“无轮廓”命令即可，如图 15-10 所示。

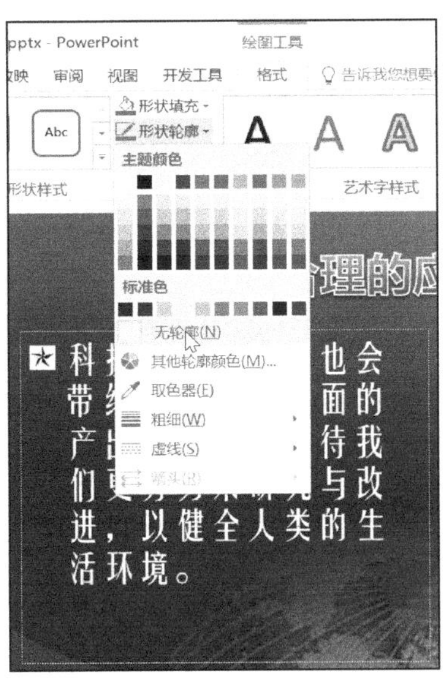

图 15-10　取消形状轮廓

03 如果需要更改形状的轮廓颜色、填充颜色，阴影等，可以在“绘图工具：格式”选项卡>“形状样式”组里更改。

04 在第 4 张幻灯片中，4 个云形图排列过于紧密，不够美观，可将云形图适当缩小一些。如图 15-11 所示，首先按住 Ctrl 键依次选中 4 个云形图，然后在“绘图工具：格式”选项卡>“大小”组中修改形状的高度和宽度，这里将高度设置为“2.5 厘米”，宽度为“3.5 厘米”。

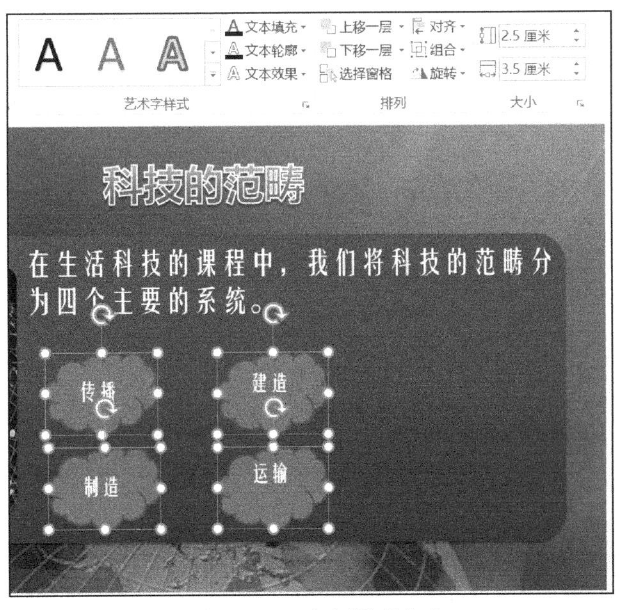

图 15-11　改变图形大小

05 如果觉得云形图不适合内容的风格，可以用其他形状来替代云的形状，方法是选中想要改变的形状，单击“绘图工具：格式”选项卡>“插入形状”组>“编辑形状”下拉按钮，在菜单中单击“更改形状”命令，在级联菜单中选择需要的形状，如此处选择圆角矩形，如图 15-12 所示。

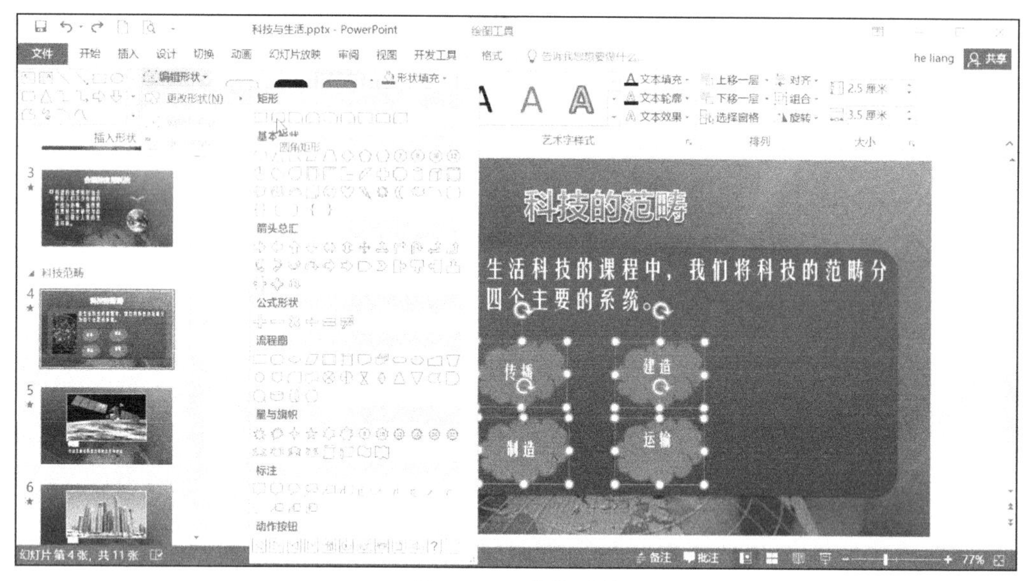

图 15-12　替换形状

15.3　插入和格式化图片

图片是在使用 PowerPoint 进行演示的时候不可缺少的元素，PowerPoint 2016 与之前版本相比，图片处理的能力更为强大。

01 选择第 2 张幻灯片，如图 15-13 所示，单击“插入”选项卡>“插图”组>“图片”命令。

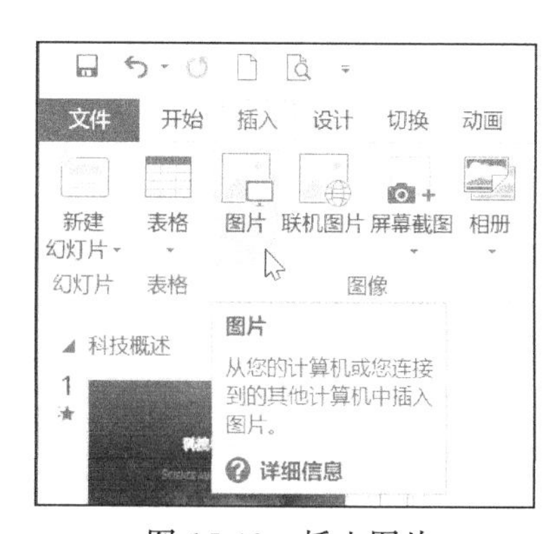

图 15-13　插入图片

02 在弹出的“插入图片”对话框中，定位到素材单元 15 文件夹，选择“钻木取火.png”图片，单击“插入”按钮，插入图片。

03 选中刚刚插入的图片，单击“图片工具：格式”选项卡>“图片样式”下拉按钮，在菜单中单击“圆形对角，白色”格式，如图 15-14 所示。

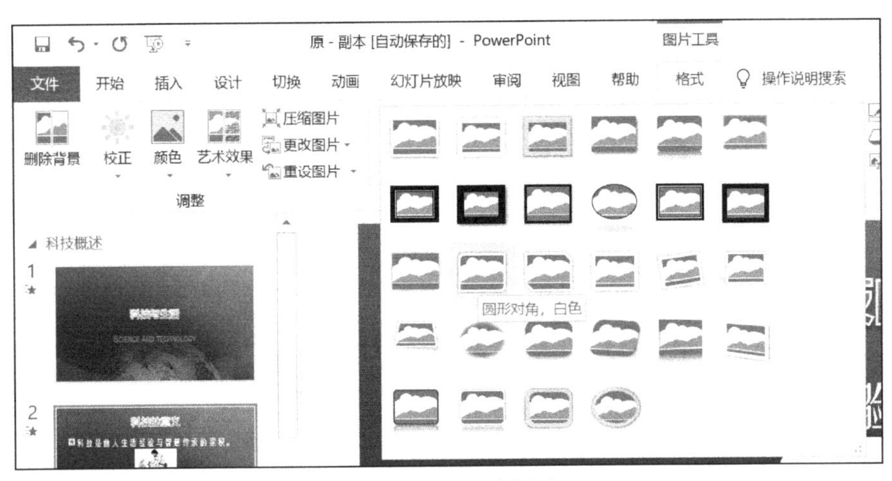

图 15-14　图片样式

04 单击“格式”选项卡>“调整”组>“艺术效果”下拉按钮，在菜单中单击“纹理化”艺术效果，如图 15-15 所示。

图 15-15　艺术效果

05 单击“格式”选项卡>“图片样式”组>“图片效果”下拉按钮，在菜单中单击“棱台”命令，在级联菜单中单击“圆形”，如图 15-16 所示。

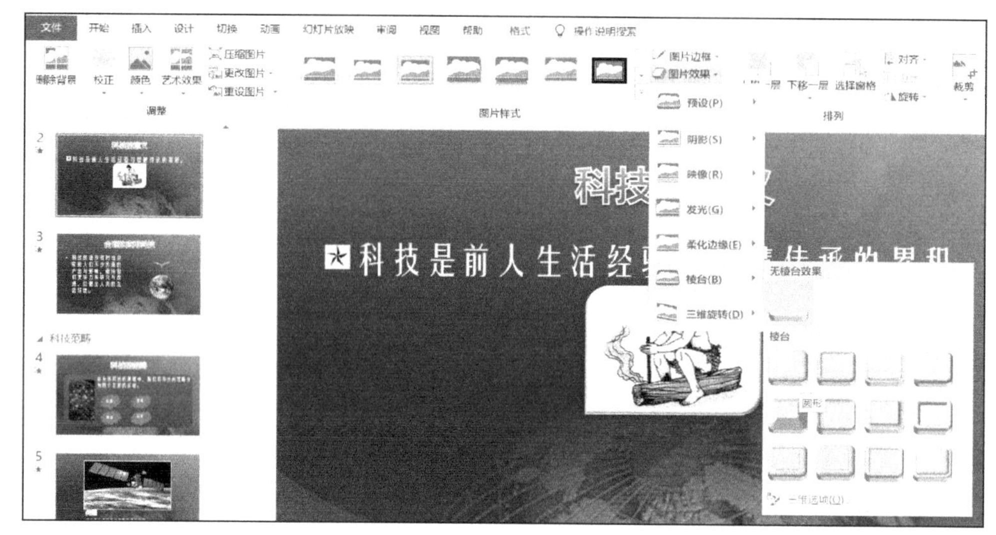

图 15-16　图片效果

15.4　排列和组合对象

当一张幻灯片中有多个对象时，通常需要对这些对象进行整齐排列操作或设置其叠放层次。

01 同时选中第 10 张幻灯片中的 3 张图片，单击“图片工具：格式”选项卡>“排列”组>“对齐”下拉按钮，在菜单中单击“垂直居中”命令，如图 15-17 所示。

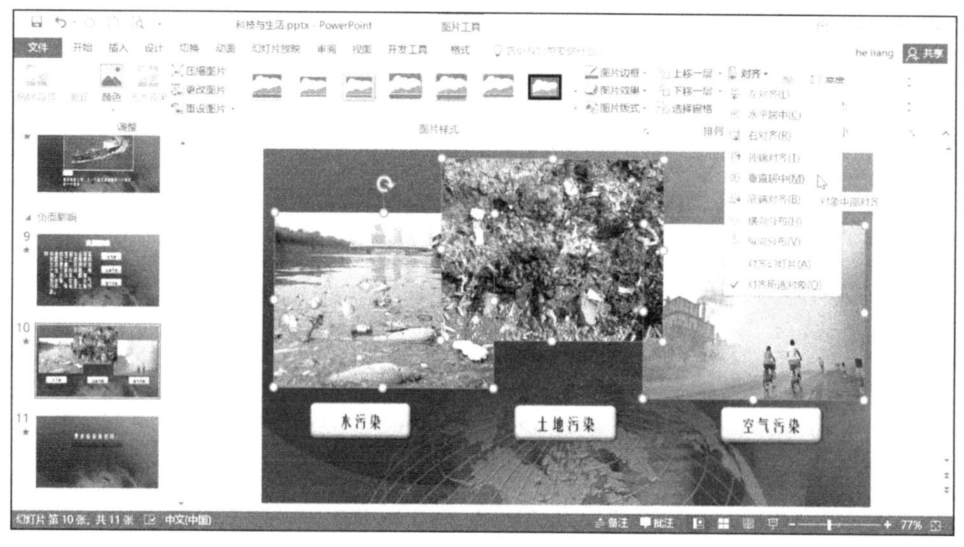

图 15-17　垂直居中对齐图片

02 使用类似的方法也可以设置形状水平方向的对齐方式。如图 15-18 所示，选中第 9 张幻灯片中的“水污染”、“土壤污染”和“空气污染”3 个形状，单击“绘图工具：格式”选项卡>“排列”组>“对齐”下拉按钮，在菜单中单击“左对齐”命令，就可以将所有形状与最左端的形状对齐。

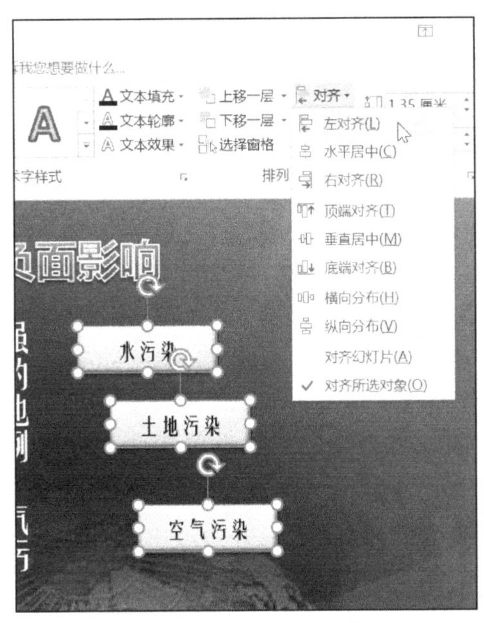

图 15-18　左对齐对象

03 保持上一步骤中的 3 个对象为选中状态，单击“绘图工具：格式”选项卡>“排列”组>“对齐”下拉按钮，在菜单中单击“纵向分布”命令，就可以使所有形状垂直方向的间距相等。

04 如果想让第 10 张幻灯片的 3 张图片中，“土地污染”文本框上方的图片放置于左侧“水污染”图片下方，可以选中它，如图 15-19 所示，反复单击“格式”选项卡>“排列”组>“下移一层”命令。

图 15-19　设置对象叠放层次

15.5 课后习题

1．在最后 1 张幻灯片中，将文本“更多信息请访问：”的字符间隔更改为“稀松”，并应用文字阴影。

2．在第 1 张幻灯片中，对标题文本应用“填充-黑色，文本 1，轮廓-背景 1，清晰阴影-背景 1”艺术字样式。

3．将幻灯片母版的顶层项目符号更改为使用图片文件夹中的“星星.png”文件。

4．在第 1 张幻灯片中，将“intelligence everywhere”文本与文本框顶端对齐，并应用“小型大写字母”效果。

5．在第 4 张幻灯片中，将列表的格式设置为两列列表。

6．在第 4 张幻灯片中，为文本“大赛在线学习平台”添加链接到网站“http://www.e-micromacro.cn”的超链接。

7．在第 4 张幻灯片中，对“矩形标注”应用“细微效果-蓝色，强调颜色 1”样式。

8．在第 2 张幻灯片中，取消包含内容“商业伙伴的电脑”的文本框轮廓；对云形形状应用“向右偏移”外部阴影，将阴影颜色设置为“蓝色”，大小为“102%”，距离为“12”磅。

9．在第 2 张幻灯片中，将信封图标颜色更改为“浅青绿，背景 2”，添加“蓝色”轮廓。

10．在第 2 张幻灯片中，重新调整云形形状大小，使其变为 1.5 倍大小，但纵横比保持不变。

11．在第 2 张幻灯片中，将椭圆形替换为云形。

12．在第 2 张幻灯片中，对图片应用“圆形对角，白色”样式和“纹理化”艺术效果。

13．在“建筑与雕像”幻灯片中，对 3 张图片应用“硬边缘棱台”效果。

14．排列第 6 张幻灯片中的图片，使其垂直居中对齐。

15．在第 9 张幻灯片中，更改圆角矩形对齐方式，使每个形状的左边与顶部形状的左边对齐。

16．将第 6 张幻灯片中右侧的图片置于中间图片前，然后将左侧图片置于底层。

17．在第 6 张幻灯片中，将左上角形状与右侧文本框组合。

单元 16

插入表格、图表、SmartArt 图形和媒体——制作 ABC 股份有限公司介绍

任务背景

你是 ABC 股份有限公司的一名职员，现在需要将介绍公司的演示文稿中的文本和数据内容使用表格、图表及 SmartArt 形式进行展示，并为演示文稿添加多媒体元素，从而使演示更为生动。

任务分析

要完成本任务，需要从外部导入表格，对表格的格式和内容进行编辑和修改；然后将表格转换为图表，再对图表的格式进行编辑和修改。还需要插入和编辑 SmartArt 图形，以及插入和管理音乐、视频等多媒体文件。

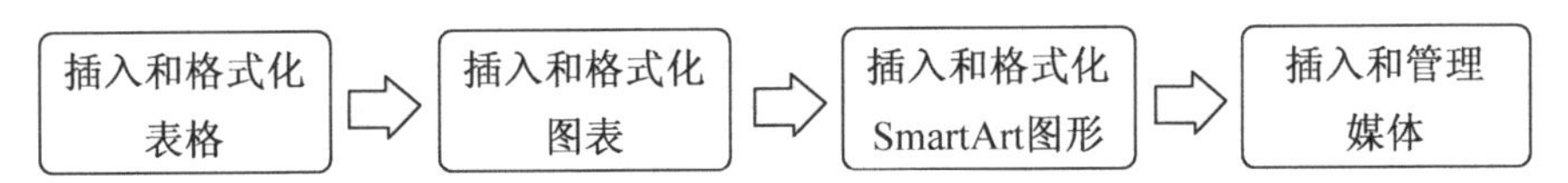

本任务主要涉及的技能点包括创建表格、格式化表格、创建图表、格式化图表、创建 SmartArt 图形、格式化 SmartArt 图形、使用音频及使用视频。

案例素材

ABC 股份有限公司.pptx；背景音乐.mp3；业绩展示.mp4。

实现步骤

16.1 插入和格式化表格

01 打开“ABC 股份有限公司.pptx”演示文稿，选中第 4 张幻灯片中的空白文本框，单击“插入”选项卡>“表格”下拉按钮，在菜单中单击“插入表格”命令，然后在弹出的“插入表格”对话框中输入需要插入的行数和列数，此处插入一个 2 列 6 行的表格，如图 16-1 所示。

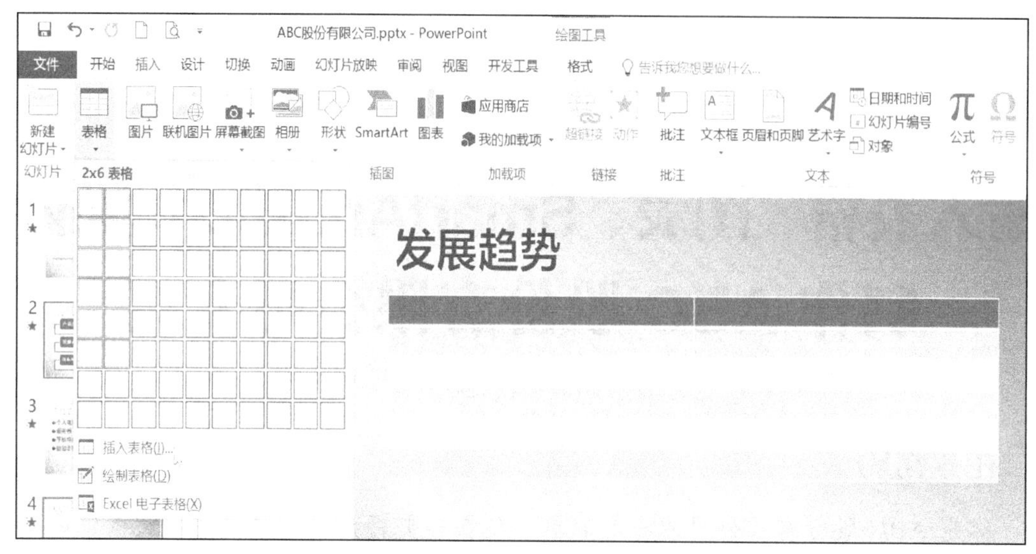

图 16-1　插入表格

02 如图 16-2 所示，当表格处于被选中状态时，在功能区会出现有关表格的两个选项卡，在“设计”选项卡中可以对表格的样式进行修改。“表格工具：设计”选项卡>“表格样式选项”组中的“镶边行”复选框默认为勾选状态，这里取消勾选。

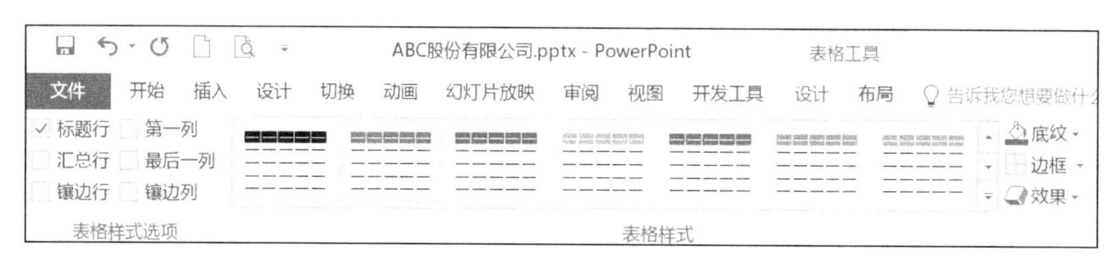

图 16-2　修改表格样式

03 在第 4 张幻灯片的表格中输入下列数据。

年份	销售额
2008 年	2.7
2009 年	3.6
2010 年	3.2
2011 年	5
2012 年	7.5

04 如果所需数据已经保存在外部文档中，如 Excel 文档，可以通过单击“插入”选项卡>“文本”组>“对象”命令，在弹出的“插入对象”对话框中进行导入。

05 单击“表格工具：布局”选项卡>“行和列”组>“在右侧插入”命令，如图 16-3 所示，此时会在表格右侧插入一个新列。

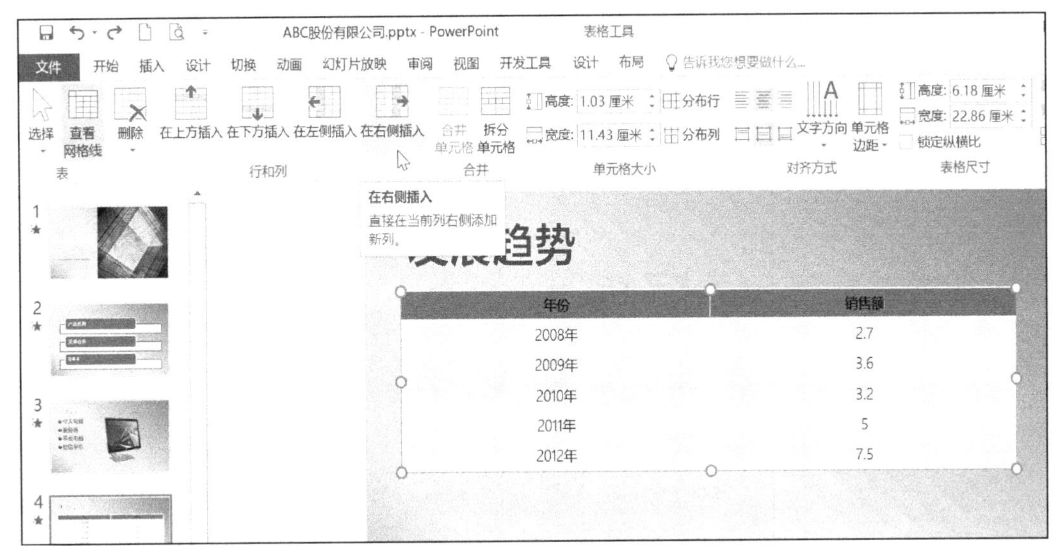

图 16-3　插入新列

06 在新增列中输入如下数据。

增长

33.33%

–11.11%

56.25%

50.00%

16.2　插入和格式化图表

PowerPoint 的特点之一是形象化展示，因此如果在幻灯片中将数据以图表的形式展示，往往能够得到更好的效果。

01 如图 16-4 所示，选中第 4 张幻灯片中的表格，在“表格工具：布局”选项卡>“单元格大小”组中将表格列的“宽度”设置为“3.5 厘米”。

02 选中表格中的所有内容，按 Ctrl+C 组合键，或者在右键快捷菜单中单击“复制”命令。

03 单击“插入”选项卡>“插图”组>“图表”命令，在弹出的“插入图表”对话框中，直接单击“确定”按钮。

04 弹出“Microsoft PowerPoint 中的图表”对话框，如图 16-5 所示，将之前复制的表格数据粘贴到从单元格 A1 开始的位置，选中 D 列，单击鼠标右键，在弹出的快捷菜单中单击“删除”命令，然后关闭对话框。

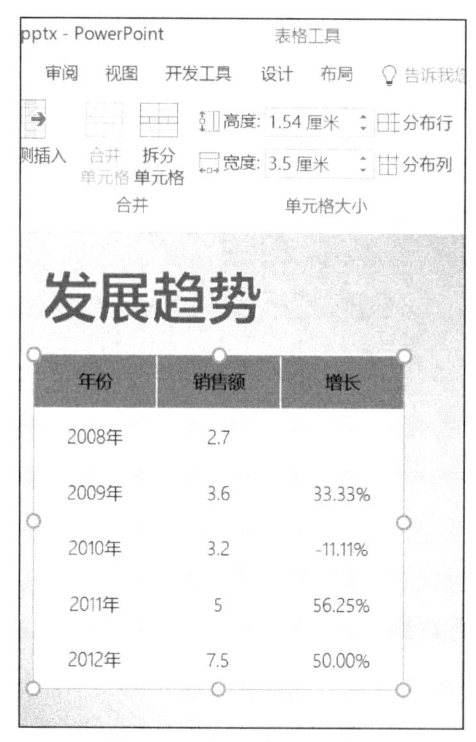

图 16-4　调整表格列宽度

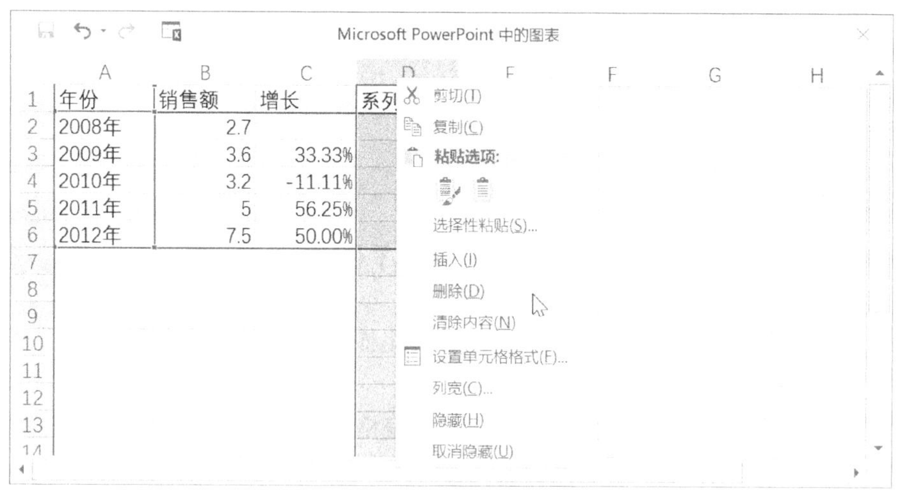

图 16-5　修改图表数据

05 此时可以看到，在第 4 张幻灯片中已经创建了一个图表，通过拖动图表边缘，可适当调整其位置与大小，如图 16-6 所示，单击“图表工具：设计”选项卡>“更改图表类型”命令。

06 弹出“更改图表类型”对话框，如图 16-7 所示，在左侧导航栏中选择“组合”，在右侧选择“图表类型”为“簇状柱形图-次坐标轴上的折线图”，“销售额”为“簇状柱形图”，“增长”为“折线图”，勾选第 2 个“次坐标轴”复选框，单击“确定”按钮。

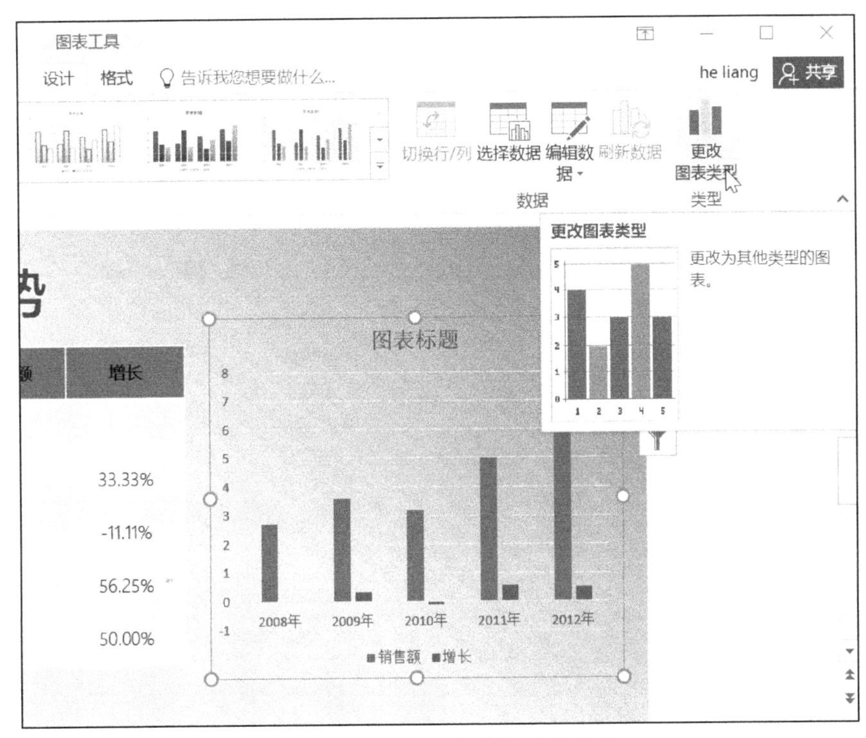

图 16-6 调整图表的位置和大小

图 16-7 更改图表类型

07 选中图表，将图表标题删除，双击右侧副坐标轴，如图 16-8 所示，在右侧“设置坐标轴格式”任务窗格中，在“坐标轴选项”>“数字”区域，设置“类别”为“百分比”，并将“小数位数”调整为“0”。

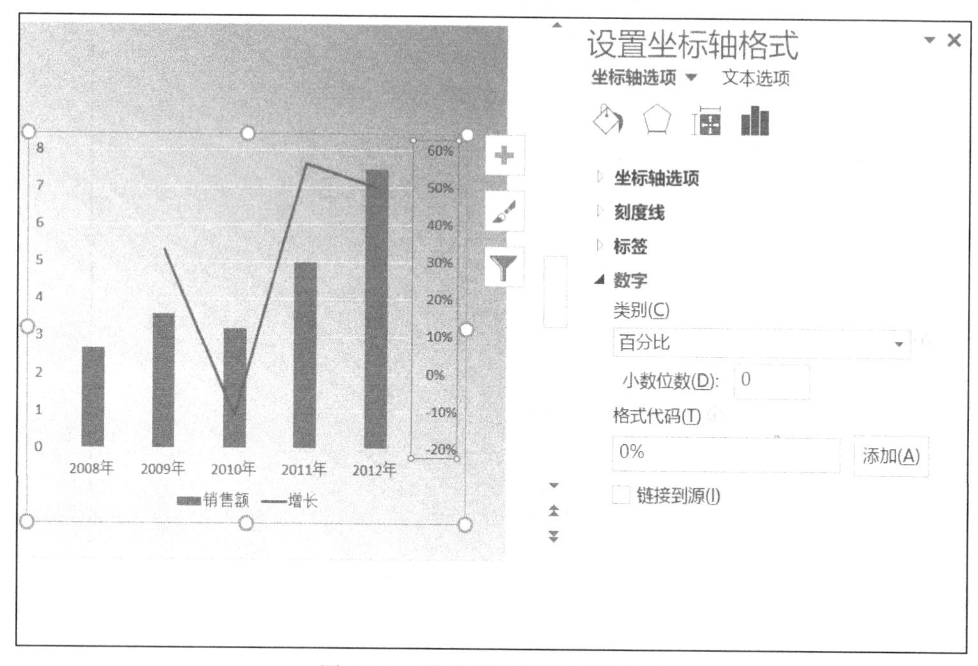

图 16-8　设置副坐标轴显示方式

08 确保图表为选中状态，如图 16-9 所示，在“图表工具：设计”选项卡中选择图表样式为“样式 3”，然后单击“更改颜色”下拉按钮，在菜单中单击“颜色 8”。

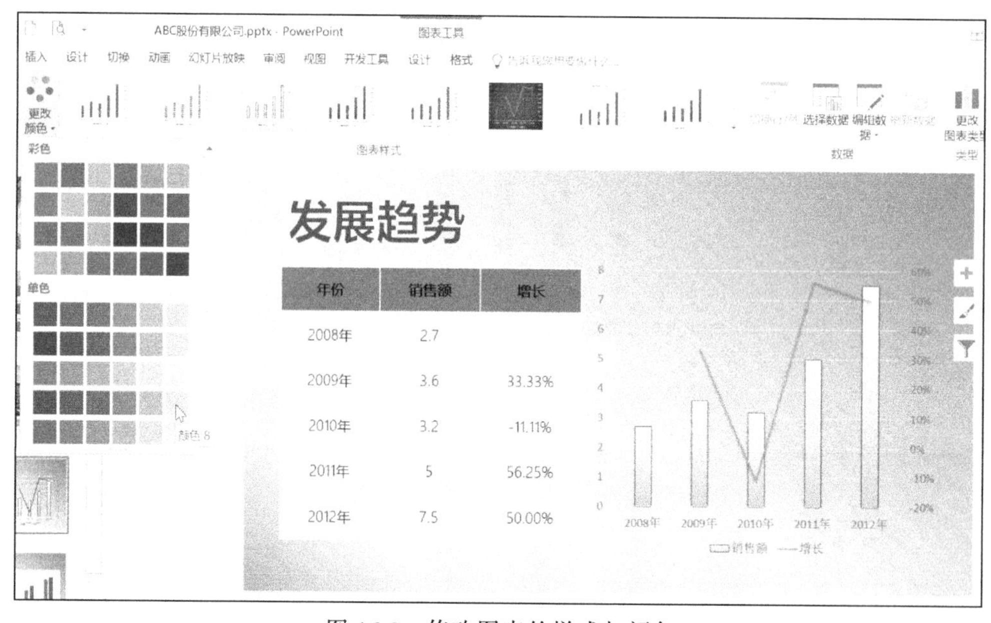

图 16-9　修改图表的样式与颜色

09 如图 16-10 所示，单击图表右侧 + 按钮，在弹出的快捷菜单中单击“坐标轴标题”右侧的 ▸ 按钮，在级联菜单中勾选“主要纵坐标轴”和“次要纵坐标轴”复选框。

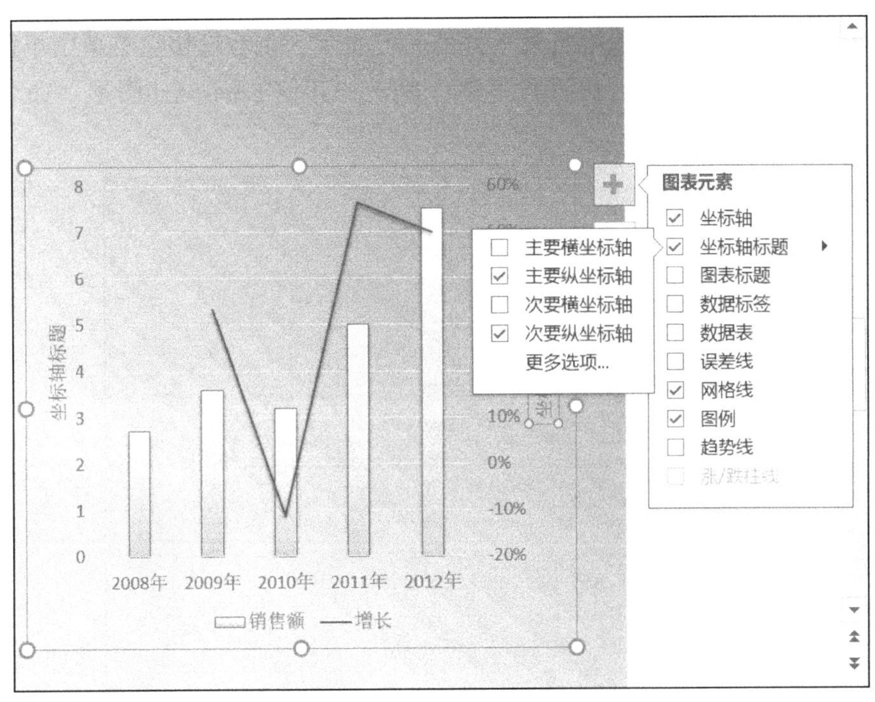

图 16-10 为图表添加坐标轴标题

10 在左侧文本框中输入“销售额（亿元）”，在右侧文本框中输入“增长百分比”，完成效果如图 16-11 所示。

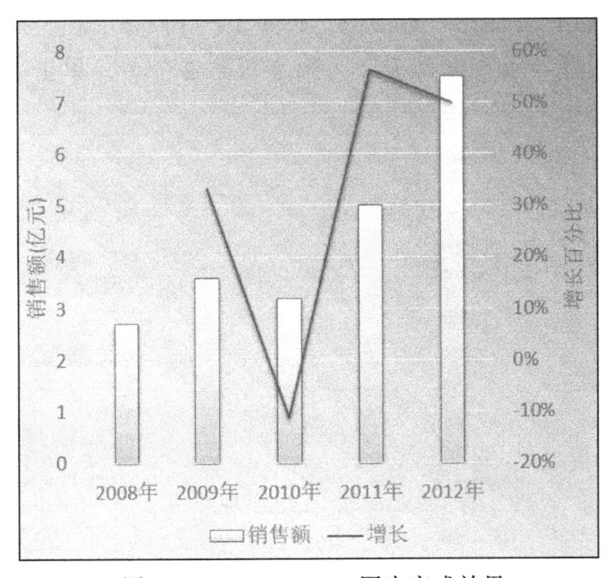

图 16-11 PowerPoint 图表完成效果

16.3 插入和格式化 SmartArt 图形

SmartArt 图形属于概念图表，用于表达流程、层次结构及循环等关系。

01 在第 2 张幻灯片中，选中目录下方的三行文字，在右键快捷菜单中单击“转化为 SmartArt”命令，在级联菜单中单击“其他 SmartArt 图形”命令，如图 16-12 所示。

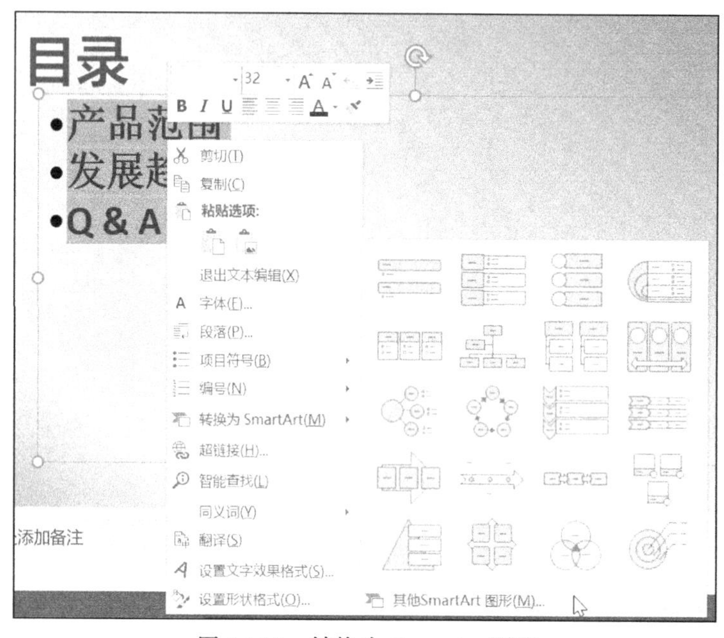

图 16-12 转换为 SmartArt 图形

02 弹出“选择 SmartArt 图形”对话框，如图 16-13 所示，在左侧导航栏选择“列表”，在右侧选择“垂直框列表”（第 2 行第 2 个），单击“确定”按钮。

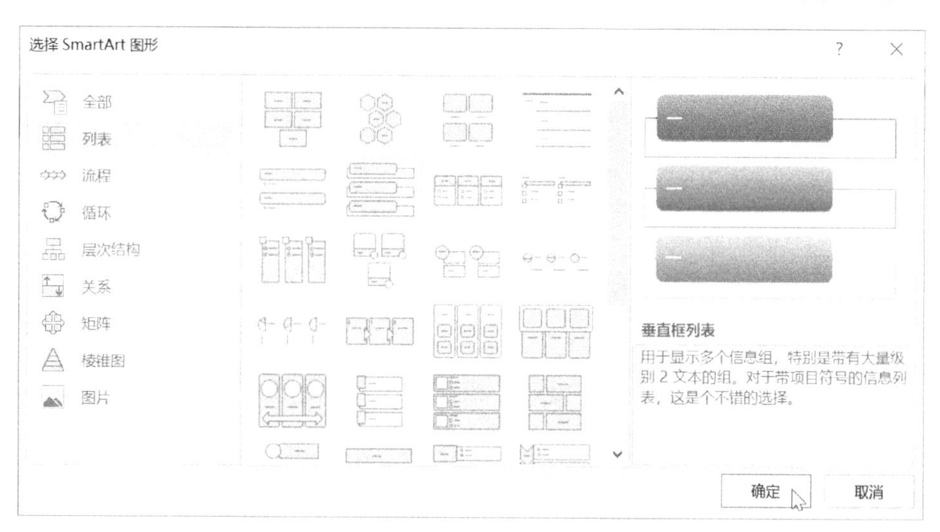

图 16-13 选择 SmartArt 图形

03 创建 SmartArt 图形后可以继续修改其样式与颜色。如图 16-14 所示，在“SmartArt 工具：设计”选项卡中选择图形样式为“细微效果”，单击左侧“更改颜色”下拉按钮，在菜单中单击“彩色轮廓-个性色 1”。

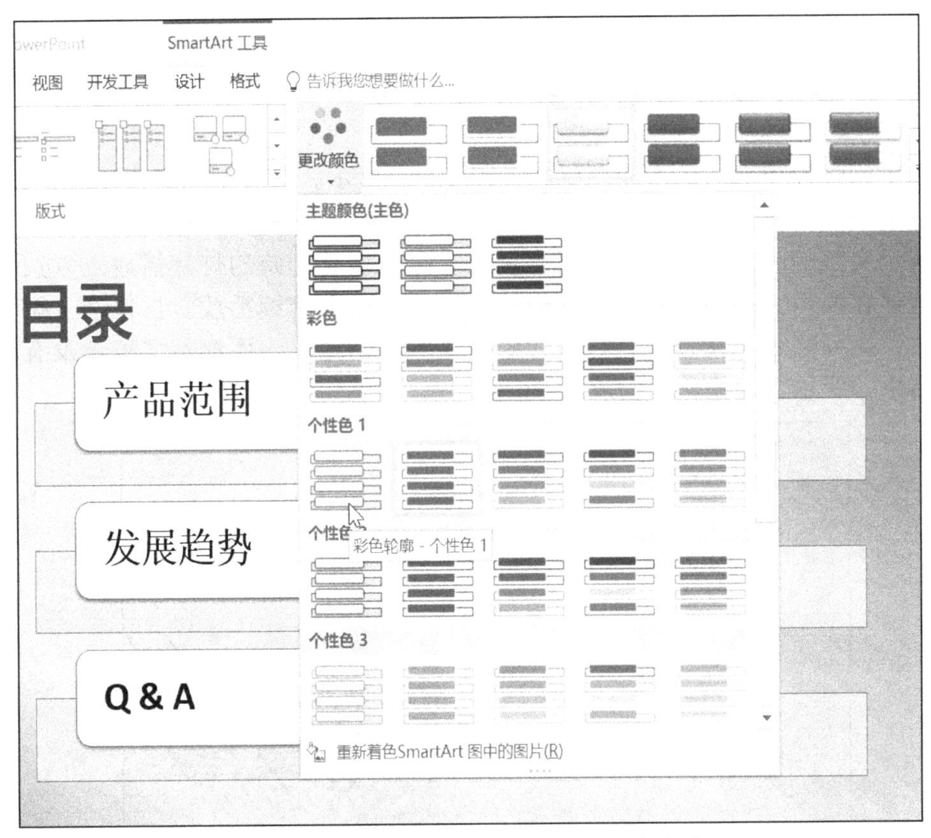

图 16-14 更改 SmartArt 图形的样式与颜色

04 除了将演示文稿中现成的文本直接转换为 SmartArt 图形，也可以新建 1 个空白的 SmartArt 图形，然后将所需文字填进去。单击“插入”选项卡>“插图”组>“SmartArt”命令即可。

16.4 插入和管理媒体

在 PowerPoint 2016 中，可以方便插入音频和视频等多媒体元素，从而让演示更加生动。本任务要为演示文稿插入背景音乐和演示视频。

01 选中第 1 张幻灯片，单击“插入”选项卡>“媒体”组>“音频”下拉按钮，在菜单中单击“PC 上的音频”命令，如图 16-15 所示。

02 在弹出的“插入音频”对话框中，定位到素材单元 16 文件夹，选择要插入的“背景音乐.mp3”音频文件，单击“插入”按钮。

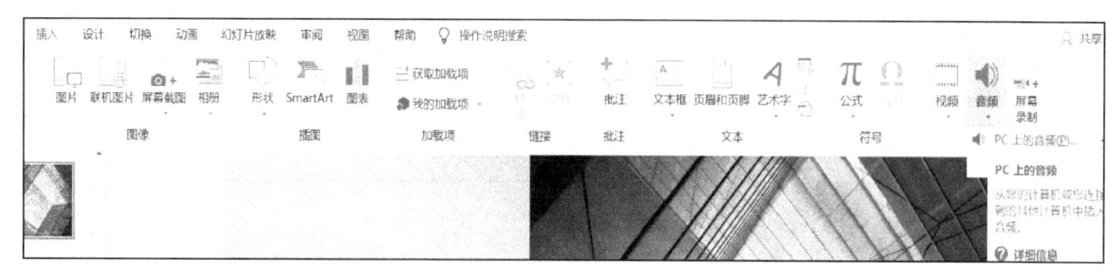

图 16-15　插入音频

03 选中幻灯片中插入的音频图标，如图 16-16 所示，切换到“音频工具：播放”选项卡>“音频选项”组，在“开始”下拉菜单中选择“自动”，以便在播放演示文稿的时候可以自动播放此音乐。接着勾选“跨幻灯片播放”复选框，这样在演示文稿切换到下一张幻灯片时，音乐会继续播放。再勾选“循环播放，直到停止”复选框，如果音乐已经播放到尽头，而演示文稿还没有放映结束，音乐会继续从头播放。

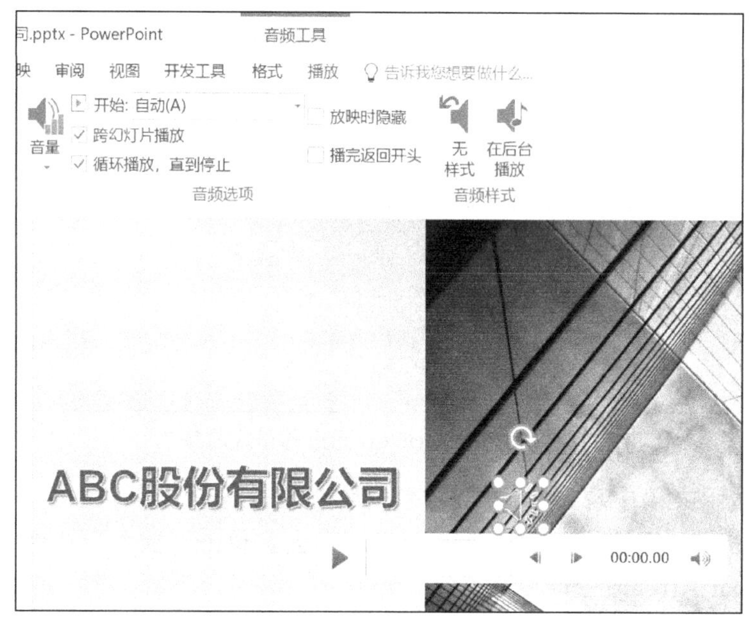

图 16-16　设置音频选项

04 选中第 5 张幻灯片，单击“插入”选项卡>“媒体”组>“视频”下拉按钮，在菜单中单击“PC 上的视频”命令。

05 在弹出的“插入视频文件”对话框中，定位到素材单元 16 文件夹，选中“业绩展示.mp4”视频文件，单击“插入”按钮。只要视频处于被选中状态，在功能区就会显示相关的选项卡，可以对视频的外观进行设置并对视频进行剪辑。

06 单击“视频工具：播放”选项卡>“编辑”组>“剪裁视频”命令。

07 弹出“剪裁视频”对话框，如图 16-17 所示，将“开始时间”设置为 1 秒，将“结束时间”设置为 28 秒，单击“确定”按钮，完成剪辑。

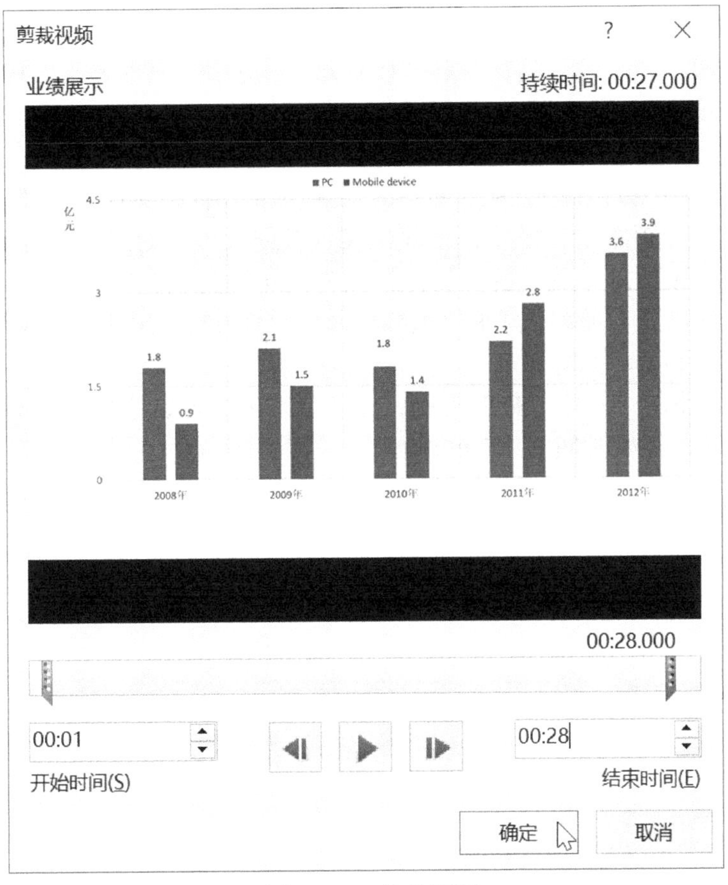

图 16-17 剪裁视频

16.5 课后习题

1. 在第 2 张幻灯片中，将含有 4 列 8 行的表格添加到标题下方；对表格应用“中度样式 2-强调 2”样式。修改表格样式，取消标题行和镶边行，应用镶边列。

2. 在第 12 张幻灯片中，从“文档”文件夹中的“各材料占比.xlsx”文档添加表格。

3. 在第 12 张幻灯片中，删除表格中的“胶水”行，在右侧插入标题为“占比”的新列。

4. 使用第 4 张幻灯片中表格提供的数字在幻灯片上创建“带数据标记的折线图”。将年份作为类别，将销售额作为系列，并将系列名称修改为“销售额（亿元）”。可适当调整图表大小。

5. 将第 3 张幻灯片中的图表样式更改为“样式 6”，将颜色更改为“单色部分颜色 13”。

6. 在第 4 张幻灯片中修改图表，使图例横跨图表顶部中央，标签应与图表重叠。

7. 将第 4 张幻灯片中的图表更改为“带数据标记的折线图”。

8．在第 2 张幻灯片中，添加“垂直曲型列表”SmartArt 图形，从上到下输入文本“产品范围”、“发展趋势”和“Q & A”。应用“中等效果”样式，将颜色更改为“彩色填充-个性色 1”。可适当调整图形大小。

9．在第 2 张幻灯片中，将目录列表转换为“垂直框列表”SmartArt 图形。

10．在第 1 张幻灯片中，从“音乐”文件夹插入音频文件“背景音乐.mid”，以便在用户单击音频图标时播放，且即使演示者进入下一幻灯片，也能继续播放。

11．在第 7 张幻灯片中，从“视频”文件夹中添加视频文件“pray.wmv”，更改视频窗口，使其变为原始大小的 120%，且到幻灯片左上角的垂直距离和水平距离分别为 13 厘米和 4 厘米。

12．在第 7 张幻灯片中，裁剪视频，使显示区域的开始位置从左侧边界开始向右偏移 0.5 厘米，开始时间为“00:00.050”，结束时间为“03:46.600”。

单元 17

应用切换和动画效果——电子数据交换

任务背景

你正在参加电子商务课程的学习，已经制作了一份演示文稿以便在讨论课上进行展示。现在需要为演示文稿设置切换和动画效果，从而可以更生动地进行演示。

任务分析

在本任务中，首先设置幻灯片的切换效果，如幻灯片换片的动画效果和换片方式等；然后对演示文稿中的文字和图形内容应用动画效果，以便展示能够更好地配合讲解的节奏或把一些抽象的概念以形象化的方式来展现。

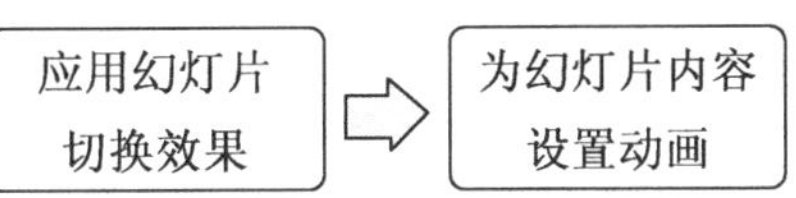

本任务主要涉及的技能点包括设置幻灯片切换效果、设置幻灯片播放选项及自定义动画效果。

案例素材

电子数据交换.pptx。

实现步骤

17.1 应用幻灯片切换效果

幻灯片的切换包括切换动画效果、切换声音及换片方式。本任务要为幻灯片添加切换动画效果，并设置自动换片效果。

01 如图 17-1 所示，在“切换”选项卡>“切换到此幻灯片”组中单击“推进”切换效果。

02 如图 17-2 所示，单击“效果选项”下拉按钮，在菜单中单击“自左侧”命令。

03 如图 17-3 所示，在“切换”选项卡>“计时”组中勾选“设置自动换片时间”

复选框，并将时间设置为 10 秒，这样在幻灯片放映时，即使不手动切换，每隔 10 秒也会自动切换到下一张幻灯片。

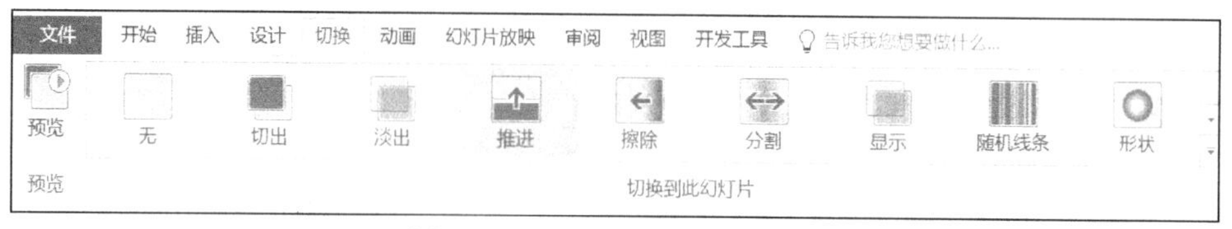

图 17-1 设置幻灯片切换效果

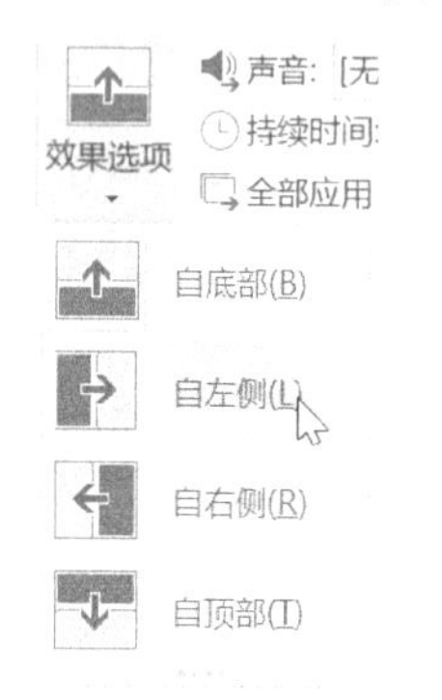

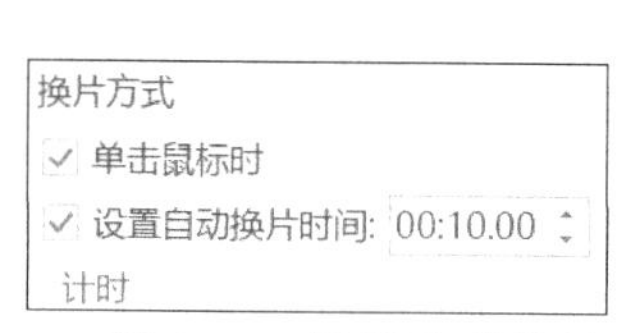

图 17-2 设置切换动画效果选项

图 17-3 设置自动换片

04 单击“切换”选项卡>“计时”组>“全部应用”命令，将之前所进行的切换动画和换片时间的设置应用于演示文稿的每一张幻灯片。

05 单击“应用到全部”按钮，将在单击此按钮之前的有关幻灯片切换效果、声音的设置应用于所有幻灯片，而在单击此按钮之后的操作都不会受到影响。

06 如果希望演示文稿能够循环播放，可以单击“幻灯片放映”选项卡>“设置”组>“设置幻灯片放映”命令，在弹出的“设置放映方式”对话框中，如图 17-4 所示，勾选“放映选项”选项组中的“循环放映，按 ESC 键终止”复选框。

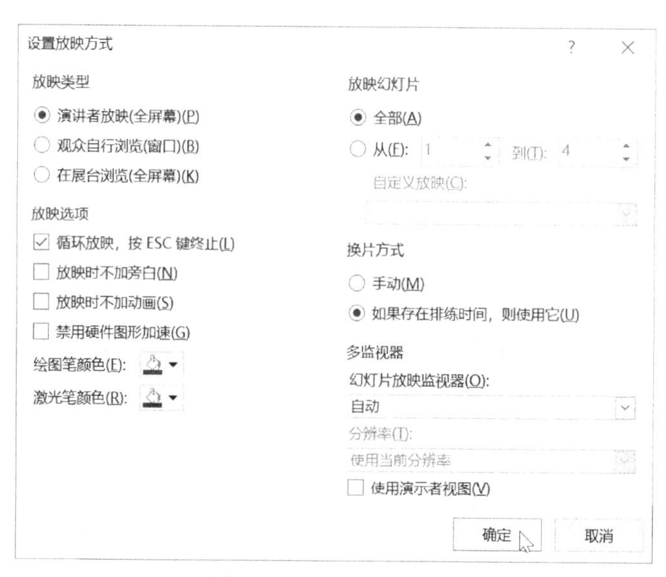

图 17-4 设置循环播放

17.2 为幻灯片内容设置动画效果

PowerPoint 提供的动画效果分为进入、退出、强调和动作路径 4 类。通过对动画效果的合理使用，可以使幻灯片内容的展示更好地配合讲解的节奏，也可以使一些不容易以文字描述清楚的内容变得更加形象。本任务要对演示文稿的文字和图形分别设置动画效果。

01 如图 17-5 所示，选中第 3 张幻灯片中标题下方的内容占位符，在“动画”选项卡>“动画”组中，将动画设置为“飞入”。

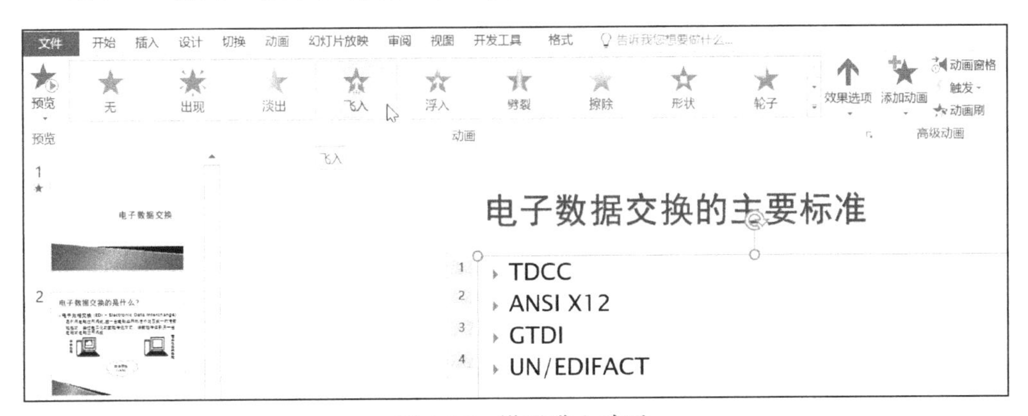

图 17-5　设置进入动画

02 如图 17-6 所示，单击“效果选项”下拉按钮，在菜单中单击“自左侧”命令，将文字飞入的方向改为自左侧。

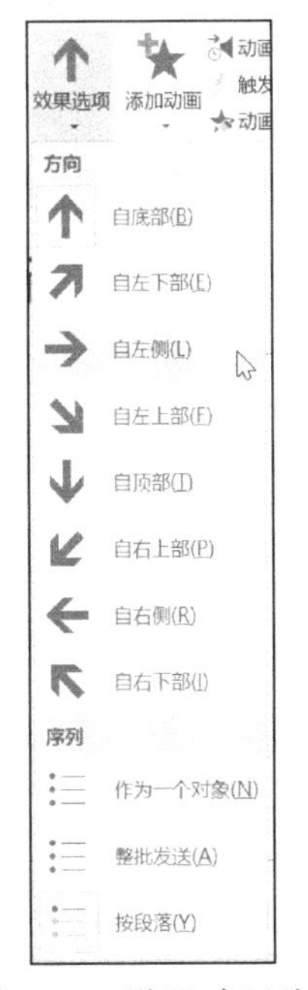

图 17-6　设置动画选项

03 如果希望对第 4 张幻灯片中的内容设置同样的动画效果，可以使用动画刷的功能快速完成。选中第 3 张幻灯片中设置了动画效果的文本框，单击“动画”选项卡>“高级动画”组>“动画刷”命令。

04 切换到第 4 张幻灯片，光标已经变成样式，如图 17-7 所示，单击幻灯片下方文本框，即可将动画效果复制到新的位置。

电子数据交换的应用领域

- 电子业
- 航运业
- 物流业
- 零售业

图 17-7 使用动画刷复制动画效果

05 如图 17-8 所示，选定第 2 张幻灯片中的红色信封图标形状，在“动画”选项卡>“动画”组中单击动画库右侧的“其他”按钮，在菜单中单击“动作路径”中的“转弯”动画。

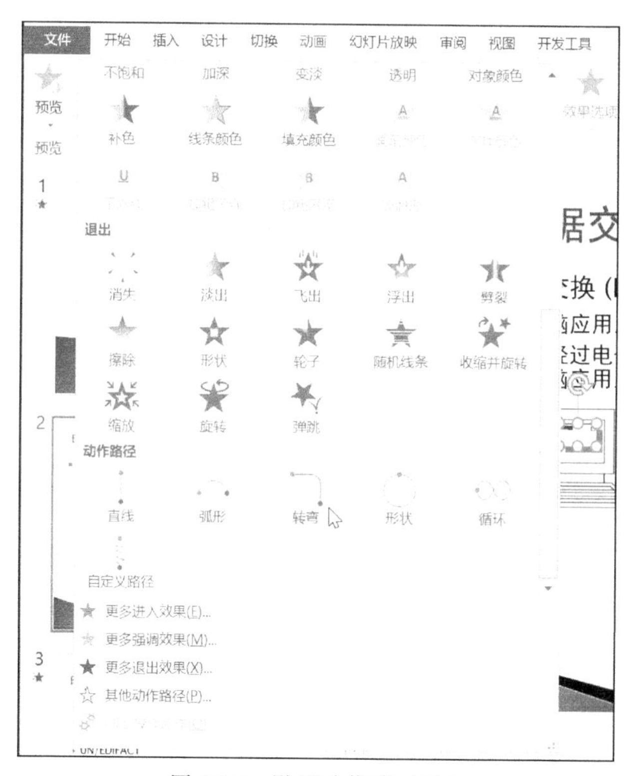

图 17-8 设置动作路径动画

06 单击“效果选项”下拉按钮，在菜单中单击“自右下部”命令。

07 单击“动画”选项卡>“高级动画”组>“添加动画”下拉按钮，在菜单中单击“动作路径”中的“转弯”动画。注意，只有在“高级动画”组中，才能为一个对象添加多个动画。

08 单击“效果选项”下拉按钮，在菜单中单击“自底部”命令。

09 将刚刚对信封图案添加的第 2 个动作路径动画移动到如图 17-9 所示的位置。

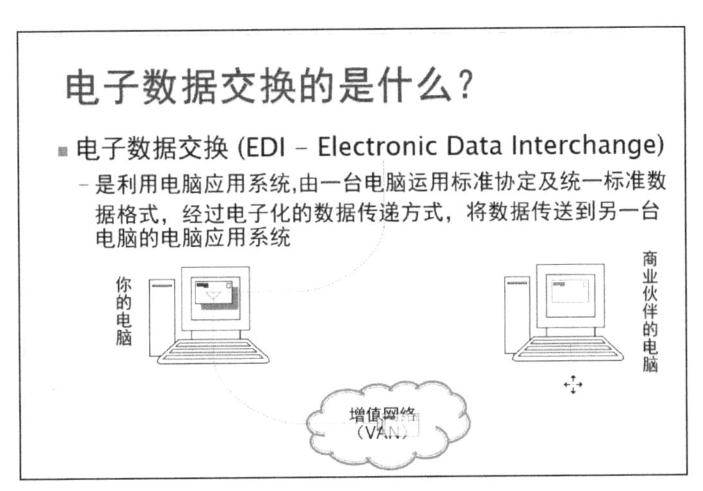

图 17-9　移动动画位置

10 单击“动画”选项卡>“高级动画”组>“动画窗格”命令，如图 17-10 所示，在窗口右侧会出现“动画窗格”任务窗格，选中第 2 个动画，然后在“动画”选项卡>“计时”组的“开始”下拉菜单中，将动画的开始时间设置为“上一动画之后”，调整“延迟”为 1 秒。

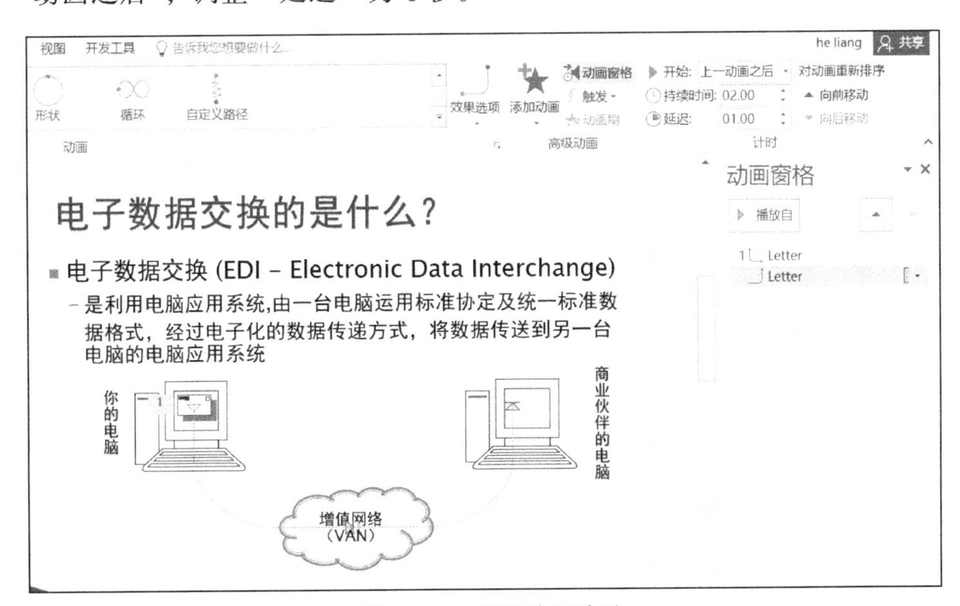

图 17-10　设置动画计时

17.3 课后习题

1．在所有幻灯片之间添加“推进”效果，并设定方向为“自右侧”。

2．在第 1 张和第 2 张幻灯片之间添加“帘式”切换；对第 4 张幻灯片添加“鼓掌”的切换声音。

3．将所有幻灯片的切换持续时间设置为 2 秒，自动换片时间设置为 10 秒。

4．为第 3 张幻灯片中的文本添加擦除动画，以便在单击时每行文字自左侧分别进入；在第 2 张幻灯片中，为“邮件”形状添加“螺旋飞入”进入动画。

5．重新排列第 9 张幻灯片中的图片动画顺序，使其从左向右逐个淡出。

6．在第 7 张幻灯片中，为文本添加“擦除”进入动画，以便在放映幻灯片时第一段文字立即从左侧进入，后面的每段文字在前一段文字出现 1 秒后自左侧进入。

单元 18

审阅和发布演示文稿——互联网营销

任务背景

你要给公司市场部的员工做一场关于互联网营销的报告，现在已经完成了一个演示文稿，需要对演示文稿进行审阅，并在发布前进行设置，以便更好地共享信息或保护个人隐私。

任务分析

首先需要给演示文稿的内容添加批注，并制作一个繁体字版本；然后进行发布前的准备工作，如添加或清除个人信息及保护演示文稿；最后以不同模式保存或输出演示文稿。

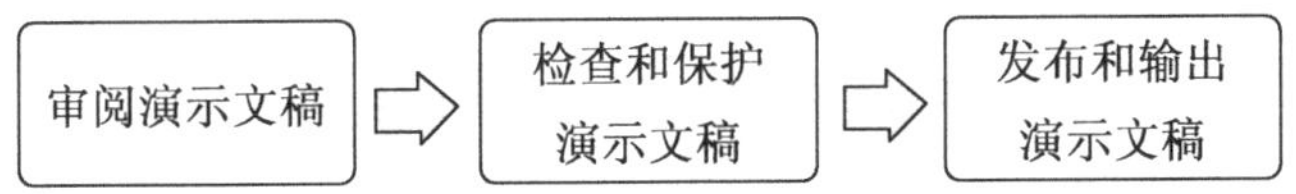

本任务涉及的知识点包括管理批注、繁简体转换、添加属性、检查文档、加密演示文稿、以不同格式保存演示文稿、自定义放映及打印设置等。

案例素材

互联网营销.pptx。

18.1 审阅演示文稿

本任务要为演示文稿添加批注，并将其另存一个繁体字版本。

01 打开“互联网营销.pptx”演示文稿，如图 18-1 所示，选中第 4 张幻灯片中的文本“4G”，单击“审阅”选项卡>“批注”组>“新建批注”命令。

02 在窗口右侧出现“批注”任务窗格，如图 18-2 所示，输入批注内容“补充 5G 内容！”，然后关闭任务窗格。

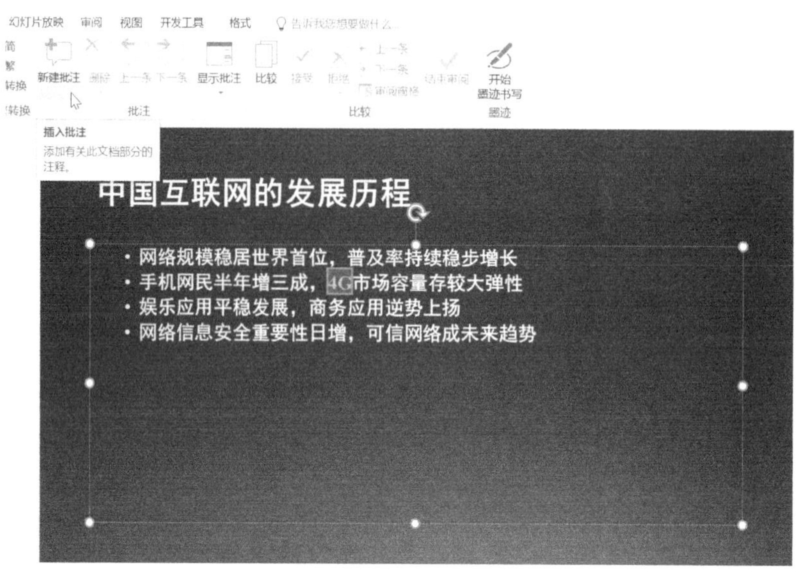

图 18-1　新建批注

03 新建批注后，在第 4 张幻灯片会出现一个小的批注图标。如果不希望显示这个图标，如图 18-3 所示，可单击“审阅”选项卡>“批注”组>“显示批注”下拉按钮，在菜单中取消勾选“显示标记”选项。

图 18-2　编辑批注内容

04 将演示文稿另存一个副本，文件名为“互联网营销-繁体.pptx”。单击窗口左侧导航栏中任意区域，按 Ctrl+A 组合键，选中所有幻灯片，单击“审阅”选项卡>“中文简繁转换”组>“简转繁”命令，即可将幻灯片内容转换为繁体中文。

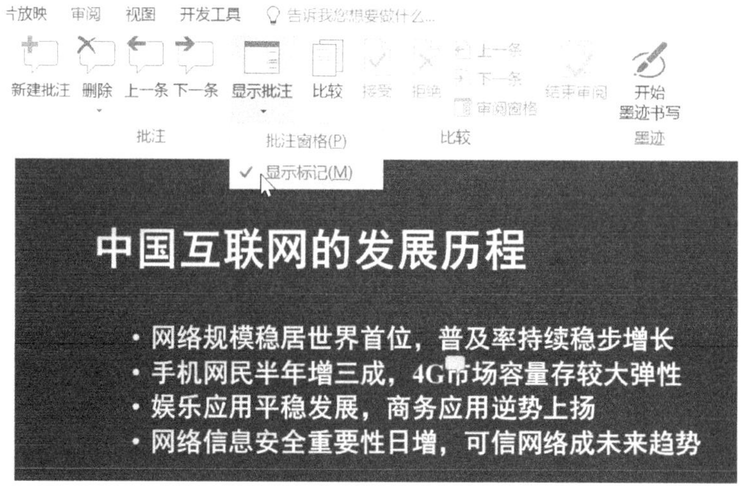

图 18-3　隐藏批注

05 默认情况下，在执行简繁转换后，除了简体字转换为繁体字，还会转换常用词汇，如在第 11 张幻灯片中把“营销”转换为“行銷”。如果不希望转换常用词汇，可以单击“审阅”选项卡>“中文简繁转换”组>“简繁转换”命令，如图 18-4 所示，在弹出的“中文简繁转换”对话框中，取消勾选“转换常用词汇”复选框，单击“确定”按钮。

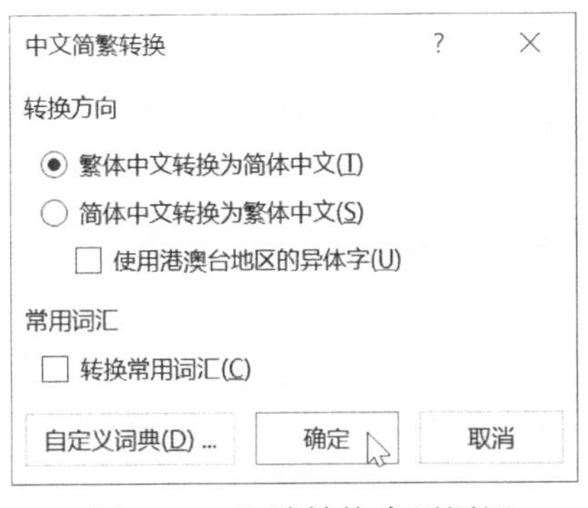

图 18-4 取消转换常用词汇

18.2 检查和保护演示文稿

本任务还要检查并删除演示文稿中的某些信息，如批注，然后为演示文稿添加说明性文字，并将演示文稿设置为只读。

01 单击“文件”后台视图，如图 18-5 所示，在左侧导航栏中选择“信息”，单击右侧“检查问题”下拉按钮，在菜单中单击“检查文档”命令。

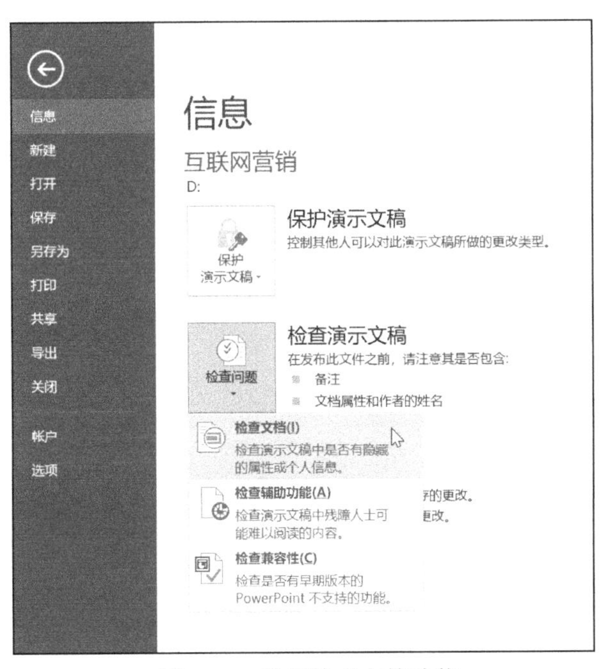

图 18-5 启用检查文档功能

02 弹出“文档检查器”对话框，如图 18-6 所示，只保留勾选“批注和注释”复选框，单击“检查”按钮。

图 18-6 检查演示文稿中的批注内容

03 如图 18-7 所示，单击“批注和注释”右侧的“全部删除”按钮，再单击“关闭”按钮，结束检查。

图 18-7 删除演示文稿中的批注内容

04 单击“文件”后台视图，如图 18-8 所示，在左侧导航栏中选择“信息”，单击右侧下方“显示所有属性”按钮。

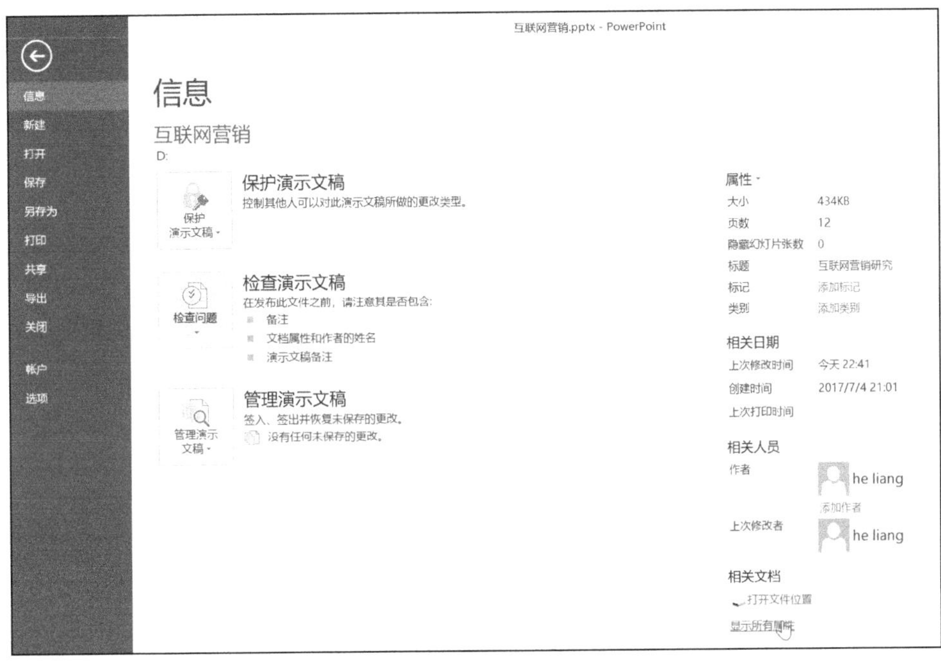

图 18-8 显示所有文档属性

05 如图 18-9 所示，在“单位”文本框中输入“MicroMacro”。

图 18-9 输入单位信息

06 单击“文件”后台视图，在左侧导航栏中选择“另存为”，单击右侧“浏览”按钮，弹出“另存为”对话框，单击“工具”下拉按钮，在菜单中单击“常规选项”命令，如图 18-10 所示。

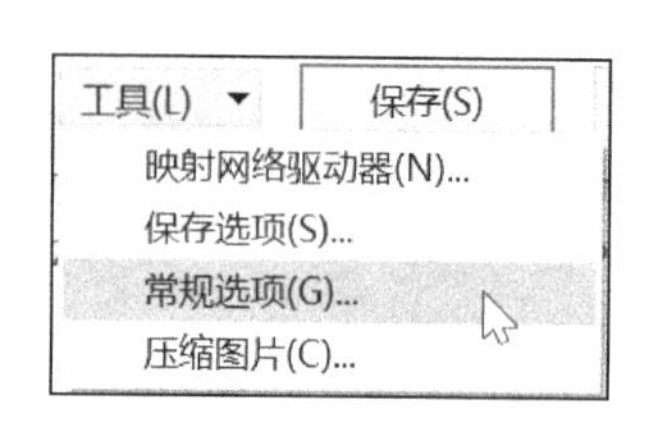

图 18-10　常规选项

07 弹出“常规选项”对话框，如图 18-11 所示，设置“修改权限密码”为“123456”，单击“确定”按钮，再次输入密码确认，然后将文档保存在合适的位置即可。

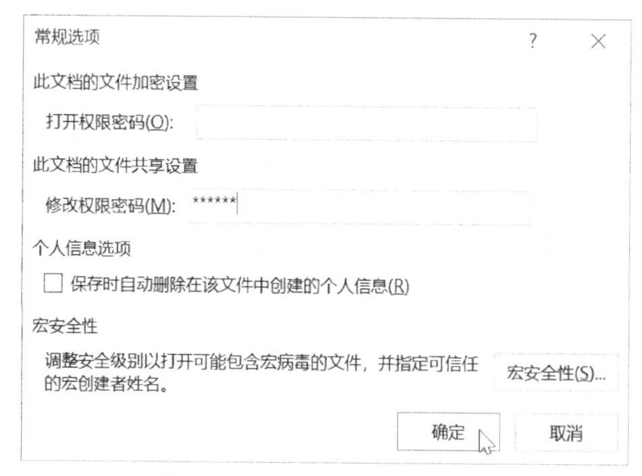

图 18-11　设置修改权限密码

08 在重新打开上面文档时，如图 18-12 所示，弹出提示输入密码的对话框。没有密码的用户可以单击“只读”按钮打开文档，此时只能浏览文档而没有权限修改文档的内容。

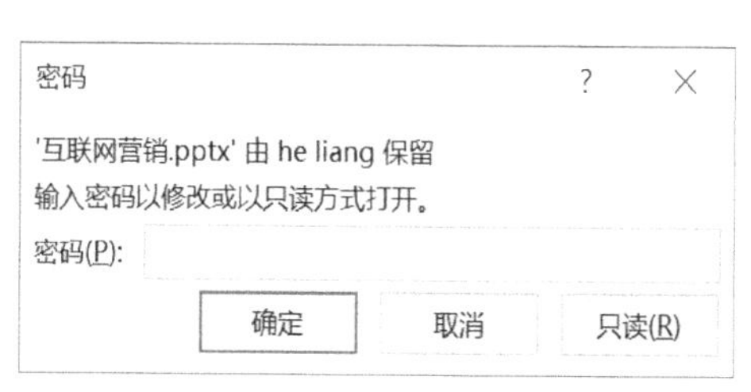

图 18-12　提示输入密码

18.3　发布和输出演示文稿

在本任务中，首先要创建自定义放映，然后将文档保存为可以直接放映的格式，最后以不同格式对文档进行虚拟打印输出。

01 单击“幻灯片放映”选项卡>“开始放映幻灯片”组>“自定义幻灯片放映”下拉按钮，在菜单中单击“自定义放映”命令。

02 在弹出的“自定义放映”对话框中，单击“新建”按钮。

03 弹出“定义自定义放映”对话框，如图 18-13 所示，输入“幻灯片放映名称”

为“网络时代的消费”，在左侧列表框中勾选第 6～9 张幻灯片的复选框，单击“添加”按钮，再单击“确定”按钮。

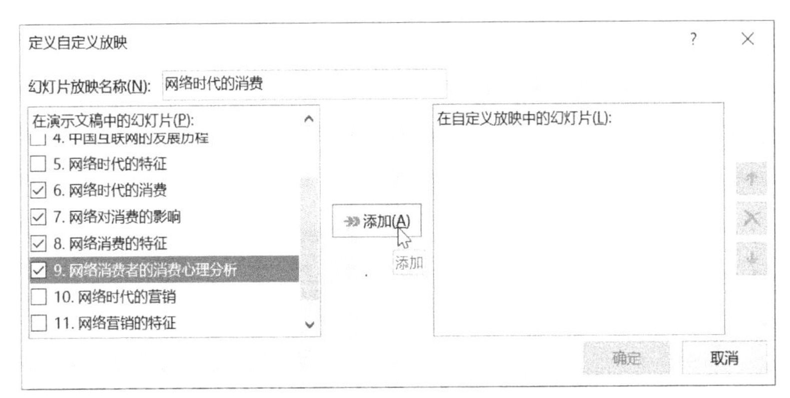

图 18-13　建立自定义幻灯片放映

04 回到“自定义放映”对话框，单击“关闭”按钮，完成自定义放映的创建。在使用时，如图 18-14 所示，可以单击“幻灯片放映”选项卡>“开始放映幻灯片”组>“自定义幻灯片放映”下拉按钮，在菜单中单击“自定义放映”命令。

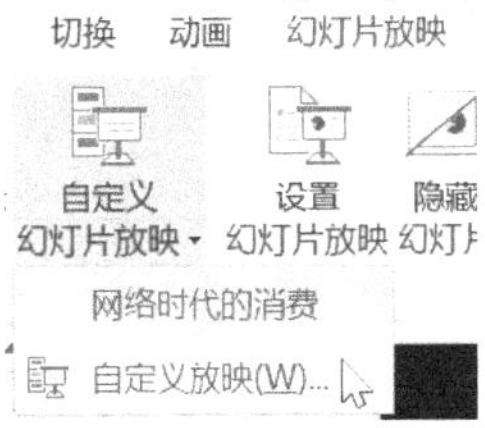

图 18-14　自定义放映

05 除了以 pptx 格式保存文档，还可以用其他格式来保存。例如，如果希望在双击文件时可以直接进入放映状态，可以在“文件”后台视图左侧导航栏中选择“另存为”，单击右侧“浏览”按钮，弹出“另存为”对话框，如图 18-15 所示，设置“保存类型”为“PowerPoint 放映(*.ppsx)”，输入适当的文件名，单击“保存”按钮。

图 18-15　保存演示文稿为放映格式

06 在“文件”后台视图左侧导航栏中选择“打印”，如图 18-16 所示，在右侧单击“Microsoft XPS Document Writer”打印机，在“幻灯片”下拉列表中选择“备注页”，可以看到打印效果，单击“打印”按钮，即可启动虚拟打印。

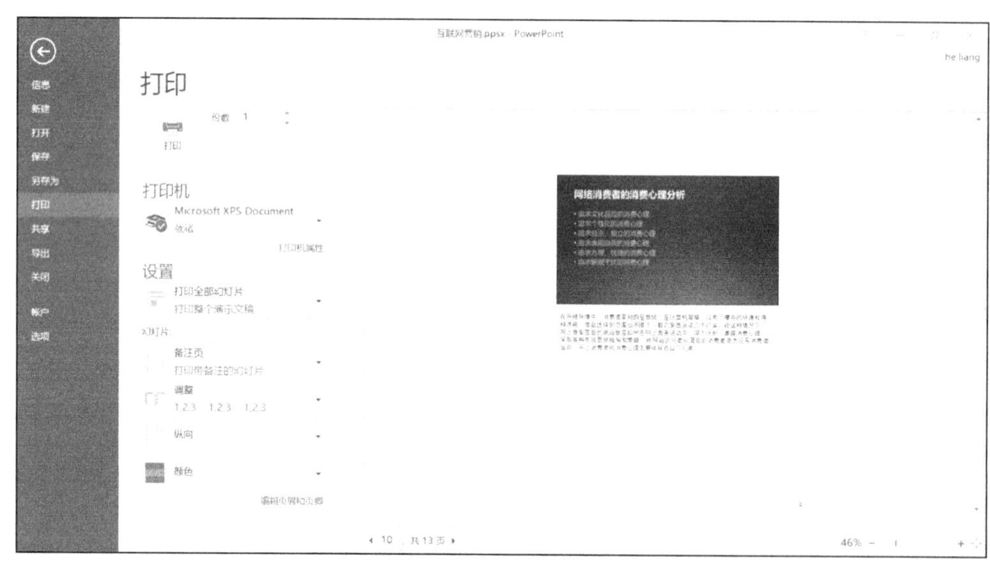

图 18-16　打印演示文稿备注页

07 如果希望以讲义的形式输出，可以选择讲义模式，如图 18-17 所示，选择“讲义（每页 3 张幻灯片）”，在右侧可以看到打印效果，其中左侧为幻灯片预览，右侧为笔记栏。

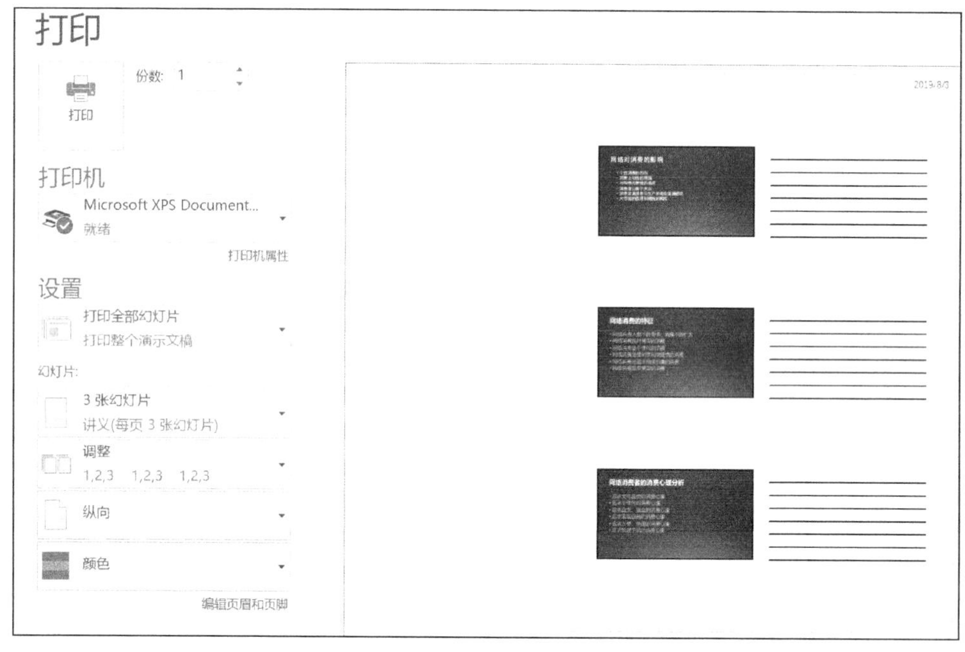

图 18-17　讲义模式

18.4 课后习题

1. 在第 13 张幻灯片的图表上插入“其他材料包含哪些？”批注。
2. 隐藏演示文稿中的批注。
3. 更改文件属性，使其“类别”为“科普”。
4. 删除文档属性和个人信息。
5. 检查并删除注释及幻灯片以外的内容。
6. 将演示文稿中的媒体文件压缩为“互联网质量”。
7. 将演示文稿另存为名为“演示文稿”的 PDF 文档，保存到“文档”文件夹中。

全真模拟题

项目1　Coho 酒庄

你在 Coho 酒庄工作，现在要制作一份 PowerPoint 演示文稿，将其在品酒室内无限循环放映。

1．在第 1 张和第 2 张幻灯片之间添加“帘式”切换。

2．将“文档”文件夹“葡萄园.pptx”中所有的幻灯片按顺序添加到演示文稿末尾。

3．删除文档属性和个人信息。

4．对“幻灯片母版”应用“离子会议室”主题。

5．组合第 6 张幻灯片中的 3 个箭头。

6．将第 3 张幻灯片中 SmartArt 图形的颜色更改为“彩色范围-个性色 4 至 5”。

7．在第 3 张幻灯片中，为文本添加“擦除”进入动画，以便在幻灯片放映时第一段文字立即从顶部进入，后面每段文字在前一段文字出现 1 秒后自顶部进入。

项目2　员工绩效

你要创建管理简报初稿。你所在部门的经理需要获得最终数据来完成演示文稿。

1．在第 3 张幻灯片中，将含有 3 列 4 行的表格添加到星形右侧。

2．将第 8 张幻灯片中的图表样式更改为“样式 11”，将颜色更改为“彩色调色板 4”（即“彩色”部分“颜色 4”）。

3．将打印选项设置为打印 4 份演示文稿，每页 3 张幻灯片。打印完第 1 页所有副本后，再打印第 2 页的所有副本。

4．对第 6 张幻灯片应用默认的“渐变填充”背景。

项目3　咖啡

你正在制作一份演示文稿，将作为多个广告演示文稿之一，在购物中心零售亭展示。现在需要打印讲义，供营销部审核。

1．在第 2 张幻灯片中剪裁视频，将“开始时间”设置为 1 秒。

2．对第 4 张幻灯片应用“两栏内容”版式。

3．在第 6 张幻灯片中，设置笑脸和心形的对齐方式，使其在幻灯片上水平居中对齐。

4．从讲义页眉中删除日期占位符。

5．在第 8 张幻灯片中，将底行文本的字符间隔更改为“很松”（加宽 6 磅），并应用文本阴影。

项目4　执行摘要

你要为老板制作演示文稿，由其在最终演示文稿中填入数字。

1．在第 7 张幻灯片中添加直方图图表，类型为默认“排列图”。

2．在第 4 张幻灯片中，从“文档”文件夹中的“收入.xlsx”文件添加表格。

3．在第 2 张幻灯片中，对文本框应用“细微效果-青色，强调颜色 5”样式。将其轮廓更改为“3 磅”，应用“角度棱台”形状效果。

4．在演示文稿末尾添加幻灯片，内容基于“文档”文件夹“轮廓.docx”中的大纲。

项目 5　音乐理论

你要制作在线使用的演示文稿，作为讲师指导音乐理论课程的一部分。

1．为“讲义母版”的左侧页脚添加文本“草稿”。

2．将打印选项设置为“横向”打印 5 份演示文稿“备注页”。打印完第 1 页所有副本后，再打印第 2 页的所有副本。

3．在第 3 张幻灯片中，将项目符号列表更改为以两列显示。

4．将演示文稿末尾的“无标题部分”节重命名为“示例”。

5．将所有幻灯片切换的“持续时间”设置为 2 秒。

项目 6　旅游

你在 Margie's Travel 公司营销部工作，现在要制作演示文稿，作为多个广告演示文稿之一，在购物中心零售亭展示。还要打印讲义，供营销部审核。

1．将第 5 张幻灯片中“爆炸形”形状和文本的动画路径更改为“圆形扩展”。

2．将 PowerPoint 设置为显示网格线，沿网格自动对齐对象。

3．在第 8 张幻灯片中，重新调整心形大小，使其变为两倍大小。形状的纵横比保持不变。

4．对第 4 张幻灯片中添加“鼓掌”切换声音。

5．在演示文稿末尾添加幻灯片，内容基于“文档”文件夹“额外.docx”文档中的大纲。

项目 7　保险

你要为保险公司创建年度会议演示文稿。

1．在第 2 张幻灯片，将“企业”图片与其标题组合。

2．在第 3 张幻灯片中删除表格中的“鼻炎”行，在右侧插入标题为“未保险百分比”的新列。

3．在第 4 张幻灯片中修改图表，使类别标签（图例）横跨图表顶部中央。标签应与图表重叠。

4．在第 5 张幻灯片中添加“棱锥型列表”SmartArt 图形，从上到下输入文本“黄金”、“白银”和“青铜”。应用“嵌入”样式。可根据需要调整图形大小。

5．设置打印选项为打印所有幻灯片的“备注页”。

第四篇

Outlook 时间与日程管理

Outlook 2016 的核心功能为邮件的管理，可以在本地同时管理多个账户，通过设置规则从而自动化地管理电子邮箱中的邮件。在具备邮件功能的基础上，Outlook 2016 还具备强大的联系人管理和日程管理功能。使用 Outlook 可以非常方便地召集会议和分配任务，从而使团队协作更为高效。

本篇内容依据微软办公软件国际认证（MOS）标准设计，MOS-Outlook 2016 的考核标准的主要内容包括 Outlook 生产力环境的配置、邮件管理、联系人管理、日程与时间管理、任务管理等。

单元 19 配置Outlook生产力环境和联系人信息——建立新邮件账户

任务背景

你是 MicroMacro 公司的新入职员工，现在需要使用 Outlook 进行日常工作的管理，并在公司网络管理员的协助下，配置自己的电子邮件账户，导入和创建联系人信息。

任务分析

与 Office 套件中的其他软件不同，Outlook 需要先进行账户配置，与某个电子邮件账号进行关联，才可以使用。在完成账户设置后，如果在其他设备上已经有联系人信息，可以将其保存为 Outlook 可以识别的文档格式并导入，也可以创建新的联系人和联系人组。

本任务涉及的技能点包括配置 Outlook 2016 电子邮件账户、导入已经存在的联系人信息及创建新的联系人和联系人组信息。

案例素材

联系人.csv。

实现步骤

19.1 配置 Outlook 电子邮件账户

本任务以 QQ 邮箱为例，为 Outlook 配置账户。

01 启动 Outlook 2016，在进入欢迎界面后，选择连接到电子邮件账户。注意，不同的 Office 版本，此处界面会有所不同。

02 在“添加账户”[1]对话框中，如图 19-1 所示，选择“手动设置或其他服务器类型”单选按钮，单击“下一步”按钮。

图 19-1　添加账户

03 选择“POP 或 IMAP”单选按钮，单击“下一步”按钮。

04 如图 19-2 所示，输入用户信息、服务器信息及登录信息，这里以 QQ 邮箱为例。此处所输入的用户信息和登录信息为示例，可根据自己的邮箱名称输入对应信息。如果使用的是其他电子邮箱，上述信息可查看邮箱内的配置帮助文件或咨询网络管理员。

05 再输入登录信息中的密码。注意，此处的密码并不是用户登录 QQ 邮箱的密码，而需要用户登录到 QQ 邮箱，如图 19-3 所示，进入“设置”页面，首先开启“POP3/SMTP 服务”，然后单击“生成授权码”按钮，用于登录第三方邮箱，在这个过程中，腾讯会要求用户使用手机短信进行验证，按照提示操作即可。

06 输入登录信息所需要的密码后，单击“其他设置”按钮。

07 弹出“Internet 电子邮件设置”对话框，切换到“发送服务器”选项卡，勾选“我的发送服务器（SMTP）要求验证”复选框，其他选项默认；接着切换到“高级”选项卡，输入如图 19-4 所示的信息，设置“接收服务器（POP3）”端口号为“995”，“发送服务器（SMTP）”端口号为“465”，勾选“此服

① 软件中“帐户”的正确写法应为“账户”。

务器要求加密连接（SSL）”复选框，在“使用以下加密连接类型”下拉列表中选择“SSL”，在“传递”选项组中勾选“在服务器上保留邮件的副本”复选框，并取消勾选“14 天后删除服务器上的邮件副本”复选框，单击“确定”按钮完成设置。

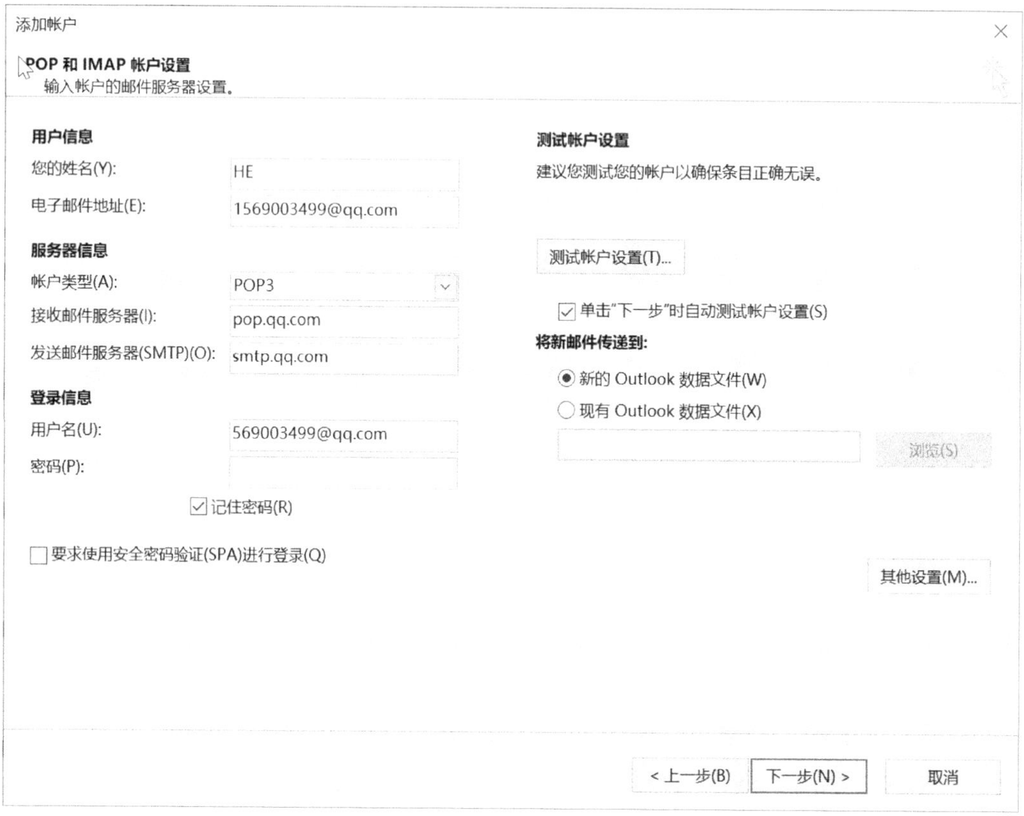

添加帐户
POP 和 IMAP 帐户设置
输入帐户的邮件服务器设置。
用户信息
您的姓名(Y):
HE
电子邮件地址(E):
1569003499@qq.com
服务器信息
帐户类型(A):
POP3
接收邮件服务器(I):
pop.qq.com
发送邮件服务器(SMTP)(O):
smtp.qq.com
登录信息
用户名(U):
569003499@qq.com
密码(P):
记住密码(R)
要求使用安全密码验证(SPA)进行登录(Q)
测试帐户设置
建议您测试您的帐户以确保条目正确无误。
测试帐户设置(T)...
单击"下一步"时自动测试帐户设置(S)
将新邮件传递到:
新的 Outlook 数据文件(W)
现有 Outlook 数据文件(X)
浏览(S)
其他设置(M)...
< 上一步(B)
下一步(N) >
取消

图 19-2　使用 QQ 邮箱配置 Outlook 账户

QQ邮箱
写信
收信
通讯录
收件箱(499)
垃圾箱(4)
POP3/IMAP/SMTP/Exchange/CardDAV/CalDAV服务
开启服务
POP3/SMTP服务
IMAP/SMTP服务
Exchange服务
CardDAV/CalDAV服务
收取选项
全部
的邮件
SMTP发信后保存到服务器

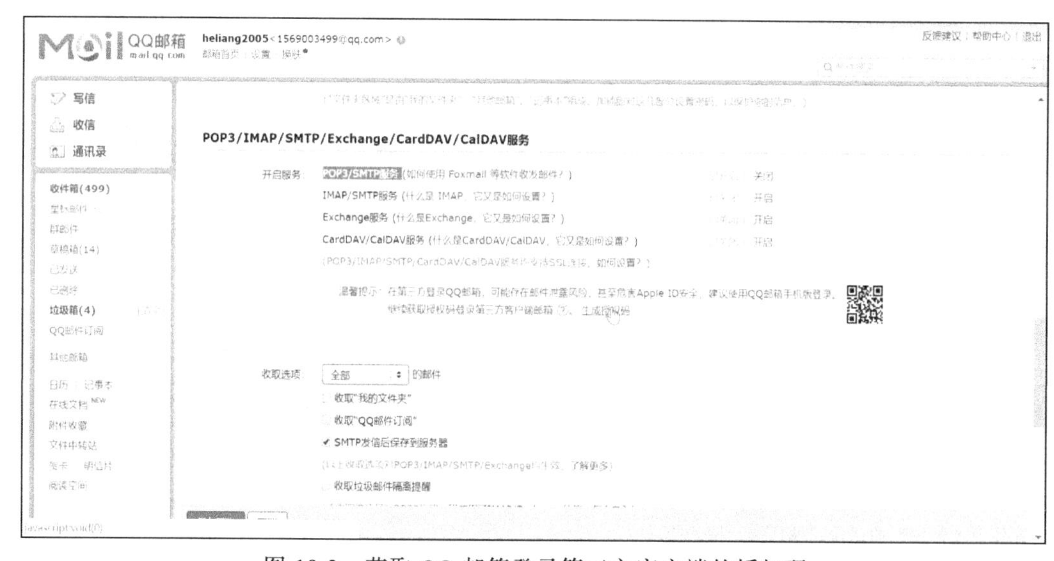

图 19-3　获取 QQ 邮箱登录第三方客户端的授权码

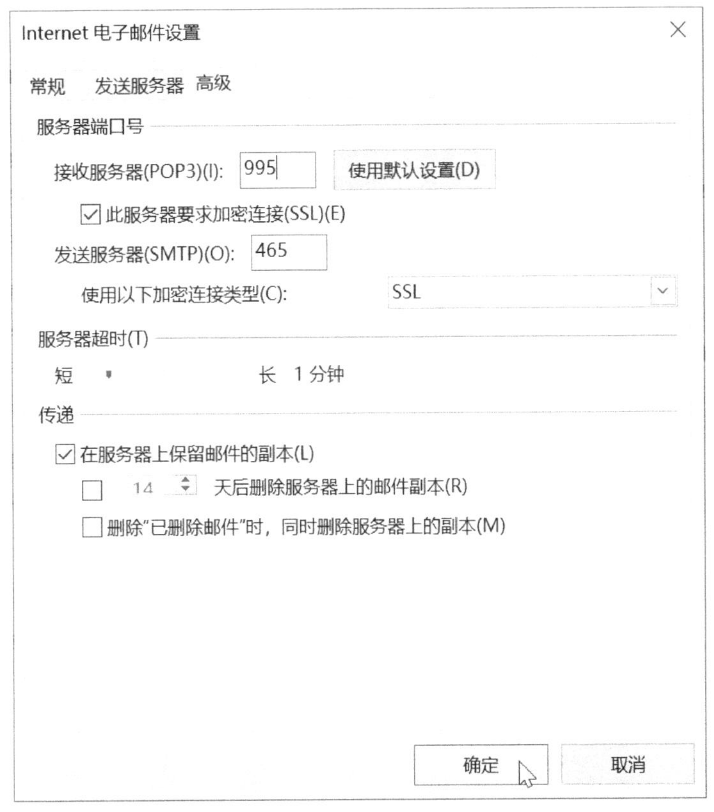

图 19-4 配置 QQ 邮箱高级选项

08 继续单击“下一步”按钮，此时会对账户的配置进行测试，测试通过后会显示设置完成的提示，单击“关闭”按钮，即可进入 Outlook 2016 工作界面。

19.2 导入外部联系人信息

若用户在其他的电脑或在移动设备上已经保存了联系人的资料，则无须重新录入，可以将这些信息按照一定的格式保存，并直接导入当前的 Outlook 2016 中。本任务以常见的 CSV 文件为例，介绍如何在 Outlook 2016 中导入外部的联系人信息。

01 单击“文件”后台视图>“打开和导出”选项>“导入和导出”按钮，在弹出的“导入和导出向导”对话框中，单击“从另一程序或文件导入”，再单击“下一步”按钮。

02 单击“逗号分隔值”文件类型，继续单击“下一步”按钮。

03 如图 19-5 所示，单击“浏览”按钮，在素材单元 19 文件夹中打开“联系人.csv”文档，单击“下一步”按钮。

04 接着会提示选择目标文件夹，如图 19-6 所示，在此处选择“联系人”，单击“下一步”按钮。

图 19-5　打开 CSV 格式联系人文件

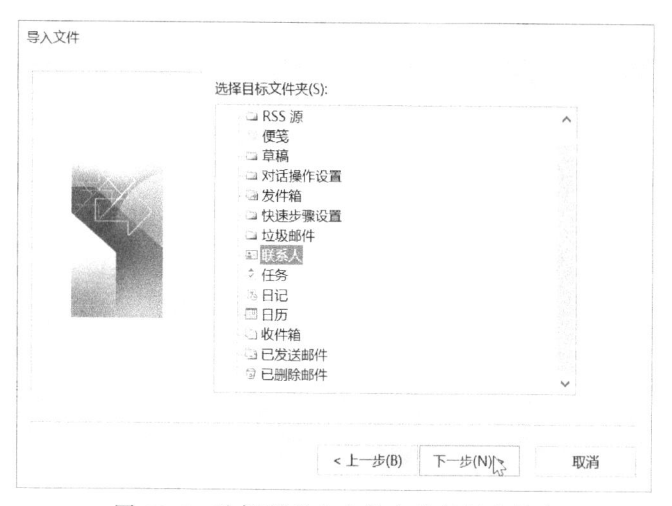

图 19-6　选择联系人文件夹为目标文件夹

05 直接单击“完成”按钮，Outlook 开始导入外部联系人，完成的导入效果如图 19-7 所示，一共导入了 5 位联系人。

图 19-7　联系人导入效果

19.3 创建联系人和联系人组

在 Outlook 2016 中，除导入外部联系人信息文件外，还可以直接创建新的联系人和联系人组。其中，联系人组为包含多个联系人的一个集合，通过联系人组，可以方便地给多个联系人同时发送电子邮件。本任务将创建一位新的联系人，并和几位已有的联系人共同创建为联系人组。

01 在 Outlook 左侧的导航窗格中，如图 19-8 所示，单击“联系人”按钮，切换到联系人模块。

图 19-8 切换到联系人模块

02 单击“开始”选项卡>“新建”组>“新建联系人”命令，弹出“未命名-联系人”对话框。

03 输入姓名、公司、职务及电子邮件等信息，单击“保存并关闭”命令，完成联系人的创建，如图 19-9 所示。

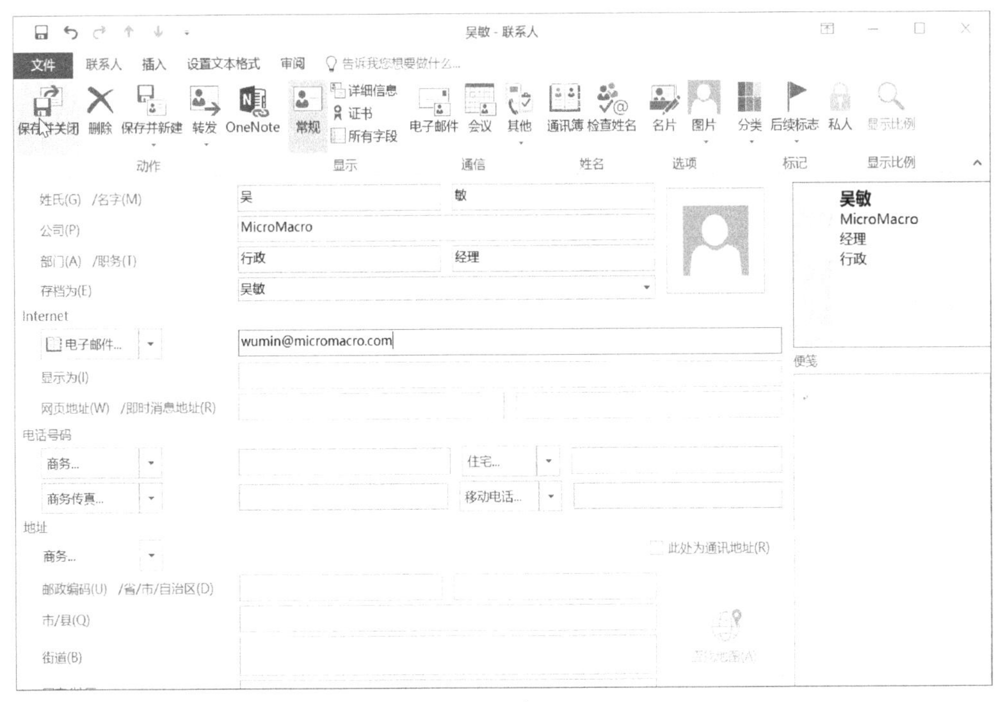

图 19-9 创建新联系人

04 单击“开始”选项卡>“新建”组>“新建联系人组”命令，弹出“未命名-联系人组”对话框。

05 在“名称”文本框中输入联系人组的名称为“Outlook 培训”，单击“联系人组”选项卡>“成员”组>“添加成员”下拉按钮，在菜单中单击“来自 Outlook 联系人”命令，如图 19-10 所示。

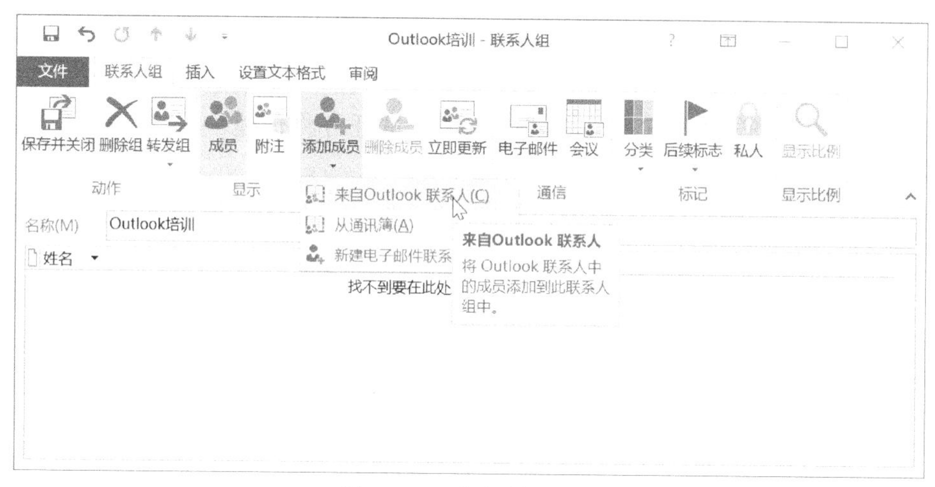

图 19-10 命名联系人组

06 弹出“选择成员：联系人”对话框，如图 19-11 所示，选中“李东阳”、“吴敏”和“许开文”3 位联系人，单击“成员”按钮，将其添加到右侧文本框中，单击“确定”按钮。

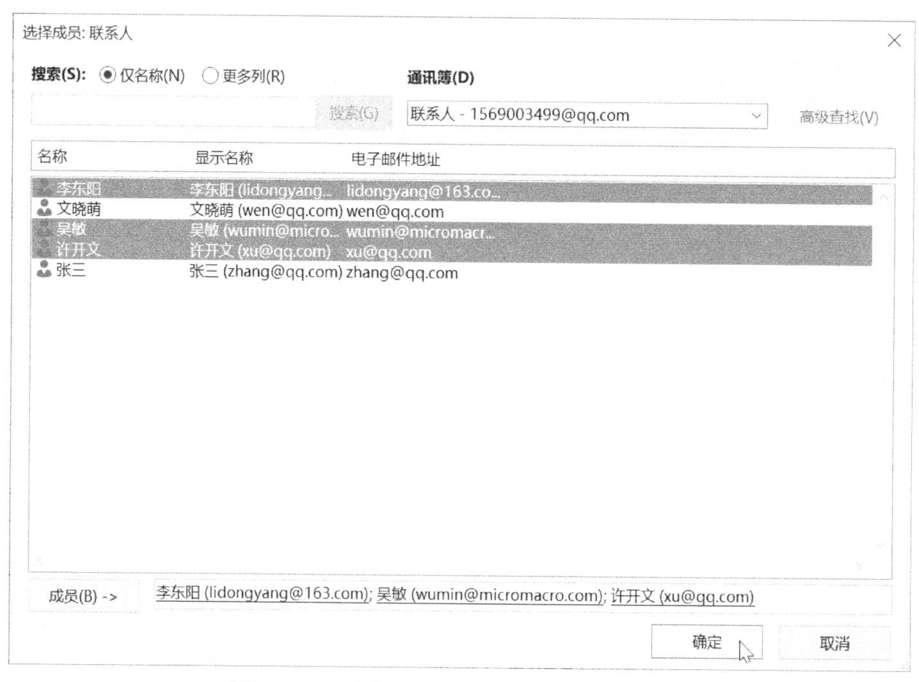

图 19-11 选择要添加到联系人组的联系人

07 单击“联系人组”选项卡>“动作”组>“保存并关闭”命令，完成创建联系人组。此后发给这个联系人组的电子邮件，组内每位成员都可以接收到。

19.4 课后习题

1．将“已删除邮件”文件夹及其子文件夹的内容导出为 pst 文件。将文件以文件名“存档.pst”保存到“文档”文件夹中。请勿输入密码。

2．将导航窗格按钮重置为默认设置。

3．取消导航窗格的“紧凑型导航”。

4．修改“收件箱”的“压缩”视图，使列以紧凑模式显示最多三行。

5．将联系人从“文档”文件夹的“客户.csv”文件中导入“联系人”文件夹。

6．创建名为“刘思诚”的联系人，电子邮件地址为“liusicheng@51ds-2016.com”。保存并关闭该联系人界面。

7．将“李东阳”的联系人信息以名片的形式发送给“赵方”。

8．将联系人“赵方”标记为“私人”。

9．将“安排会议”标签添加给联系人“文晓萌”。将开始日期设置为明天，并将截止日期设置为后天。设置后天上午 9:00 的提醒。

10．将联系人“刘思诚”添加到“Power BI 课程”联系人组。保存并关闭该联系人组界面。

11．将“李东阳”和“文晓萌”从“Power BI 课程”联系人组中移除。保存并关闭该联系人组界面。

管理邮件
——组织员工进行培训

任务背景

你是公司人力资源部门的工作人员，在日常工作中使用 Outlook 的电子邮件功能进行信息的沟通，如组织员工的培训。由于电子邮件往来频繁，所以需要加强邮件的安全管理，并且能更加高效地组织不同类别的邮件。

任务分析

Outlook 拥有强大的电子邮件管理功能，不但可以实现网页电子邮箱常规的收发电子邮件功能，而且可以实现多账户管理，并在电子邮件中添加更多的附件类型和格式。当用户间的电子邮件往来频繁，有大量电子邮件需要管理或需要团队紧密协作时，Outlook 提供的签名、规则和投票等功能可以显著提高工作效率。

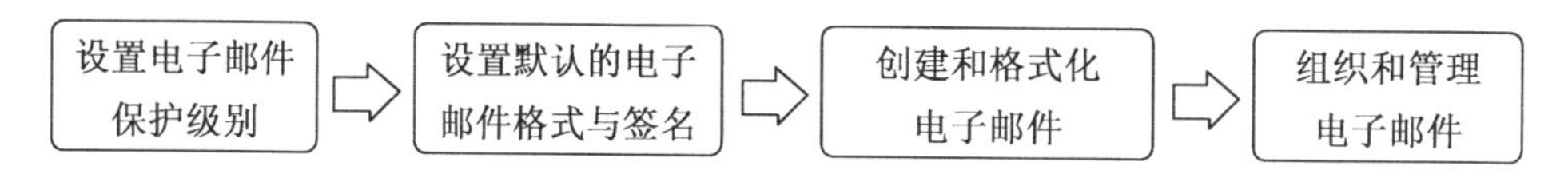

本任务涉及的技能点包括设置 Outlook 2016 选项、设置邮件安全性、创建电子邮件、使用附件、使用签名、使用规则和投票等。

实现步骤

20.1 设置电子邮件保护级别

在使用电子邮件前，为了避免垃圾邮件的侵扰及防范病毒等有害信息，可以先设置邮件的保护级别。

01 如图 20-1 所示，单击“开始”选项卡>“删除”组>“垃圾邮件”下拉按钮，在菜单中单击“垃圾邮件选项”命令。

02 弹出“垃圾邮件选项”对话框，如图 20-2 所示，在“选项”标签中选择“高：

能捕捉绝大多数垃圾邮件，但也可能捕捉一些常规邮件。请经常检查‘垃圾邮件’文件夹”单选按钮。

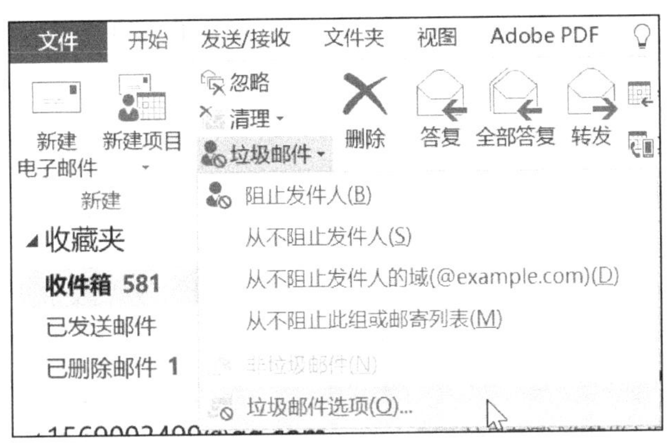

图 20-1 开启垃圾邮件选项

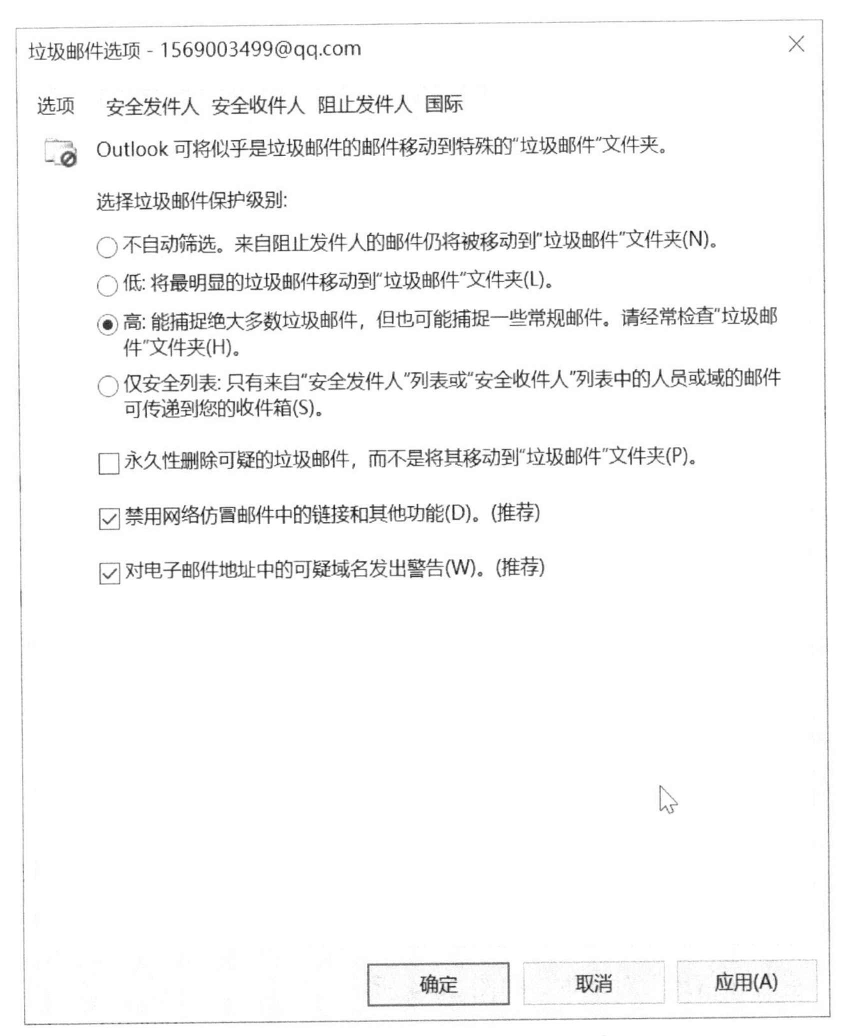

图 20-2 设置垃圾邮件保护级别

03 由于电子邮件保护级别较高，为了避免正常的电子邮件也被识别为垃圾邮件，可以切换到“安全发件人”标签，如图 20-3 所示，勾选“同时信任来自我的联系人的电子邮件”复选框。另外，也可以通过单击“添加”按钮，手动添加安全的邮件发件人。

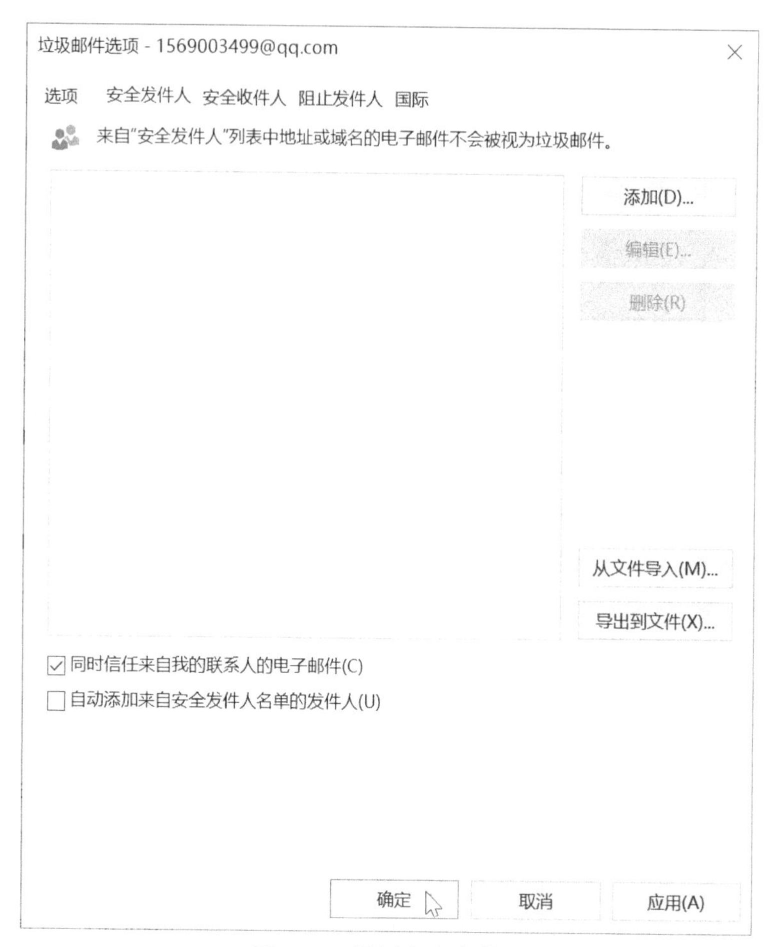

图 20-3　设置安全发件人

20.2　设置默认的电子邮件格式与签名

在工作中经常需要统一风格的电子邮件格式与签名，在 Outlook 中可以提前设置好电子邮件的格式与签名，从而节省大量重复工作时间。

01 单击“文件”后台视图>“选项”命令。

02 在弹出的“Outlook 选项”对话框中，切换到“邮件”标签，单击“信纸和字体”按钮。

03 弹出“签名和信纸”对话框，如图 20-4 所示，在“个人信纸”标签中单击“新邮件”选项组中的“字体”按钮。

04 在弹出的“字体”对话框中，设置中文字体为“微软雅黑”，西文字体为“Arial”，字体颜色为蓝色，单击“确定”按钮关闭“字体”对话框。

05 回到“签名和信纸”对话框，切换到“电子邮件签名”标签，单击“新建”按钮，弹出“新签名”对话框，输入名称为“MicroMacro”，单击“确定”按钮，如图 20-5 所示。

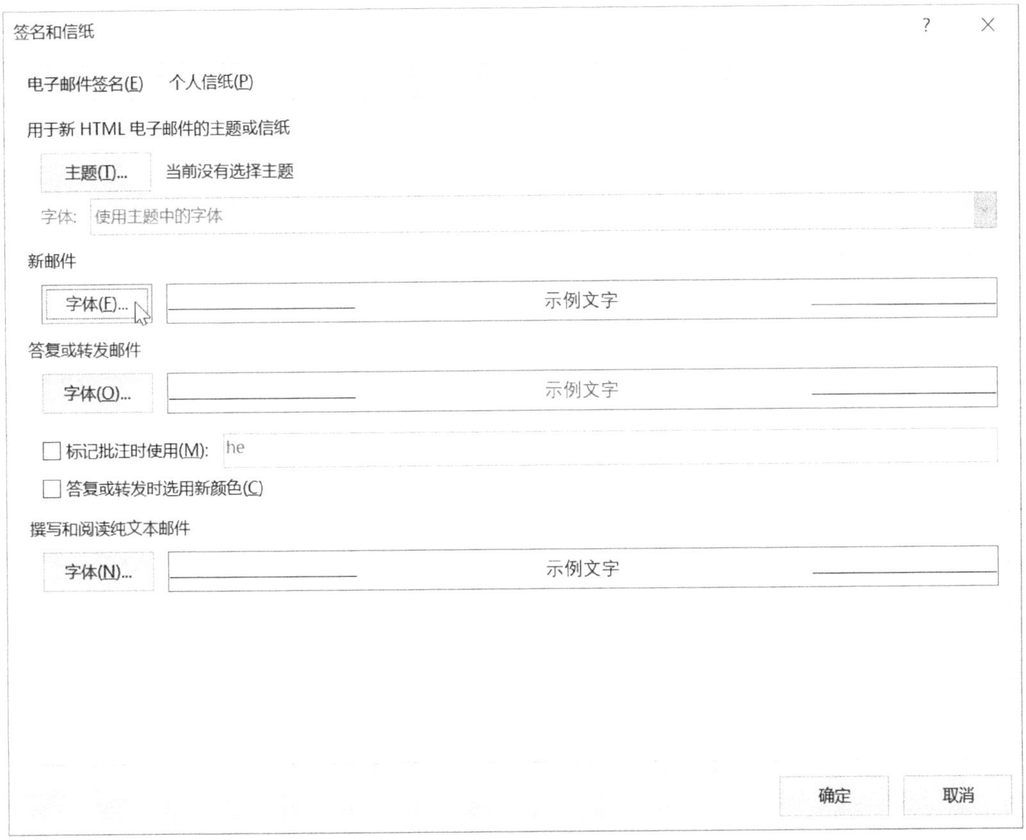

图 20-4　设置新邮件的默认字体格式

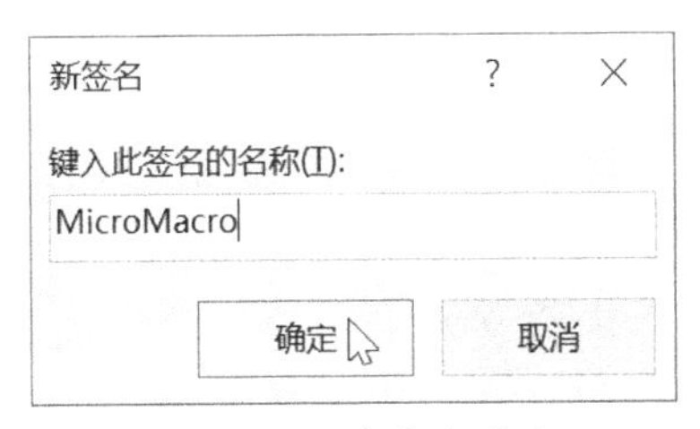

图 20-5　命名新签名

06 如图 20-6 所示，在“签名和信纸”对话框中，确认刚刚建立的签名“MicroMacro”为选中状态，然后在“编辑签名”文本框中输入如下签名信息：

李铭

电话：010-12345678

地址：北京市天坛路 57 号

然后在“选择默认签名”选项组中，将“新邮件”和“答复/转发”的签名都设置为“MicroMacro”，单击“确定”按钮完成设置。

图 20-6　编辑签名内容

20.3　创建和格式化电子邮件

在完成 20.2 节的设置后，就可以创建电子邮件了。本任务要创建一封关于课程通知的电子邮件，并要求收件人反馈是否参加活动，在恰当设置邮件格式后，选择收件人发送邮件。

01 单击“开始”选项卡>“新建”组>“新建电子邮件”按钮。

02 弹出“未命名-邮件（HTML）”对话框，如图 20-7 所示，在“主题”文本框中输入“Excel 培训”，在内容文本框中输入“培训时间定于本周六上午九点，请确认是否参加，讲义可以从课程网站下载。”，然后单击“收件人”按钮，选择收件人。

03 弹出“选择姓名：联系人”对话框，如图 20-8 所示，同时选中所有联系人（可以按住 Ctrl 键选中多个联系人；也可以先选中第一个联系人，按住 Shift 键单击最后一个联系人快速选中多个不间断的联系人），单击“收件人”按钮，将选中的联系人添加到右侧文本框中，单击“确定”按钮。

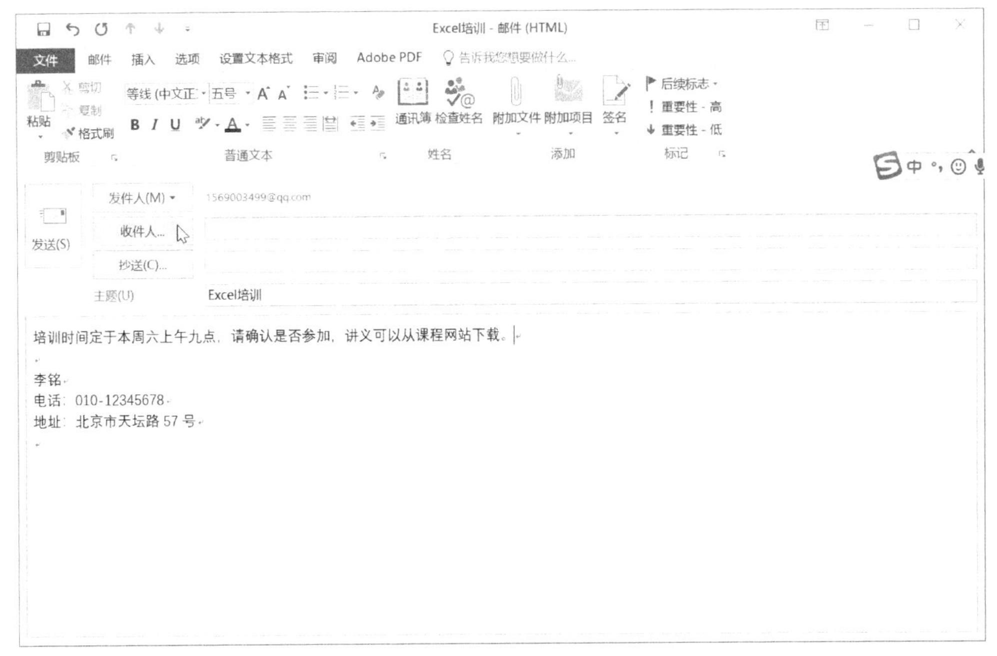

图 20-7　创建主题与内容

图 20-8　选择收件人

04 如图 20-9 所示，单击“选项”选项卡>“跟踪”组>“使用投票按钮”下拉按钮，在菜单中单击“是;否”命令，这样收件人在收到电子邮件后，可以直接进行投票，投票结果会以表单的形式自动反馈到发件人的电子邮箱。

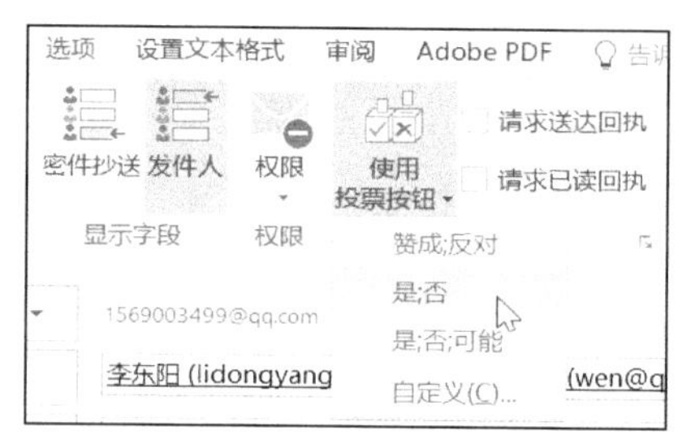

图 20-9　设置投票选项

05 如图 20-10 所示，选中邮件正文中的文本“课程网站”，单击“插入”选项卡>“链接”组>“超链接”命令。

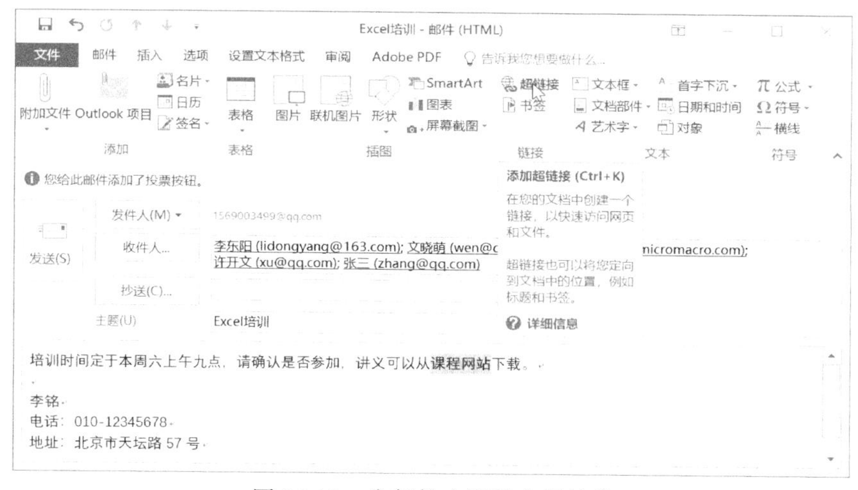

图 20-10　为邮件内容插入超链接

06 在弹出的“插入超链接”对话框中，如图 20-11 所示，在“地址”文本框中输入“www.e-micromacro.cn”（插入后会自动补齐超链接签前面的 http://），单击“确定”按钮。

图 20-11　输入超链接内容

07 回到电子邮件窗口后，单击“发送”按钮，发送电子邮件。

20.4 组织和管理电子邮件

如果 Outlook 中包含大量电子邮件，可以使用排序及搜索功能快速定位到需要查看的电子邮件。也可以预先设置好规则，让 Outlook 自动化地管理电子邮件。本任务要先快速找到所有包含附件的电子邮件，然后设置规则将未来所有包含附件的电子邮件都自动被存放到名为“附件”的文件夹中。

01 在左侧导航栏中选择“收件箱”，如图 20-12 所示，单击右侧“按日期”下拉箭头，在菜单中单击“视图设置”命令。

图 20-12 视图设置

02 在弹出的“高级视图设置：压缩”对话框中，单击“排序”按钮。

03 在弹出的“排序”对话框中，如图 20-13 所示，设置“排序依据”为“附件”，“第二依据”为“接收时间”，并且都按降序排序，单击“确定”按钮。

图 20-13 设置邮件排序依据

04 回到“高级视图设置：压缩”对话框，单击“确定”按钮，完成收件箱中电子邮件的排序。此时带有附件的电子邮件会显示在收件箱的顶端，若都带有附件，则最新收到的电子邮件会显示在上方。

05 除排序外，还可以通过建立搜索文件夹，将所有带有附件的电子邮件都放在一个独立的文件夹中，单击任务窗格左侧的“搜索文件夹”按钮，在菜单中单击“新建搜索文件夹”命令。

06 在弹出的“新建搜索文件夹”对话框中，如图 20-14 所示，在“组织邮件”选项组中，选择“带附件的邮件”，单击“确定”按钮。在任务窗格的“搜索文件夹”按钮下方会出现名为“包含附件”的搜索文件夹。

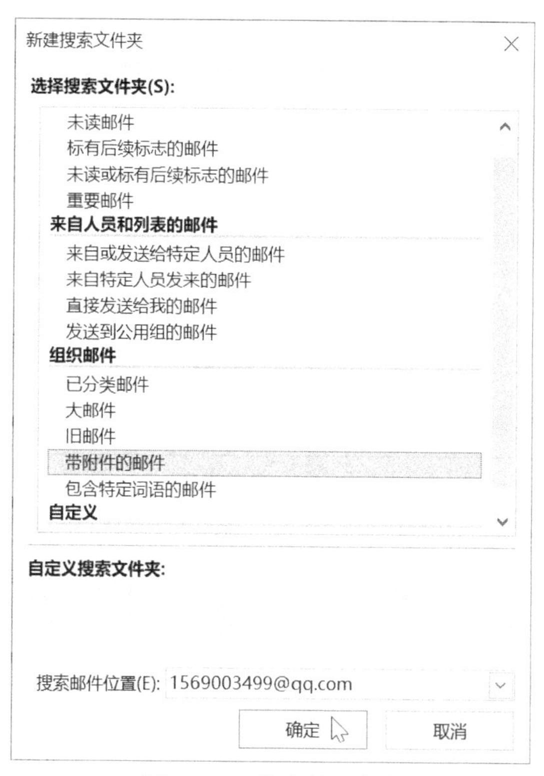

图 20-14　带附件的邮件

07 除了上述方法，还可以通过设置规则将带有附件的电子邮件自动移动到一个单独的文件夹中。先创建一个存放带有附件邮件的文件夹，如图 20-15 所示，在左侧选中“收件箱”，单击鼠标右键，在弹出的快捷菜单中单击“新建文件夹”命令。

08 在弹出的对话框中，输入“附件”，并按 Enter 键确认。

09 单击“开始”选项卡>“移动”组>“规则”下拉按钮，在菜单中单击“管理规则和通知”命令。

10 在弹出的“规则和通知”对话框的“电子邮件规则”标签中，单击“新建规则”按钮。

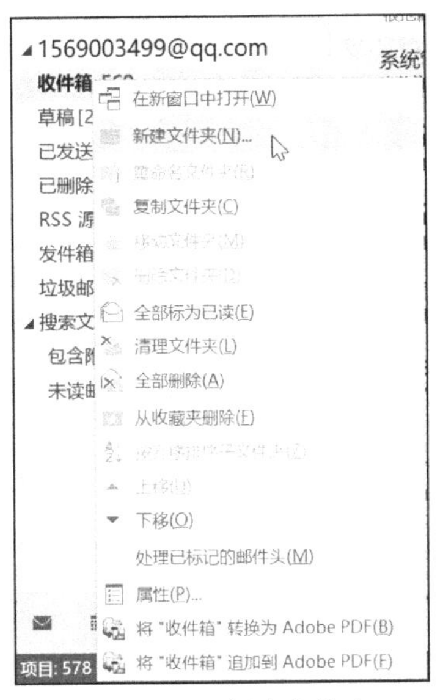

图 20-15 新建文件夹

11 在弹出的“规则向导”对话框中，如图 20-16 所示，选择“从空白规则开始”选项组中的“对我接收的邮件应用规则”，单击“下一步”按钮。

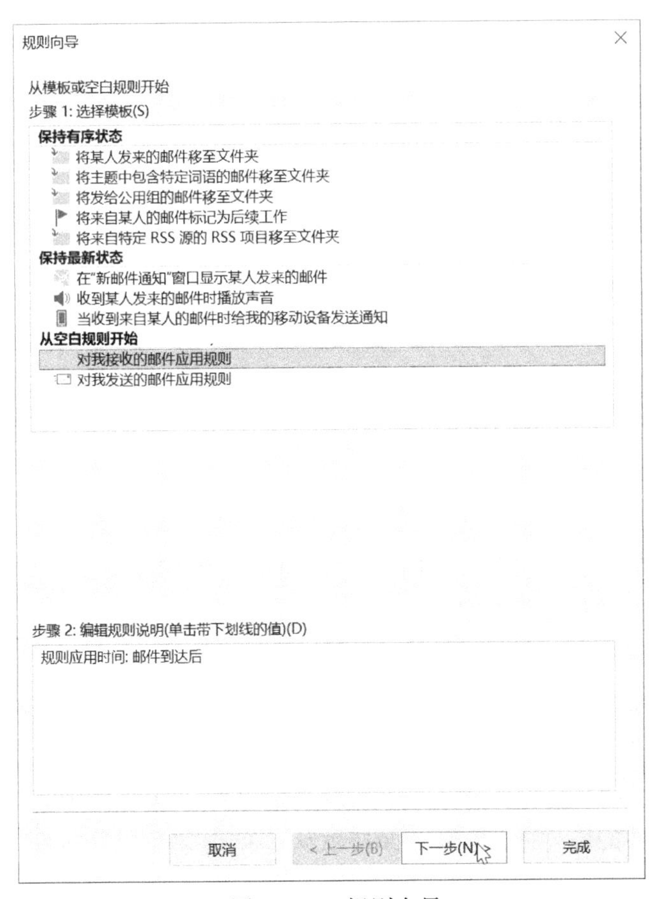

图 20-16 规则向导

12 下面选择条件，如图 20-17 所示，在“步骤 1：选择条件”列表框中勾选“带有附件”复选框，单击“下一步”按钮。

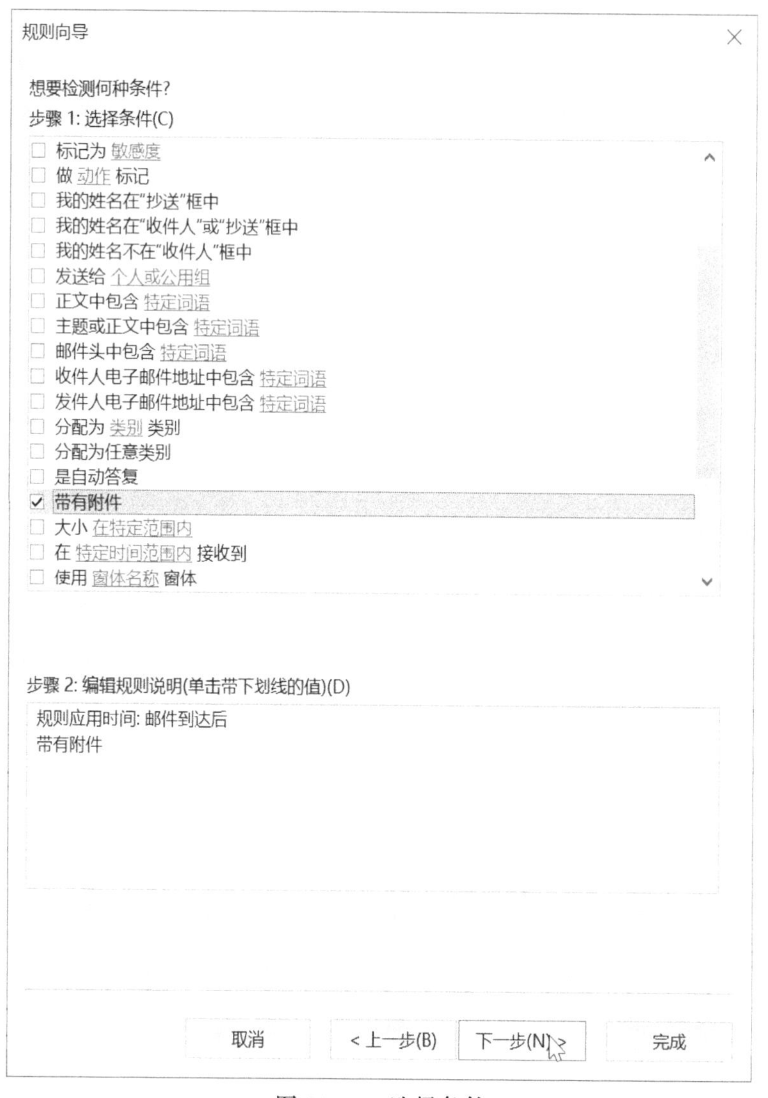

图 20-17　选择条件

13 选择要执行的操作，如图 20-18 所示，勾选“将它移动到‘指定’文件夹中”复选框，单击“指定”按钮。

14 在弹出的“规则和通知”对话框中，如图 20-19 所示，在“选择文件夹”列表框中选择刚建立的“附件”文件夹，单击“确定”按钮。

15 再根据需要选择本规则是否有例外，单击“下一步”按钮。

16 如图 20-20 所示，在“步骤 1：指定规则的名称”文本框中，将规则名称修改为“带有附件的邮件”，步骤 2 保持默认，单击“完成”按钮完成设置。

规则向导

如何处理该邮件?

步骤 1: 选择操作(C)

- ☑ 将它移动到"指定"文件夹中
- ☐ 将其分配为 类别 类别
- ☐ 删除它
- ☐ 将其永久删除
- ☐ 将副本移到"指定"文件夹中
- ☐ 将它转寄给 个人或公用组
- ☐ 作为附件转发给 个人或公用组
- ☐ 用 特定模板 答复
- ☐ 将邮件标记为 在以下时间完成后续工作
- ☐ 清除邮件标志
- ☐ 清除邮件类别
- ☐ 标记为 重要性
- ☐ 打印
- ☐ 播放 声音
- ☐ 标记为已读
- ☐ 停止处理其他规则
- ☐ 在"新邮件通知"窗口显示邮件 特定消息
- ☐ 显示桌面通知

步骤 2: 编辑规则说明(单击带下划线的值)(D)

规则应用时间: 邮件到达后
带有附件
将它移动到"指定"文件夹中

取消 | < 上一步(B) | 下一步(N) > | 完成

图 20-18 选择所要执行的操作

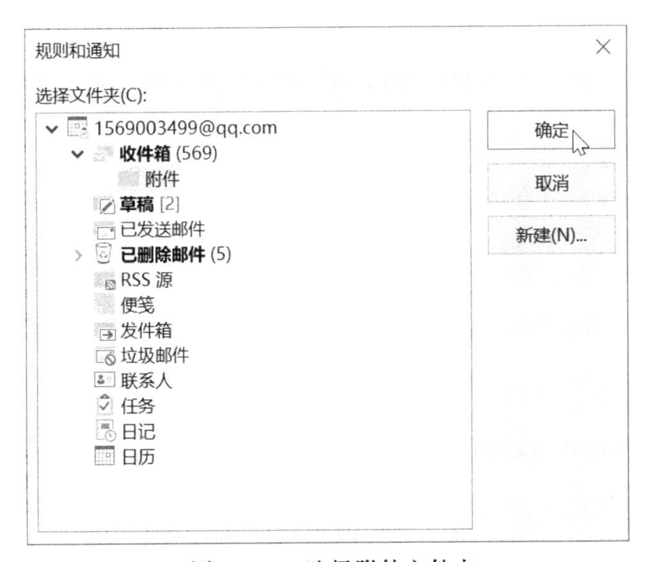

图 20-19 选择附件文件夹

规则向导

完成规则设置。

步骤 1: 指定规则的名称(N)

带有附件的邮件

步骤 2: 设置规则选项

☐ 立即对已在"附件"中的邮件运行此规则(U)

☑ 启用此规则(T)

在所有帐户上创建此规则(C)

步骤 3: 检查规则说明(单击带下划线的值进行编辑)(D)

规则应用时间: 邮件到达后
带有附件
将它移动到"附件"文件夹中

取消　< 上一步(B)　下一步(N) >　完成

图 20-20　指定规则的名称

20.5　课后习题

1．设置 Outlook，以“TXT”格式撰写所有发出的电子邮件。

2．设置 Outlook，以在答复电子邮件时包含并缩进原始电子邮件文本。

3．在“收件箱”中找到“MTA 介绍”电子邮件。将电子邮件以文本文件的形式保存到“文档”文件夹中。使用默认文件名。

4．创建名为“重要邮件”的搜索文件夹，该文件夹显示标记为“重要性-高”的电子邮件，并至少具有一个附件。

5．创建搜索文件夹，以显示当前邮箱中未读或标有后续标志的所有电子邮件。

6．使用高级查找功能找到在电子邮件正文中含有短语“考试”且敏感度为机密的电子邮件。删除该电子邮件。关闭“高级查找”对话框。

7．配置 Outlook，以将新电子邮件的默认字体设置为蓝色、14 磅，中文字体为微软雅黑 Light，西文字体为 Arial。

8. 配置 Outlook，以识别最明显收到的垃圾邮件，并将其移至“垃圾邮件”文件夹中。并确保永远不会将来自联系人的电子邮件移至“垃圾邮件”文件夹中。

9. 创建名为“个人”的规则，当你收到只发送给你并标记为“敏感度-私密”的邮件时，该规则在新邮件通知窗口中显示“所需操作”。

10. 创建名为“自动”的规则，该规则标记收到的自动回复电子邮件为在当天需后续工作。

11. 在“草稿”文件夹中打开“Excel 培训”电子邮件。将电子邮件选项配置为将答复发送给“文晓萌”。发送该电子邮件。

12. 发送电子邮件给“Power BI 课程”联系人组，主题为“DAX 语言应用”，并添加标签为“参加”、“可能参加”和“不参加”的投票按钮。

13. 在“草稿”文件夹中打开“Power BI 介绍”电子邮件。应用“线条（简单）”样式集。发送该电子邮件。

14. 在“草稿”文件夹中打开“在线学习平台”电子邮件。为文本“在线学习平台”插入超链接，链接到“http://www.e-micromacro.cn”。发送该电子邮件。

15. 在“草稿”文件夹中找到主题为“课程介绍”的电子邮件。在正文文本下方插入“图片”文件夹中的“多媒体教室.png”图片。发送该电子邮件。

16. 将“收件箱”中的“教师培训”电子邮件标记为在今天和明天“请答复”。设置明天上午 9:00 的提醒。

17. 在“草稿”文件夹中打开“中学教师培训”电子邮件。将敏感度更改为机密。发送该电子邮件。

18. 在“MOS 大赛”文件夹中找到“咨询”对话。将整个对话和所有与该对话相关的未来电子邮件移至“已删除邮件”文件夹中。

19. 将“收件箱”中的电子邮件按“重要性”进行排序，重要性高的电子邮件排在顶部，重要性低的电子邮件排在底部。在每个重要性级别中，按照收到电子邮件的日期排序，最新收到的电子邮件显示在第一位。

管理日程安排
——通过日历协调项目小组工作

任务背景

你是某项目的负责人，需要协调项目参与人员的工作日程，如会议的召集及确保各项活动不会彼此冲突等。现在希望使用 Outolook 的日历功能来高效率地管理项目小组成员的日程和时间。

任务分析

Outlook 提供了日历模块用来管理用户工作日程有关的各项活动。在日历中可以创建的项目主要有两大类：会议和约会。会议是指需要邀请其他人一同参与的活动，邀请的方式为电子邮件；而约会是指不需要使用电子邮件通知其他人共同参与的活动。本任务首先要根据实际的工作情况对日历进行设置，然后分别创建会议活动和日历活动。

本项目涉及的技能点包括设置日历、创建会议和定期会议、修改和取消会议、创建和修改约会等。

实现步骤

21.1 设置日历

日历有不同的显示方式，可以按照天、周、月或工作周来进行显示，而工作周也可以根据实际工作情况设置具体的日期。本任务要将日历显示为工作周，且工作日为周日到周四。

01 在 Outlook 2016 左侧的导航窗格中，如图 21-1 所示，单击“日历”按钮，切换到日历模块。

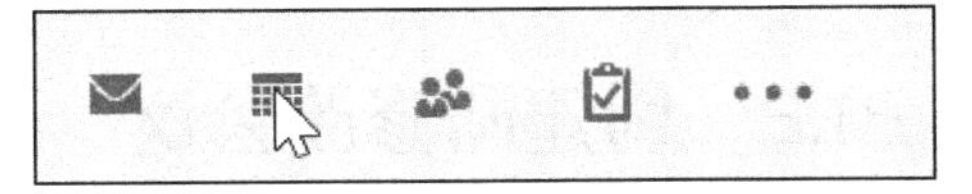

图 21-1 切换到日历模块

02 单击“开始”选项卡>“排列”组>“工作周”命令，将日历视图的模式修改为工作周，默认的状态为周一到周五，如图 21-2 所示。

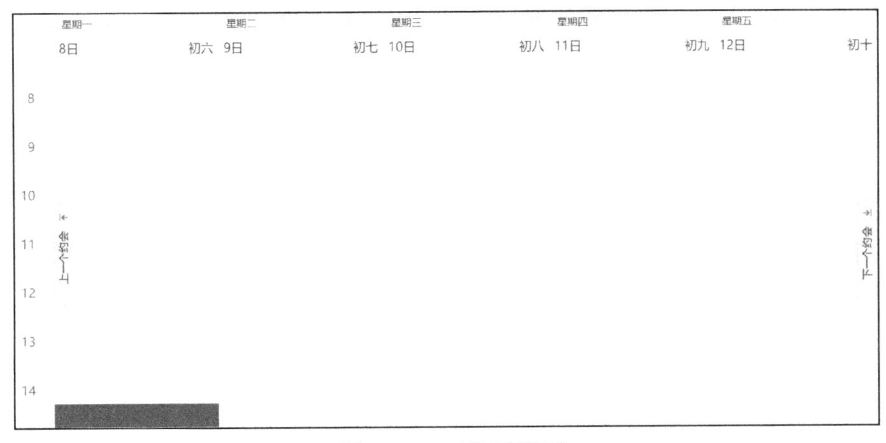

图 21-2 工作周视图

03 单击“文件”后台视图>“选项”命令，弹出“Outlook 选项”对话框，如图 21-3 所示，在左侧导航窗格中选择“日历”，在右侧“工作时间”选项组里勾选“周日”、“周一”、“周二”、“周三”和“周四”，单击“确定”按钮。

图 21-3 设置日历工作周

21.2 创建和修改会议

在 Outlook 中，可以创建会议，并通过电子邮件通知与会者。本任务首先要创建一个在某个日期召开的会议，并邀请需要参加的与会者，但由于某些原因，会议的时间需要推迟 1 天，需要再给所有与会者发送一封会议更新的通知邮件。

01 切换到 Outlook 2016 日历模块，找到要创建会议的日期，如 2019 年 8 月 1 日，如图 21-4 所示，单击鼠标右键，在弹出的快捷菜单中单击“新会议要求”命令。

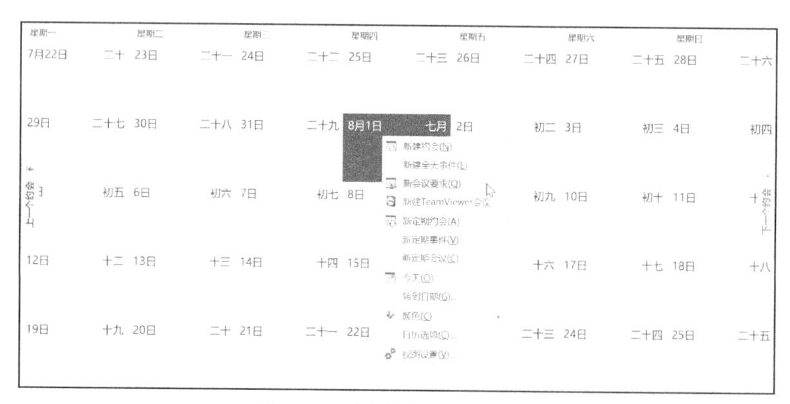

图 21-4　创建新的会议要求

02 在弹出的“未命名-会议”对话框中，如图 21-5 所示，输入会议“主题”为“培训”，此时会议的名称由“未命名”变为“培训”，“地点”为“公司会议室”，会议时间为上午 9 点到 10 点，接着单击“收件人”按钮，邀请参加会议的人员。

图 21-5　填写会议具体内容

03 在“选择与会者及资源：联系人”对话框中，按住 Ctrl 键选中“文晓萌”、“许开文”和“张三”3 个联系人，然后单击“必选”按钮，将他们添加到“必选”文本框中，单击“确定”按钮。如果是否参加会议可以自由选择，可以将联系人添加到“可选”文本框中；如果联系人本身并不需要参加会议，但需要为会议提供支持，如在会前调试设备等，可添加到“资源”文本框中。

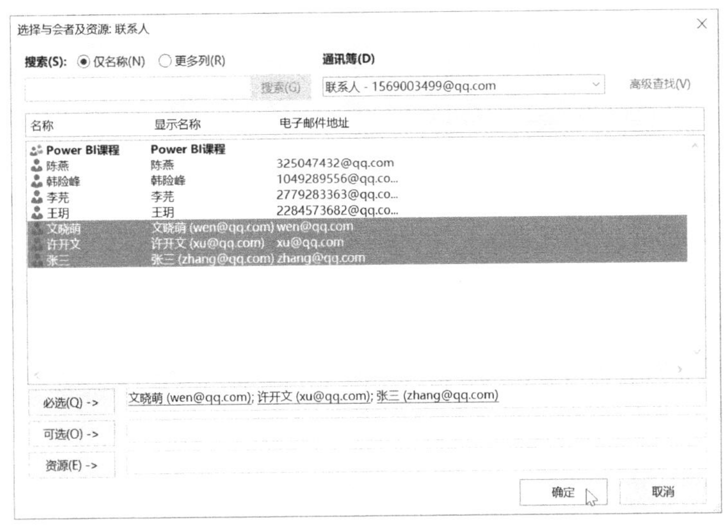

图 21-6 选择与会者

04 回到“培训-会议”对话框中，单击“发送”按钮，此时将会议的邀请发送到上述 3 人的电子邮箱。

05 由于某些原因，会议的时间需要推迟 1 天，所以需要再发送一封会议更新的通知邮件。在 Outlook 2016 日历模块中找到这个创建的会议，双击将其打开。

06 如图 21-7 所示，将会议的开始时间和结束时间的日期调整为 8 月 2 日，在下方的内容文本框中输入“会议推迟 1 天举行，时间和地点不变。”，其他保持默认，单击“发送更新”按钮，此时之前的会议受邀者将收到会议推迟的通知邮件。

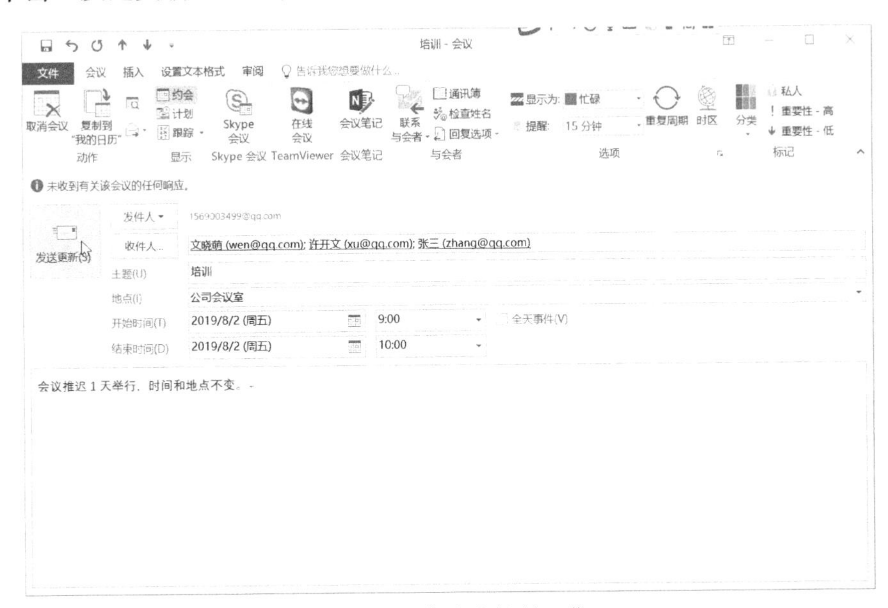

图 21-7 修改会议的日期

21.3 创建和修改约会

在 Outlook 2016 中，约会是指本人的日常安排，并不需要邀请其他人参加。本任务需要创建一个在每周日上午参加进修培训的日常安排，时间从 2019 年 8 月 11 日开始，到 2020 年末结束。

01 切换到 Outlook 2016 日历模块，单击“开始”选项卡>“新建”组>“新建约会”命令，弹出名为“未命名-约会”对话框。

02 如图 21-8 所示，填写约会的有关信息，“主题”为“进修”（此时对话框名称会变为“进修-约会”），地点为“开放大学”，开始时间为“2019/8/11（周日）”，时间为上午 9 点到 12 点，然后单击功能区“约会”选项卡>“选项”组>“重复周期”命令，设置约会的重复周期。

图 21-8 填写约会信息

03 弹出“约会周期”对话框，如图 21-9 所示，约会时间和定期模式都保持默认。此时“定期模式”为“按周”，“重复间隔”为 1 周，在“重复范围”选项组中选择“结束日期”单选按钮，将具体日期设置为“2020/12/27（周日）”（即 2020 年最后一个周日），单击“确定”按钮，完成设置。

04 回到“进修-约会”对话框，单击功能区“约会系列”选项卡>“动作”组>“保存并关闭”命令，完成约会的创建。此时，在日历的每个周日都能看到刚创建的“进修”约会项目。

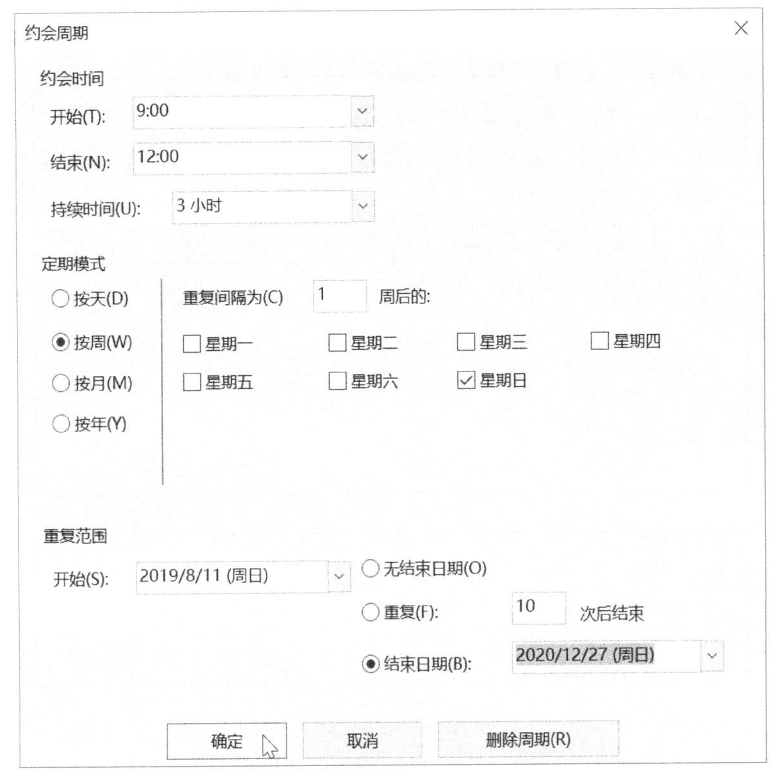

图 21-9 设置约会的重复周期

21.4 课后习题

1．设置日历视图以显示当前工作周的日程。

2．将工作周配置为包括“周二”、“周三”、“周四”和“周六”，从上午7:00到下午5:30的工作时间。将该工作周的第一天设置为“星期二”。

3．创建包括“李东阳”和“文小萌”日历在内的名为“微软大数据课程”的日历组。

4．将整个日历，包括过去项目，通过电子邮件发送给“李东阳”。所有其他设置保持默认。

5．在“收件箱”中找到“课程讨论”电子邮件。根据该电子邮件，创建自动包含电子邮件内容并邀请所有电子邮件收发件人作为出席者的会议请求。将会议安排在明天上午9:00至9:30进行，地点设在“会议室”。发送会议请求。

6．创建主题为“家庭办公”的约会。将约会设置为从明年的第一个周三开始，每隔一周在周三的上午8:30到11:30循环进行。将约会期间的时间显示为“在其他地方工作”。保存并关闭该约会。

7．在“日历”中找到周四召开的“商业智能课程”会议。除“王薇”外，将“Power BI 课程”组的所有成员作为必须出席者添加到会议。将“许开文”设置为可选出席者。发送邀请。

8．找到周五发生的“颁奖典礼”日历活动，并将其标记为“重要性-高”，并应用橙色类别，将提醒设置为只显示画面而不播放声音。

9．将周四召开的“商业智能课程”会议转发给“赵方”。

10．找到每周一召开的“课程进度”会议系列。将其更新为在明年 1 月份的第 3 个周五结束。发送该会议更新。

11．在“日历”上找到安排在周五的“旅行”约会。更改时间以使约会于“柏林时间”的下午 4:00 开始，并于“北京”时间的上午 9:30 结束。请勿更改日期。保存并关闭该约会。